图书 影视

# 天工开物

[明] 宋应星——著

李经邦——译注

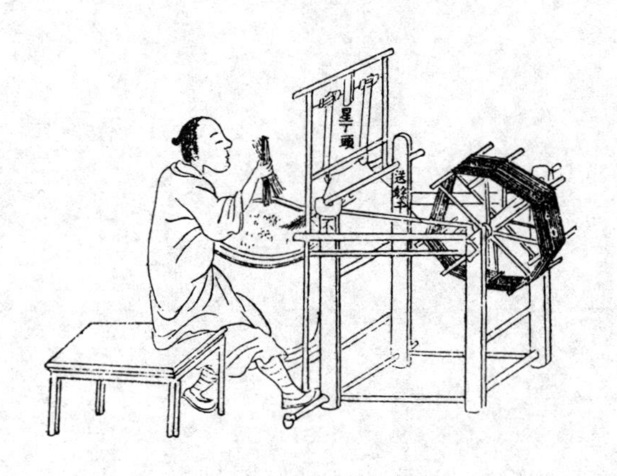


北方文藝出版社
·哈尔滨·

# 天工开物序

天覆地载[1]，物数号万，而事亦因之，曲成而不遗[2]。岂人力也哉？

【注释】

①天覆地载：语出《礼记·中庸》："天之所覆，地之所载。"《庄子·天地》："夫道覆载万物者也。"天覆盖万物，地承载万物。指天地广大，物无不容。

②曲成而不遗：语出《周易·系辞上》："曲成万物而不遗。"意思是说遵循其规律成就万物而没有遗漏。

【译文】

天地广大，万事万物，各有种类，事情也因此错综复杂，遵循规律变化而成万事万物，没有遗漏。这怎么会是靠人力得来的呢？

事物而既万矣，必待口授目成[1]而后识之，其与[2]几何？万事万物之中，其无益生人与有益者，各载其半。世有聪明博物者，稠人[3]推[4]焉，乃枣梨之花未赏，而臆度楚萍[5]；釜鬵之范鲜经[6]，而侈谈[7]莒鼎[8]；画工好图鬼魅，而恶犬马[9]；即郑侨[10]、晋华[11]，岂足为烈哉[12]？

【注释】

①目成：语出《楚辞·九歌·大司命》："满堂兮美人，忽独与余兮目成。"意为眉目传情。此处指亲眼所见。

②与（yú）：语气助词，无实义。

③稠人：众人。

④推：推崇，推重。

⑤臆度（yì duó）楚萍：语出《说苑·辨物篇》："楚昭王渡江，有物大如斗，直触王舟。止于舟中，昭王大怪之，使聘问孔子。孔子曰：'此名萍实，令剖而食之，惟霸者能获之，此吉祥也。'……弟子请问，孔子曰：'异哉！小儿谣曰："楚王渡江得萍实，大如拳，赤如日，剖而食之美如蜜。"此楚之应也。'"楚萍，比喻吉祥罕见的东西。指通过主观臆度稀罕之物。

⑥釜鬵（xín）之范鲜（xiǎn）经：意为很少触碰到烧铸大锅、小锅的模具。釜，小锅。鬵，大锅。范，铸模。鲜，少 。经，经历，接触。

⑦侈谈：大谈，纵论。

⑧莒（jǔ）鼎：据《左传·昭公七年》记载，春秋时期莒国（在今山东省内）献二鼎给晋侯，晋侯又转赠给子产，此谓“赐子产莒之二方鼎”。

⑨画工好图鬼魅，而恶（wù）犬马：语出《韩非子·外储说左上》：“客有为齐王画者。齐王问曰：‘画孰最难者？’曰：‘犬马最难。’‘孰为易？’曰：‘鬼魅最易。’夫犬马，人所知也，旦暮罄于前，不可类之，故难。鬼神，无形者，不罄于前。故易之也。”意思是画工喜欢画没有具体形态的鬼怪，而不喜欢画人们熟知的狗和马。

⑩郑侨：公孙侨，字子产，因是郑国大夫，故又称郑侨。据《左传·昭公元年》载，郑侨访问晋国时曾用历史传说解释晋侯的病源，晋侯称赞他为“博物君子”。

⑪晋华：张华，西晋文学家，著有《博物志》。

⑫岂足为烈哉：难道足以称为显赫的功业吗？烈，功业显赫。

**【译文】**

世间事物之广既然有千千万，如果都要依赖别人亲口详述或者目睹才认识，又能够认识多少呢？万事万物之中，对人好或者不好的各占据一半。世界上有聪明好学的人，备受尊敬，然而他们连枣花、梨花都分辨不清，却去猜测“楚萍”这样的吉祥罕见之物；很少接触铸造锅的模子，却对“莒鼎”发表高谈阔论；画工喜爱画无常形的鬼怪，而怕画人们熟知的狗和马。即使具备子产、张华的声名，又哪有什么值得称颂的功业呢？

幸生圣明极盛之世，滇南[①]车马纵贯辽阳[②]，岭徼宦商衡游蓟北[③]，为方万里中，何事何物不可见见闻闻？若为士而生东晋之初、南宋之季，其视燕、秦、晋、豫方物[④]，已成夷[⑤]产，从互市而得裘帽，何殊肃慎[⑥]之矢[⑦]也。且夫王孙帝子，生长深宫，御厨玉粒正香，而欲观耒耜[⑧]；尚宫锦衣方剪，而想象机丝[⑨]。当斯时也，披图一观，如获重宝矣。

**【注释】**

①滇南：在今云南昆明以南。

②辽阳：在今辽宁。

③岭徼（jiào）宦商衡游蓟（jì）北：指五岭以南的南方官商到河北这些北方地区做生意。岭徼，指五岭以南的地区。徼，边界。五岭，位于今广东、广西、江西、湖南四省的交界处。这里泛指南方。衡，借为“横”字。蓟北，今天津以北的

河北北部地区。

④方物：土产。

⑤夷：我国古代对东部各民族的统称，此处泛指少数民族。

⑥肃慎：殷、周时期黑龙江流域的一个部落，曾进贡箭给周成王表示臣服。女真族为其后裔。

⑦矢：箭矢。

⑧耒（lěi）耜（sì）：语出《汉书·食货志》："斫木为耜，煣木为耒。"泛指农具。

⑨机丝：织机和丝缕。

【译文】

生活在繁荣盛世是非常幸运的，云南的车马能够抵达辽阳，五岭以南的官商可以去河北做生意。在这广袤万里的疆域上，还有什么是看不到、听不到的呢？如果是东晋初年或者南宋末期，那时的人把河北、陕西、山西、河南等地的物产视为异族之物，把从互市买来的裘帽当作肃慎进贡的箭矢一样稀奇。至于成长于深宫内庭的皇族贵胄，当闻到御厨做的米饭的香气的时候，或许想要观察知晓农具的形态；当见到尚宫裁剪锦衣华服的时候，或许能够想象出织机和丝缕的运作。这时如果恰好有这类图册观看学习，将会如获至宝。

年来著书一种，名曰《天工开物卷》。伤哉贫也[①]！欲购奇[②]考证，而乏洛下之资[③]；欲招致同人，商略赝真，而缺陈思之馆[④]。随其孤陋见闻，藏诸方寸[⑤]而写之，岂有当哉？吾友涂伯聚[⑥]先生，诚意动天，心灵格物[⑦]，凡古今一言之嘉，寸长可取，必勤勤恳恳而契合[⑧]焉。昨岁《画音归正》繇[⑨]先生授梓[⑩]。兹有后命，复取此卷而继起为之，其亦夙缘[⑪]之所召哉！卷分前后，乃"贵五谷而贱金玉"之义。《观象》《乐律》二卷，其道太精，自揣非吾事，故临梓删去。

【注释】

①伤哉贫也：语出《礼记·檀弓下》："子路曰：'伤哉贫也！生无以为养，死无以为礼也。'"意为贫穷使人伤心忧愁。

②奇：指工艺类的技术书籍或器物。

③乏洛下之资：指囊中羞涩。

④陈思之馆：曹植的客舍。曹植即陈思王，他曾几次召集文友在自己的客舍中聚会，从事文学活动。

⑤方寸：指心。

⑥涂伯聚：名绍煃，字伯聚。作者宋应星的同窗好友，明万历年间（1573—1620）考中进士。

⑦心灵格物：精于格物之学。格物，推究事物的道理。语出《礼记·大学》："致知在格物，物格而后知至。"

⑧契合：收刻聚合在一起。契，刻。

⑨繇（yóu）：自从。

⑩授梓：刊印成书。

⑪夙（sù）缘：以往的缘分。

**【译文】**

这几年我写了一本书，名字叫作《天工开物》。只可惜我太贫穷了！想要买些奇特专有的工艺器物、科技书籍来考证，却苦于没有钱财；想要请同行来研究、鉴定材料的真假，又没有什么场所提供聚会招待他们。我只能凭借自己的记忆，把脑海中的一些粗浅见识写出来，这就难免会存在一些不足之处。我的好友涂伯聚先生，诚意感人动天，精于格物之学，只要是遇到古今有一点可信可取的言论，他必然勤勤恳恳地收刻聚合在一起。去年我的《画音归正》这本书，就是承蒙涂先生刊行的。所以我现在又遵从他的建议，拿此书来出版，也是受我和他之间相交多年的情谊所感召。书中各卷排版的顺序乃是依据"贵五谷而贱金玉"的意思。本来还有《观象》《乐律》两卷，但因为其中涉及的道理太过深奥，想来并非我所长，故此在临刻之前我将其删去了。

丐大业[①]文人弃掷案头！此书于功名进取[②]毫不相关也。时崇祯丁丑[③]孟夏月，奉新宋应星书于家食之问堂[④]。

**【注释】**

①丐：请求。大业：经籍，此处指儒家经典。

②功名进取：古时通过科举考试取得秀才、举人、进士等功名从而走上仕途。

③崇祯丁丑：崇祯十年（1637 年）。

④家食之问堂：作者书房名。家食，在家自食。借指研究家常生活学问。语出《周易·大畜》："不家食，吉：养贤也。"意思是在位者有大德，贤人都有官做，不致在家自食。作者此处有反讽自嘲之意。

**【译文】**

请那些爱钻研习读儒家经典的文人把它弃置在案头之上吧！这本书于仕途进取是毫无关联、没有丝毫用处的。明崇祯十年（1637年）四月，奉新县宋应星写于家食之问堂。

# 目录

# 乃粒

宋子[①]曰：上古神农氏[②]若存若亡，然味[③]其徽号[④]两言，至今存矣。

**【注释】**

①宋子：作者自称。子，古时男子的美称或尊称。

②神农氏：炎帝。

③味：体会。

④徽号：美好尊贵的称号。

**【译文】**

宋子说：炎帝或许存在，或许不存在，如果仔细体会一下这个尊称的含义，其实直到现在炎帝依然存在。

生人[①]不能久生，而五谷[②]生之；五谷不能自生，而生人生之。土脉历时代而异，种性随水土而分[③]。不然，神农去陶唐[④]，粒食已千年矣，耒耜之利，以教天下[⑤]，岂有隐焉？而纷纷嘉种，必待后稷[⑥]详明，其故何也？

**【注释】**

①生人：即生民，人。语出《孟子·公孙丑上》："自有生民以来，未有孔子也。"唐时避唐太宗李世民讳，改"民"为"人"。

②五谷：指麻、菽（shū，豆）、麦、稷（小米）、黍（黄米）。

③种性随水土而分：作物的属性因水土的不同而不同。

④陶唐：尧帝。

⑤耒耜之利，以教天下：语出《周易·系辞下》："神农氏作，斫本为耜，揉木为耒，耒耜之利，以教天下。"意为教导天下人耕种的益处。

⑥后稷：周朝先祖，名弃，善种庄稼。

**【译文】**

人无法自己生长，而要靠五谷养活自己；五谷也无法自己生长，而是靠人去种植。土壤历经各个时代变得不同，作物的种性也因水土不同而不同。否则，从神农到尧帝，人们以五谷为食已经有长达一千多年的历史了，天下人对耕种的好处难道还有什么不明白的吗？后期出现的许多优良品种，一定要等到后稷来做出详细说明，是何缘故呢？

纨裤之子[1]，以赭衣视笠蓑[2]；经生之家[3]，以农夫为诟詈[4]。晨炊晚饷，知其味而忘其源者众矣！

【注释】

①纨裤之子：指不学无术的富家子弟 。

②以赭（zhě）衣视笠蓑：以罪犯的装束来看待农民的装束。赭衣，古代罪犯所穿的衣服为赤色，这里指代罪人。

③经生之家：读经书的人，泛指儒生。

④诟詈（lì）：诟病，辱骂。

【译文】

不学无术的富家子弟像看待罪犯一样看待农民，饱读诗书的儒生也把农民当作辱骂别人的代称。他们整日饱食，评判美味，却不知道饭食的来处。这种人实在太多了！

夫先农[1]而系之以神，岂人力之所为哉？

【注释】

①先农：神农。

【译文】

把神农当成神一样祭祀尊敬，由此可见种植五谷不仅仅是人力的作用啊！

## 总名

凡谷无定名。百谷，指成数[1]言。五谷，则麻、菽、麦、稷、黍，独遗稻者，以著书圣贤起自西北也。

今天下育民人者，稻居什七，而来[2]、牟[3]、黍、稷居什三。麻、菽二者，功用已全入蔬、饵[4]、膏、馔[5]之中，而犹系之谷者。从其朔[6]也。

【注释】

①成数：总数。

②来：小麦。

③牟（móu）：通“麰”，大麦。

④饵：糕饼。

⑤馔：饭食。

⑥朔：起初，初始。

【译文】

谷物一直以来没有固定不变的名称。所谓百谷，是从谷物的整体来说的。通常说的五谷，指的是麻、菽、麦、稷、黍这五样，唯独少了水稻，这是因为著书的人是西北人。

现在养活全国人民的口粮，稻子占据其中的十分之七，小麦、大麦、黄米和小米等占据剩下的十分之三。麻和豆其实已经作为菜蔬、糕饼、油脂和饭食等其他用途，现在之所以还把它们归为谷类，是由于承袭了一开始的说法。

## 稻

凡稻种最多。不粘者，禾曰秔，米曰粳[①]；粘者，禾曰稌，米曰糯[②]。南方无粘黍，酒皆糯米所为。质本粳而晚收带粘，俗名婺源光[③]之类。不可为酒，只可为粥者，又一种性也。

【注释】

①禾曰秔（jīng），米曰粳（jīng）：秔，同“粳”。水稻有粳稻和籼稻之分。粳米黏性强，涨性小；籼米反之。

②禾曰稌（tú），米曰糯：稌即糯稻，是水稻的一个变种。

③婺源光：江西婺源地区的稻种名。

【译文】

稻子的品种是最多的。不黏的，禾称之秔稻，米称之粳米；黏的，禾称之稌稻，米称之糯米。南方没有黏黍，酒全用糯米酿造。本来归为粳稻一类，但是晚熟带有黏性，俗名叫作“婺源光”。不能酿酒，只能煮粥，这是另外一个稻种。

凡稻谷形有长芒、短芒，江南名长芒者曰浏阳早[①]，短芒者曰吉安早[②]。长粒、尖粒、圆顶、扁面不一。其中米色有雪白、牙黄、大赤、半紫、杂黑[③]不一。

【注释】

①浏阳早：湖南浏阳地区的早稻种。

②吉安早：江西吉安地区的早稻种。

③杂黑：黑米之色。

【译文】

稻谷的形状大体分为长芒、短芒，江南地区有长芒稻种“浏阳早”，有短芒稻种“吉安早”。具体细分则有长粒、尖粒、圆顶、扁面等多种。其中稻米的颜色也有雪白、浅黄、深红、淡紫和杂黑等多种，不一而足。

湿种[①]之期，最早者春分以前，名为社种[②]，遇天寒有冻死不生者。最迟者后于清明。凡播种，先以稻麦稿[③]包浸数日，俟其[④]生芽，撒于田中。生出寸许，其名曰秧。秧生三十日，即拔起分栽。若田亩逢旱干、水溢，不可插秧。秧过期，老而长节，即栽于亩中，生谷数粒，结果而已。凡秧田一亩所生秧，供移栽二十五亩。

【注释】

①湿种：浸湿谷种。

②社种：春社日时进行浸种。

③稿：禾秆。

④俟（sì）：等待。

【译文】

浸种的日子，最早是在春分这日以前，称为社种，如果天气寒冷有被冻死不生长的。最迟是在清明这日之后。播种的时候，事先以稻秆或者麦秆包好种子，浸泡数日，等待种子发芽之后撒播到秧田之中。等种子发苗长一寸多，就称为秧苗。秧苗生长三十天后，就可以拔起分插栽种。假若碰上稻田干旱或水涝，则不能进行。秧苗过了插秧的时期就会变老拔节，即便插到秧田之中，结谷也非常少。通常来说，一亩秧苗可以插二十五亩的秧田。

凡秧既分栽后，早者七十日即收获，粳有救公饥[①]、喉下急[②]，糯有金包银[③]之类。方语百千，不可殚述。最迟者历夏及冬二百日方收获。其冬季播种、仲夏[④]即收者，则广南[⑤]之稻，地无霜雪故也。

【注释】

①救公饥：早稻名，又名五十日早。

②喉下急：一种早造早熟稻种。

③金包银：一种早造糯稻。

④仲夏：指阴历五月。

⑤广南：广东南部。

【译文】

秧苗在插秧之后，早熟的品种，只需七十天就能采收，粳稻有“救公饥”“喉下急”，糯稻有“金包银”这些。稻种名每个地方叫法不一，难以全部描述。最晚熟的品种，则要经过由夏到冬共计两百多天才能够采收。那些在冬季播种、夏季采收的，是广东南部的水稻，因为生长的地方没有霜雪的缘故。

凡稻旬日[①]失水，即愁旱干。夏种冬收之谷，必山间源水不绝之亩，其谷种亦耐久，其土脉亦寒，不催苗也。湖滨之田，待夏潦[②]已过，六月方栽者，其秧立夏播种，撒藏高亩之上，以待时也。

南方平原田多一岁两栽两获者[③]。其再栽秧，俗名晚糯，非粳类也。六月刈[④]初禾，耕治老稿田，插再生秧[⑤]。其秧清明时已偕早秧撒布。早秧一日无水即死，此秧历四、五两月，任从烈日暵[⑥]干无忧。此一异也。凡再植稻，遇秋多晴，则汲灌与稻相终始。农家勤苦，为春酒之需也。

凡稻旬日失水，则死期至，幻出旱稻一种，粳而不粘者，即高山可插。又一异也。

【注释】

①旬日：十天。

②潦（lǎo）：雨水很大的样子，也指雨后大水。

③一岁两栽两获者：指双季稻。一年播种两次，收割两次。

④刈（yì）：收割。

⑤再生秧：指经过一次或者多次“剃头”再移植的老秧。

⑥暵（hàn）：干旱。

【译文】

水稻如果失水十天，人们就会担心土地干旱。夏种冬收的水稻，必须播种在山间有源源不绝的活水的田里，这种稻种生长期漫长，生长的土壤温度低，长势缓慢。位于湖边的稻田，则要等到夏季雨汛之后，六月才能栽种，这些秧苗在立夏的时节播种，撒播在地势高的农田中，等待生长时机。

南方平原的稻田耕种大多数是一年两季。二次栽种的秧叫晚糯，不是粳稻。六月收割完早稻，用犁和耙整治旧田后，插再生秧。这种秧清明时就和早稻种同时播种了。早稻秧只要缺水一天就会死去，而这种秧苗经过四、五这两个月，便不再畏惧曝晒和干旱。这是一个特异的品种。种植晚稻时，因为秋季多晴天，所以要经常对秧苗灌水。农家如此勤劳辛苦，是酿造春酒的需要。

水稻如若缺水十天就会死去，因此从中又衍生出一种旱稻，是不黏的粳稻，即使是高山也可以种植。这又是一个不同的品种。

香稻[1]一种，取其芳气，以供贵人，收实甚少，滋益全无，不足尚[2]也。

【注释】

①香稻：香稻分为香占、香糯、香粳三类。香稻的花、茎和叶都能够散发香气，煮出的米更是喷香扑鼻，所以称为香稻。

②尚：崇尚，提倡。

【译文】

有一种名为香稻的品种，因为它散发香气，专供给大户人家，但是收成产量很低，对身体也没有什么滋补的好处，所以不提倡广泛种植。

## 稻宜[1]

凡稻，土脉焦枯，则穗实萧索。勤农粪田，多方以助之。人畜秽遗[2]，榨油枯饼、枯者以去膏而得名也。胡麻[3]、莱菔子[4]为上，芸薹[5]次之，大眼桐又次之，樟、桕[6]、棉花又次之。草皮、木叶，以佐生机，普天之所同也。南方磨绿豆粉者，取溲浆灌田，肥甚。豆贱之时，撒黄豆于田，一粒烂土方三寸[7]，得谷之息倍焉。

【注释】

①稻宜：适宜稻子的农事。

②秽遗：粪便。

③胡麻：芝麻。

④莱菔（fú）子：萝卜的种子。

⑤芸薹（tái）：油菜。

⑥桕（jiù）：乌桕树，种子可以榨油。

⑦一粒烂土方三寸：江西地区的农谚。指用黄豆来做肥料。

【译文】

对于稻种来说，稻田如果贫瘠干枯，稻穗结谷就会稀疏。勤劳的农民往往使用多种肥料来让稻田肥沃。人与家畜的粪便，榨干油的枯饼、“枯”是榨干了油而得名。芝麻籽饼、萝卜籽饼是最好的，油菜籽饼稍次，樟树籽、乌桕籽、棉籽饼最差。草皮、树叶用来做肥料，以促使作物生长，全天下都是这样做的。南方磨绿豆粉的地方，利用淘豆的溲水来灌田，肥效尤其好。黄豆便宜的时候，把黄豆撒在稻田里，一粒黄豆就可以使三寸见方的田变得肥沃，获得稻谷的收益比成本多一倍。

土性带冷浆者[①]，宜骨灰蘸秧根[②]，凡禽兽骨。石灰淹苗足[③]。向阳暖土不宜也。土脉坚紧者，宜耕陇，叠块压薪而烧之[④]，埴坟[⑤]松土不宜也。

【注释】

①土性带冷浆者：即冷水田、冷底田或者湖洋田，指因排水不畅导致水温、土温低的酸性土田。

②骨灰蘸秧根：指施磷肥。

③石灰淹苗足：在秧脚撒石灰。石灰是碱性物质，能与土壤中的酸性物质发生中和反应，改进土壤。

④宜耕陇，叠块压薪而烧之：一种通过翻土和熏烧使土质疏松变得适宜耕种的方法。陇，同“垄”。

⑤埴（zhí）坟：黏土和壤土。坟，土质肥沃。

【译文】

在冷水田耕种，适宜采用骨灰沾秧根的做法，禽骨、兽骨都可以。还可以把石灰撒在秧脚处。向阳的暖土则不适合这样做。土质坚硬的稻田，要用犁耕起垄使土质疏松，把土块堆叠，用柴草熏烧。那些土质松肥的稻田就不适合用这种方法。

## 稻工[①] 耕 耙 磨耙 耘耔[②]

凡稻田刈获不再种者，土宜本秋耕垦[③]，使宿稿化烂，敌粪力一倍。或秋旱无水及怠农春耕，则收获损薄也。

凡粪田，若撒枯浇泽，恐霖雨至，过水来，肥质随漂而去。谨视天时，在老农心计也。

凡一耕之后，勤者再耕、三耕，然后施耙，则土质匀碎，而其中膏脉释化[④]也。凡牛力穷[⑤]者，两人以扛悬耜，项背相望[⑥]而起土。两人竟日，仅敌一牛之力。若耕后牛穷，制成磨耙，两人肩手磨轧，则一日敌三牛之力也。

【注释】

①稻工：稻田耕作。

②耘耔（yún zǐ）：意为除草。耘指用手除草，耔指用脚壅（yōng）泥除草。

③土宜本秋耕垦：指田地在当年秋天再次犁耕，也称为犁冬晒白。

④膏脉释化：指肥料分化开。
⑤穷：缺乏，不足。
⑥项背相望：语出《后汉书·左雄传》："监司项背相望，与同疾疢（chèn）。"此处指两人共同拉犁，一前一后相望相助。

【译文】

假使稻田秋收后不再冬种，那么最好在当年秋天再次犁耕，让稻茬腐烂，这相当于多施一倍的粪肥。如果秋天干旱缺水，或者像有些偷懒的农民那样等到来年春天才犁耕，收获势必就会减少。

给田施肥时，如果是撒枯饼或浇稀粪，都会担忧连绵大雨，因为雨水一洗刷，肥分就会随之流失。谨慎观察天气的变化，全在于农民的心计了。

稻田犁了一遍以后，勤劳的农民还会犁第二遍、第三遍，然后才耙，这样土质才会均匀疏松，肥分才能彻底溶解化开。缺少耕牛的，一般是两个人用木杠悬拉着犁铧，一前一后共同使力推拉翻土，两个人干上一整天才顶得上一头牛。如果犁耕后也没有耕牛，就制作磨耙，两个人用肩和手拉着磨耙耙地，耙一天可以抵得上三头牛。

凡牛，中国惟水、黄两种[①]。水牛力倍于黄，但畜水牛者，冬与[②]土室御寒，夏与池塘浴水，畜养心计亦倍于黄牛也。凡牛，春前力耕汗出，切忌雨点，将雨，则疾驱入室。候过谷雨[③]，则任从风雨不惧也。

【注释】

①凡牛，中国惟水、黄两种：中原的牛只有水牛、黄牛两个品种。中国，指中原。
②与：给予。
③候过谷雨：意思是牛一旦过了谷雨这个节气，就不怕风雨了。

【译文】

中原地区的牛只有水牛和黄牛两个品种。水牛的力气是黄牛的双倍，但是畜养水牛，冬季要给它土屋御寒，夏季要让它去池塘洗浴，这样所损耗的时间精力也是饲养黄牛的双倍。牛在春耕的时候容易出汗，还需要注意不要让它淋雨，要下雨时一定得迅速把它牵进屋里。在谷雨之后，它就不怕风雨了。

吴郡力田者以"锄"代耜，不藉牛力。愚[①]见贫农之家，会计[②]牛值与水草之资，窃盗死病之变，不若[③]人力亦便。假如有牛者，供办十亩，无牛用锄而勤者半之。既已无牛，则秋获之后，田中无复刍牧[④]之患，而菽、麦、麻、蔬诸种，纷纷可种。以再获偿半荒之亩，似亦相当也。

【注释】

①愚：作者自谦。

②会（kuài）计：核算。

③不若：不如。

④刍（chú）牧：种草放牧。

【译文】

苏州地区努力耕田的人往往以铁鎝代替犁耙而不凭借牛力。依我看，贫穷的农家如果仔细计算一下购买耕牛和草料的价钱，以及耕牛失窃和生病老死等意外情况，实则还不如使用人力划算。假如有耕牛的能耕种十亩田，没有耕牛但勤用铁鎝的则可以耕种它的一半。既然没有耕牛，那么秋收后也就避免了在田里蓄草放牧的麻烦，还可以在田里种豆、麦、麻和蔬菜等冬种作物。以这些得益和那损失的五亩相比，其实和有牛也差不多。

凡稻，分秧之后数日，旧叶萎黄而更生新叶。青叶既长，则耔可施焉。俗名挞禾[①]。植杖于手，以足扶泥壅[②]根，并屈宿田水草使不生也。凡宿田茵草[③]之类，遇耔而屈折。而稊稗与荼蓼[④]非足力所可除者，则耘以继之。耘者苦在腰手，辩在两眸。非类既去，而嘉谷茂焉。从此，泄以防潦，溉以防旱，旬月而奄观铚刈[⑤]矣。

【注释】

①挞（tà）禾：即耔，用脚壅泥除草。

②壅：用土壤或者肥料培育植物的根部。

③茵（wǎng）草：水稗子。一种生长在田间的杂草。

④稊（tí）稗（bài）与荼（tú）蓼（liǎo）：田间杂草名，根系发达，难以去除。

⑤奄观铚（zhì）刈：语出《诗经·周颂·臣工》，意为一同去观看用禾镰收割稻谷。奄，同。铚，禾镰。刈，收获。

【译文】

在插秧过了一段时间后，禾苗的旧叶会变得枯黄而逐渐长出新叶。等新叶长出，便可耔田了。通常叫挞禾。手拿木棍，用脚把泥壅向禾苗的根，把田间的杂草踩进泥里，让它再难生长。像茵草这样的杂草，耔田就可以除掉。而像稗子、苦菜和水蓼这些，不是脚能除去的，就要把它耘掉。耘田的人劳累的是腰和手，分辨禾苗和草在于双眼。杂草去除后，禾苗就能生长茂盛。从此之后，排水防止涝害，灌水防止干旱，满一个月之后即可准备镰刀收割了。

## 稻灾[1]

凡早稻种，秋初收藏。当午晒时，烈日火气在内，入仓廪中，关闭太急，则其谷粘带暑气。勤农之家偏受此患。明年田有粪肥，土脉发烧，东南风助暖，则尽发炎火[2]，大坏苗穗。此一灾也。若种谷晚凉入廪，或冬至数九天[3]收贮雪水、冰水一瓮，交春即不验。清明湿种时，每石[4]以数碗激洒，立解暑气，则任从东南风暖，而此苗清秀异常矣。祟在种内，反怨鬼神。

**【注释】**

①稻灾：指从谷种到成熟收获的水稻种植生产全过程中的八种灾害。

②尽发炎火：形容禾叶枯黄的状态。

③冬至数九天：即“数九寒天”。古代把从冬至起每九天称为一个“九”，从“一九”到“九九”，共八十一天，是一年当中最冷的时候 。

④石（shí）：容量单位，一石等于十斗。

**【译文】**

早稻的谷种要在初秋的时候进行收藏。中午经过烈日曝晒，热气聚集在谷内，如果就这样直接入仓，封仓又太着急，谷种就会带着没驱散的暑气。勤快的农家很容易有这样的隐患。这样的谷种来年播种之后，田里的粪肥会使土壤发热，又加上东南风增加湿度，大片禾苗就会像被火烧过一样枯黄，损害结谷。这是第一种稻灾。如果一直等到晚间谷种凉了再收进仓，或者在冬至这样的数九寒天中，收藏一瓮雪水或者冰水以备浸种，此法立春后无效。到第二年清明时节浸种的时候，每石谷种浇洒几碗收藏的雪水，能迅速消除暑气。这样做的话，哪怕东南风吹来，禾苗也可以长得精神挺拔。所有的病根都在谷种内部，可有人却因此埋怨鬼神作怪。

凡稻撒种时，或水浮数寸，其谷未即沉下，骤发狂风，堆积一隅。此二灾也。谨视风定而后撒，则沉匀成秧矣。

凡谷种生秧之后，妨[1]雀鸟聚食。此三灾也。立标飘扬鹰俑[2]，则雀可驱矣。

凡秧沉脚[3]未定，阴雨连绵，则损折过半。此四灾也。邀天晴霁[4]三日，则粒粒皆生矣。

【注释】

①妨：损害。语出《国语·越语下》："王若行之，将妨于国家。"

②鹰俑：鹰的模型。

③沉脚：扎根。

④邀天晴霁（jì）：遇上雨后天放晴。邀，迎候，希求。霁，雨后天晴。

【译文】

播种的时候，如果恰好田里有几寸深的水，谷种还漂浮着没有沉下，此时又忽然遭遇狂风，那么谷种就会聚积到秧田的一个角落。这是第二种稻灾。所以要特别注意风停了才能播撒谷种，谷种才能均匀地下沉到土里，继而长成秧苗。

谷种长出秧苗后，要注意防止成群的鸟雀飞来啄食。这是第三种稻灾。在田里立一个假鹰模型，就能将鸟雀驱走。

当秧苗还没有扎下根的时候，如果天气阴雨绵绵，就会损失过半。这是第四种稻灾。如果碰巧雨后连晴三天，那么所有的秧苗就都能成活了。

凡苗既函之后，亩上肥泽连发，南风熏热，函内生虫①。形似蚕茧。此五灾也。邀天遇西风雨一阵，则虫化而谷生矣。

凡苗吐穑之后，暮夜鬼火游烧②。此六灾也。此火乃朽木腹中放出。凡木母火子，子藏母腹，母身未坏，子性千秋不灭。每逢多雨之年，孤野墓坟多被狐狸穿塌，其中棺板为水浸，朽烂之极，所谓母质坏也。火子无附，脱母飞扬。然阴火不见阳光，直待日没黄昏，此火冲隙而出，其力不能上腾，飘游不定，数尺而止。凡禾穑叶遇之，立刻焦炎。逐火之人，见他处树根放光，以为鬼也，奋梃击之，反有鬼变枯柴之说。不知向来鬼火见灯光而已化矣。凡火未经人间灯传者，总属阴火，故见灯即灭。

【注释】

①凡苗既函之后，亩上肥泽连发，南风熏热，函内生虫：指禾苗返青之后因土壤肥沃、气候温暖产生虫害。既函，指禾苗返青长出叶、秆。

②凡苗吐穑（sè）之后，暮夜鬼火游烧：指稻瘟病。表现为禾叶上布满褐色病斑。吐穑，禾苗抽穗。

【译文】

禾苗返青长出叶、秆之后，土壤中的肥料连续挥发，再遇上熏热的南风，稻叶内就容易生虫。形状像蚕茧。这是第五种稻灾。如果这时能下一阵西风雨，那么虫子就会死去而稻子就能存活下来了。

禾苗抽穗后，晚间有“鬼火”游荡烧灼禾苗。这是第六种稻灾。这种火由腐坏的木头生出。木是母亲，火是儿子，火蕴藏在木头之中，木头没有坏，火就永远藏在木中。每次等到多雨的年头，荒野孤坟经常被狐狸挖穿，里面的棺材板被水浸泡，烂到一定程度，便是所谓的母质坏了。火失去依附就只能离开母体而四处飞舞。然而，阴火不能暴露在阳光下，只能等到日落黄昏的时候，才能从缝隙里冲出来，它无力向上飞腾，飘荡不停，只能在几尺高的空间内游荡。如果禾叶遇到这种火，叶片就会立即被烧焦。追赶这种火的人，看到其他地方的树根也发光，认为是鬼，举起木棒奋力击打，结果反而因此衍生出“鬼变枯柴”的说法。这些人不知道所谓的“鬼火”一见灯光就会消失。所有没经过人间灯火点燃的火都属于阴火，所以一见到灯火就消失不见。

凡苗自函活①以至颖栗，早者食水三斗，晚者食水五斗，失水即枯。将刈之时少水一升，谷数虽存，米粒缩小，入碾臼中亦多断碎。此七灾也。汲灌之智，人巧已无余矣。

凡稻成熟之时，遇狂风吹粒殒落，或阴雨竟旬，谷粒沾湿自烂。此八灾也。然风灾不越三十里，阴雨灾不越三百里，偏方厄难，亦不广被。风落不可为。若贫困之家，苦于无霁②，将湿谷升于锅内，燃薪其下，炸去糠膜，收炒糗③以充饥，亦补助造化④之一端矣。

**【注释】**

①函活：禾苗返青。语出《诗经·周颂·载芟（shān）》：“播厥百谷，实函斯活。”

②无霁：阴雨绵绵不停止。

③糗（qiǔ）：炒米粉。

④造化：自然界。

**【译文】**

禾苗从返青到抽穗结谷这段时期，早稻每株大约需要三斗水，晚稻每株大约需要五斗水。一旦缺水，禾苗就会枯萎。在收割之前，如果缺少一升水，粒数虽然没有变，但是谷粒却会变小不再饱满，用碾臼加工的时候也容易断碎。这是第七种稻灾。在引水灌溉方面的智慧，人们已经充分发挥没有遗漏了。

稻子成熟的时候，如果碰上狂风吹落稻粒，或者遇到连续十多天的阴雨，稻粒沾了湿气就会发霉变坏。这是第八种稻灾。所幸风灾的范围一般不会超过方圆三十里，阴雨灾的范围也一般不会超过方圆三百里，这属于局部灾害，不会涉及很广。但是谷粒一旦被风吹落就难以挽回了。如果是贫苦的农家，遇到阴雨连绵不放晴时，可以将湿谷放在锅内，锅下烧火爆去谷壳，炒米粉来作为粮食充饥。这也是补救天灾的一种方法。

## 水利[①] 筒车[②] 牛车 踏车[③] 拔车[④] 桔槔[⑤]

凡稻，妨[⑥]旱藉水独甚五谷。厥土沙泥、硗腻[⑦]，随方不一，有三日即干者，有半月后干者。天泽不降[⑧]，则人力挽水以济[⑨]。

**【注释】**

①水利：这一节描写的多是引水向上的水力机械。

②筒车：一种以流水为动力把水从低处引向高处的提水灌溉工具。

③踏车：一种链唧筒水车，因需人脚踏来推动，所以被称为踏车。

④拔车：一种链唧筒水车，以人双手转动为动力。

⑤桔槔（gāo）：春秋时候发明的利用杠杆原理制造的一种提水工具。

⑥妨：通“防”，防范。

⑦厥土沙泥、硗（qiāo）腻：指土壤的土质有沙土、泥土和贫瘠、肥沃的区别。硗，同“垙”，指土壤贫瘠。腻，指土壤肥沃。

⑧天泽：雨水。

⑨济：弥补。

**【译文】**

五谷之中，水稻特别需要借水防旱。各个地方的稻田土质不同，有的是沙土，有的是黏土；有的土壤贫瘠，有的土壤肥沃；有的灌水后三天就早早干涸了，有的却要半个月才干涸。如果老天不下雨，就要依靠人力引水来调剂抗旱。

凡河滨有制筒车者，堰[①]陂[②]障[③]流，绕于车下，激轮使转，挽水入筒，一一倾于枧[④]内，流入亩中。昼夜不息，百亩无忧。不用水时，拴木碍止，使轮不转动。

其湖池不流水，或以牛力转盘，或聚数人踏转。车身长者二丈，短者半之，其内用龙骨[⑤]拴串板，关水逆流而上。大抵一人竟日之力，灌田五亩，而牛则倍之。

**【注释】**

①堰：挡水的低坝。

②陂（bēi）：此处指筑堤。
③障：阻挡。
④枧（jiǎn）：引水的渡槽或者导管，一般为木制或者竹制。
⑤龙骨：水车别称。

【译文】

河边有装置筒车的，可以筑个低坝挡水，让水流绕到筒车下方，冲击轮叶促其转动从而舀水入筒，筒中的水又可以一一注入引水的槽中，再流入田里。筒车转动昼夜不停，即使灌溉一百亩田地也是不成问题的。不用浇水时，可用木头拴住，不让水轮转动。

如果是湖泊或者池塘里不流动的静水，可以用牛拉动转盘来驱动水车，或者几个人合力踏转水车。长水车长两丈，短水车长一丈，车内使用龙骨拴连串板，把水聚在一起让其逆流而上。一个人一整天差不多可以灌溉五亩田，要是用牛还能加倍。

其浅池、小浍[①]，不载长车者，则数尺之车。一人两手疾转，竟日之功，可灌二亩而已。

扬郡[②]以风帆数扇，俟风转车，风息则止。此车为救潦，欲去泽水，以便栽种，盖去水非取水也，不适济旱。用桔槔、辘轳[③]，功劳又甚细已。

【注释】

①小浍（kuài）：田间的小水沟。
②扬郡：今江苏扬州地区。
③辘轳：战国时期利用定滑轮原理发明的一种提水工具。

【译文】

浅池塘和田间小水沟，容纳不了长水车，那么可以用几尺长的手摇水车。一个人双手握住把手迅速转动，用上一整天也最多灌溉两亩田。

扬郡地区使用几扇风帆来带动水车，等风吹转车，风停车就停。这种车是用来排水防涝的，即排去积水方便栽种，因为它是排水出去而不是引水进来，所以不适用于抗旱。用桔槔、辘轳这样的工具来排水引水，功效就更加低了。

## 麦

凡麦有数种。小麦曰来，麦之长也；大麦曰牟，曰穬[①]；杂麦曰雀[②]，曰荞[③]。

皆以播种同时，花形相似，粉食同功，而得麦名也。

四海之内，燕、秦、晋、豫、齐、鲁诸道，烝民[④]粒食，小麦居半，而黍、稷、稻、粱仅居半。西极川、云，东至闽、浙，吴、楚腹焉，方长六千里中，种小麦者，二十分而一，磨面以为捻头、环饵、馒首、汤料之需，而饔飧[⑤]不及焉。种余麦者，五十分而一，闾阎[⑥]作苦，以充朝膳，而贵介不与焉。

穬麦独产陕西，一名青稞，即大麦随土而变而皮成青黑色者，秦人专以饲马，饥荒人乃食之。大麦亦有粘者，河洛[⑦]用以酿酒。雀麦细穗，穗中又分十数细子，间亦野生。荞麦实非麦类，然以其为粉疗饥，传名为麦，则麦之而已。

【注释】

①穬（kuàng）：即稞麦。

②雀：即雀麦。

③荞：即荞麦。

④烝（zhēng）民：百姓。烝，众多。

⑤饔飧（yōng sūn）：早饭和晚饭。

⑥闾（lǘ）阎：原指里巷的门，此处借指平民。

⑦河洛：今河南洛阳一带。

【译文】

麦子分为很多种。小麦叫“来”，是麦子中最主要的种类；大麦叫“牟”，也叫穬麦；杂麦有叫作雀麦的，有叫作荞麦的。以上这些因为播种的日期相同，花的形状也相似，还都是磨成粉供食用的，所以统称为麦。

全国范围内，河北、陕西、山西、河南、山东等地的民众的口粮，小麦占了一半，而黍子、粟子和稻谷加起来仅仅占一半。往西到四川、云南，往东到福建、江浙这些地方，甚至长江中下游一带，方圆六千里的地域中，种植小麦的占据二十分之一，将小麦磨成面粉用来做花卷、糕饼、馒头和汤面，但是不归入正餐。种植其他品种麦子的，又仅仅占据五十分之一，老百姓平时劳作辛苦，用它来充当早饭，但有钱的富贵人家是不会吃的。

稞麦只产于陕西，又称青稞，它会因生长的土质不同导致皮变成青黑色，陕西地区的人专门用它来喂马，闹饥荒的时候人才会去吃它。大麦的品种里也有黏的，河南洛阳一带的人用它酿酒。雀麦的麦穗十分细小，每个穗中间又分出十几个小穗，有的还是野生的。荞麦其实不属于麦类，然而因为它磨成粉可以充饥，大家都称其为麦，也算是麦子了。

凡北方小麦，历四时[①]之气，自秋播种，明年初夏方收。南方者，种与收期，时日差[②]短。江南麦花夜发，江北麦花昼发，亦一异也。大麦种获期与小麦相同。荞麦则秋半下种，不两月而即收。其苗遇霜即杀，邀天降霜迟，迟则有收矣。

【注释】

①四时：四季。

②差：稍为，略为。

【译文】

北方的麦子，历经四季节气，在秋天的时候播种，要到来年初夏时节才能收割。若是种在南方的话，从播种到收获所需的时间就会短一些。长江以南的麦子在晚上开花，长江以北的麦子在白日里开花，这也是一种差异。大麦与小麦的播种和收获期一样。荞麦在仲秋时播种，不需满两个月就可以收割。它的苗遇到冷霜就会冻死，如果下霜的日子推迟，就不愁收成了。

## 麦工 北耕种 耨[①]

凡麦与稻，初耕垦土则同，播种以后，则耘耔诸勤苦皆属稻，麦惟施耨而已。

凡北方厥土坟垆易解释者，种麦之法，耕具差异，耕即兼种。其服牛起土者，耒不用耜，并列两铁于横木之上，其具方语曰耩[②]。耩中间盛一小斗，贮麦种于内，其斗底空梅花眼，牛行摇动，种子即从眼中撒下。欲密而多，则鞭牛疾走，子撒必多；欲稀而少，则缓其牛，撒种即少。既撒种后，用驴驾两小石团，压土埋麦。凡麦种紧压方生。南方地不北同者，多耕多耙之后，然后以灰拌种，手指拈而种之，种过之后，随以脚根压土使紧，以代北方驴石也。

【注释】

①耨（nòu）：锄草。

②耩（jiǎng）：有的版本误作镪。耩，是北方播种的一种方法。

【译文】

种麦子和种水稻，最开始都需要耕地翻土，播种之后，还必须对稻田进行耘耔等劳动，麦田却只需偶尔锄草即可。

如果耕地是北方疏松肥沃的黑垆土，那么种麦子的方法和使用的耕作工具都不相同，在耕田时就连带播种了。用耕牛拉着翻土划沟的农具不装犁头，而是在横木上并排安装两个铁尖，这种农具用方言称为耩。耩中间安装个小斗，用来放麦种，斗底镂空一些梅花眼。牛一走动，斗就会摇晃，种子便从梅花眼中撒下。

想种得稠密一些，就要赶牛快走；想种得稀疏一些，就要让牛慢走。播撒完种子后，用毛驴拖两个小石磙压土。麦种要等土压实之后才能发芽生长。南方与北方土质不同，种麦是先犁和耙多次，然后用草木灰拌种，用手指拈取种子点播，随后用脚把土踩压紧实，以此来代替北方用驴拉石头磙压土押种。

耕种之后，勤议耨锄。凡耨草用阔面大镈，麦苗生后，耨不厌勤，有三过、四过者。余草生机尽诛锄下，则竟亩精华尽聚嘉实矣。功勤易耨，南与北同也。凡粪麦田，既种以后，粪无可施，为计在先也。陕、洛之间，忧虫蚀者，或以砒霜拌种子[①]；南方所用惟炊烬也。俗名地灰。南方稻田，有种肥田麦者，不冀麦实。当春小麦大麦青青之时，耕杀田中，蒸罨[②]土性，秋收稻谷必加倍也。

【注释】

①砒霜拌种子：历史上首次记载的拌种防虫害的有效方法。砒霜，剧毒。

②罨（yǎn）：覆盖。

【译文】

播种之后，要勤于锄草。锄草都是用宽面的大锄头。麦苗长出来后，锄草次数越多越好，有锄三四次的。杂草都锄干净之后，田里的肥力就会都用来结麦穗。锄的次数越多，草就锄得越干净，这对于南北方都一样。麦田施肥，麦种种下之后就不宜再施肥了，需要预先计划。陕西和河南洛河地区，人们担忧害虫蛀食麦种，有用砒霜拌种的；南方唯一用的是草木灰，俗称地灰。南方的稻田还有种麦子来肥田的，并不期盼能收割麦子。当春季小麦或者大麦刚出苗还是一片青绿的时候，就把它耕翻压到土里作为肥料，等到秋收时稻谷的产量必然会增加。

凡麦收空隙，可再种他物。自初夏至季秋[①]，时日亦半载，择土宜而为之，惟人所取也。南方大麦，有既刈之后乃种迟生粳稻者。勤农作苦，明赐[②]无不及也。

凡荞麦，南方必刈稻、北方必刈菽稷而后种。其性稍吸肥腴[③]，能使土瘦，然计其获入，业偿半谷有余。勤农之家，何必再粪也？

【注释】

①初夏至季秋：初夏指农历四月，季秋指农历九月。

②明赐：此处指报酬。

③肥腴（yú）：肥沃。

【译文】

麦收后的空隙，可以再种其他的作物。从初夏到秋末差不多半年时间，人们可以因地制宜地选择一些作物耕种。南方有在大麦收割之后再种上一季晚熟粳稻的。农民辛勤劳苦地耕作，总会得到应有的报酬。

荞麦是在南方收割完水稻之后、北方收完豆子或者谷子之后才种的。它吸收肥料吸收得多，能让土地变得贫瘠，然而核算一下收获的产量，却是原先种的稻谷产量的一半多。所以，勤劳的农家何妨再多施一些粪肥呢?

## 麦灾

凡麦妨患，祗[①]稻三分之一。播种以后，雪、霜、晴、潦皆非所计。麦性食水甚少，北土中春再沐雨水一升，则秀华[②]成嘉粒矣。

荆、扬以南[③]，惟患霉雨。倘成熟之时，晴干旬日则仓禀皆盈，不可胜食。扬州谚云“寸麦不怕尺水[④]”，谓麦初长时，任水灭顶无伤；“尺麦只怕寸水”，谓成熟时，寸水软根，倒茎沾泥，则麦粒尽烂于地面也。

江南有雀一种，有肉无骨，飞食麦田，数盈千万，然不广及，罹[⑤]害者数十里而止。江北蝗生，则大祲[⑥]之岁也。

**【注释】**

①祗（zhǐ）: 只，仅仅。

②秀华: 吐穗开花。

③荆、扬以南: 荆州和扬州以南的地区，泛指长江淮河流域。

④寸麦不怕尺水: 农谚，说明小麦生长初期比较耐湿润。

⑤罹（lí）: 遭受。

⑥祲（jīn）: 阴阳相侵的不祥之气，此处指灾患。

**【译文】**

种麦容易遭遇的灾害只有稻子灾害的三分之一。播种之后，下雪、降霜、晴天、水涝都没有多大影响。麦子需要吸收的水分很少，北方在中春时如果下一场透雨，麦花就可以结成饱满上佳的麦粒。

荆州和扬州以南的地区最怕梅雨天。倘若在麦子成熟时，能连晴十天，就能使仓库充盈，怎么也吃不完了。扬州农谚说“寸麦不怕尺水”，意思是麦子在初成苗的时候，即使水患成灾也不会有损伤；“尺麦只怕寸水”，意思是麦子成熟的时候，哪怕只一寸深的积水，都会让小麦倒伏烂根，麦粒会全部烂在地里。

江南有一种雀鸟，有肉却没有骨，以麦子为食物，数量成千上万，幸亏危害范围不大，不过几十里而已。至于江北，如果发生蝗虫灾害，那么就属于大灾年份了。

# 黍稷 粱粟

凡粮食米而不粉者种类甚多。相去数百里，则色、味、形、质，随方而变，大同小异，千百其名。北人惟以大米呼粳稻，而其余概以小米名之。

凡黍与稷同类[①]，粱与粟同类[②]。黍有粘有不粘，粘者为酒。稷有粳无粘。凡粘黍、粘粟，统名曰秫，非二种外更有秫[③]也。黍色赤、白、黄、黑皆有，而或专以黑色为稷，未是。至以稷米为先他谷熟，堪供祭祀，则当以早熟者为稷，则近之矣。凡黍在《诗》《书》有虋、芑[④]、秬、秠等名，在今方语有牛毛、燕颔、马革、驴皮、稻尾等名。种以三月为上时，五月熟；四月为中时，七月熟；五月为下时，八月熟。扬花结穗，总与来[⑤]、牟[⑥]不相见也。凡黍粒大小，总视土地肥硗、时令害育，宋儒拘定以某方黍定律[⑦]，未是也。

凡粟与粱统名黄米。粘粟可为酒，而芦粟[⑧]一种，名曰高粱者，以其身高七尺，如芦[⑨]、荻也。粱粟种类名号之多，视[⑩]黍稷犹甚。其命名或因姓氏、山水，或以形似、时令，总之不可枚举。山东人惟以谷子呼之，并不知粱粟之名也。

已上四米，皆春种秋获。耕耨之法与来、牟同，而种收之候则相悬绝云。

**【注释】**

①黍（shǔ）与稷同类：黍和稷是同一个种类。这是沿用李时珍《本草纲目》的说法。

②粱与粟同类：高粱和小米是同一种类。这也是沿用李时珍《本草纲目》的说法。

③秫（shú）：黏黍、黏粟。《尔雅·释草》注：“（秫）谓粘粟也。”

④虋（mén）、芑（qǐ）：红粱粟和白粱粟。《尔雅·释草》：“虋，赤苗。”《尔雅·释草》：“芑，白苗。”

⑤来：小麦。

⑥牟：大麦。

⑦宋儒拘定以某方黍定律：宋代用黍一百粒排列起来，其长度即为一尺，故称黍尺。横排叫作“横黍尺”，纵排的叫“纵黍尺”。此处指宋儒拘泥于黍尺的教条。

⑧芦粟：高粱的一个变种，也叫甜高粱。

⑨芦：芦苇。

⑩视：比照，比较。

**【译文】**

只碾成米食用而不磨成粉的粮食种类有很多。相隔几百里的距离，颜色、味道、形状和质地都会随地域而改变，无论大同还是小异，称呼的名称有很多。北方人只把粳稻叫作大米，其余的所有都用小米来称呼。

黍和稷属同类，梁和粟也属同类。黍分为黏的不黏的，黏的能酿酒。稷有不黏的却没有黏的。秫是粘黍和粘粟的统称，而并非除这两种外，还有另外一种作物叫秫。黍红、白、黄、黑等颜色都有，有人专门把黑黍区分出来称为稷，这是错的。至于说因为稷米比其他谷物先成熟能用来祭祀，所以把早熟的黍称为稷，这还说得比较接近。黍在《诗经》《尚书》里有虋、芑、秬、秠等别名，在如今的方言里有牛毛、燕颔、马革、驴皮、稻尾等叫法。黍最早是在三月下种，到五月就成熟了；迟一些的在四月下种，七月可以收获；最迟的在五月下种，八月收割。扬花结穗总是跟大小麦不在同一时段。黍粒的大小往往要看土地肥瘦和时令的好坏，宋代的儒生却固执地以某一地方的黍粒作为尺度衡量的标准，这是不对的。

粟和梁统称黄米。黏粟可用来做酒。另外有一种芦粟，之所以名叫高粱，是因为它身高七尺，外形很像芦苇和荻。梁、粟的品种名称比黍、稷还要多得多，它们的名称由来，有的来自姓氏或者山水，有的来自形状或者时令。总之，难以一一举例描述。山东人都用谷子来称呼，并不知道梁、粟这些名称。

以上四种米，都是春天播种秋天采收。耕作除草的方法跟麦子一样，然而播种和收获的时间却跟麦子相差甚远。

## 麻

凡麻可粒可油者，惟火麻、胡麻二种。胡麻，即脂麻，相传西汉始自大宛①来。古者以麻为五谷之一，若专以火麻当之，义岂有当哉？窃意《诗》《书》五谷之麻，或其种已灭，或即菽、粟之中别种，而渐讹其名号，皆未可知也。

【注释】

①大宛：古代西域国名。

【译文】

麻类中既能粒食又能榨油的，只有大麻和胡麻这两种。胡麻即芝麻，相传是西汉时从大宛国传来的。古代将麻归为五谷之一，如果说麻专指大麻，这种说法难道合适吗？我觉得《诗经》《尚书》所说的五谷中的麻，可能已经绝种了，又或者是豆、粟当中的某一特别品种，后来逐渐被叫错了名字，这都很难说。

今胡麻味美而功高，即以冠百谷不为过。火麻子粒压油无多，皮为疏恶布[①]，其值几何？胡麻数龠[②]充肠，移时不馁。粔饵[③]、饴饧，得粘其粒，味高而品贵。其为油也，发得之而泽，腹得之而膏，腥膻[④]得之而芳，毒厉[⑤]得之而解。农家能广种，厚实可胜言哉！

【注释】

①疏恶布：粗布。

②龠（yuè）：古代容量单位。这里比喻少量。

③粔（jù）饵：粔妆蜜饵，以蜂蜜、米面熬煎的糕点。

④腥膻（shān）：腥味和骚味。

⑤毒厉（lài）：毒疮。厉，通“癞”。

【译文】

如今的芝麻，不仅味道好，而且用途多，即使把它排在百谷的首位也不为过。大麻籽榨油不多，麻皮只能做成粗布，它的价值又有多少呢？芝麻只要食用少量，哪怕过很久都不会感觉到饿。糕饼、饴糖之类，如果粘上一些芝麻，味道就会更佳而且显得品级很高。至于芝麻油，头发上涂它会发亮，人食用了会发福，煮腥膻之物的时候加一些芝麻油能去腥膻味道，芝麻油还能够治疗毒疮。农民如果能大举种植，得到的好处是说也说不完的。

种胡麻法，或治畦圃，或垄田亩，土碎草净之极，然后以地灰微湿，拌匀麻子而撒种之。早者三月种，迟者不出大暑前。早种者，花实亦待中秋乃结。耨草之功，惟锄是视[①]。其色有黑、白、赤三者。其结角长寸许，有四棱者，房小而子少；八棱者，房大而子多。皆因肥瘠所致，非种性也。收子榨油，每石得四十斤。余其枯[②]用以肥田。若饥荒之年，则留供人食。

【注释】

①惟锄是视：只看锄草锄得怎么样。是，语气助词。

②枯：这里指榨油后剩余的渣滓。

【译文】

种芝麻的方法，或者起畦，或者作垄，把土锄松散，把草除干净，然后将芝麻种子用微湿的草木灰拌匀再撒种。早种的在三月播种，晚种的最迟不要超过大暑。早种的开花结实要到中秋后。除草的功效全看锄草的效果。芝麻有黑、白、红三种颜色，结角长一寸多，有四棱的，房小并且粒少；有八棱的，房大并且粒多。这都是因为土壤肥沃或者贫瘠，与种性无关。收集芝麻籽榨油，每石芝麻可以榨油四十斤。榨油剩下的枯渣可以用来肥田。如果碰上饥荒年份，那么就留下来供人食用。

## 菽[1]

凡菽，种类之多与稻、黍相等，播种收获之期，四季相承。果腹之功，在人日用，盖与饮食相终始。

一种大豆[2]。有黑、黄两色。下种不出清明前后。黄者有五月黄、六月爆、冬黄三种。五月黄收粒少，而冬黄必倍之。黑者刻期[3]八月收。淮北长征骡、马，必食黑豆，筋力乃强。凡大豆视土地肥硗、耨草勤怠、雨露足悭[4]，分收入多少。凡为豉、为酱、为腐，皆大豆中取质焉。江南又有高脚黄，六月刈早稻方再种，九、十月收获。江西吉郡[5]种法甚妙：其刈稻田，竟不耕垦，每禾稿头中，拈豆三四粒，以指扱[6]之。其稿凝露水以滋豆，豆性充发，复浸烂稿根以滋已。生苗之后，遇无雨亢干，则汲水一升以灌之。一灌之后，再耨之余，收获甚多。凡大豆入土未出芽时，妨[7]鸠雀害，驱之惟人。

【注释】

①菽：豆类。古代五谷之一。

②大豆：黄豆和黑豆的统称。

③刻期：限定日期。

④悭（qiān）：欠缺。

⑤江西吉郡：今江西吉安吉水。

⑥扱（chā）：插。

⑦妨：通“防”，防止，预防。

【译文】

豆子的种类之多和稻、黍一样。播种和收获的时间可以做到四季接连不断。豆子作为食物的功劳，在于在人们的日常生活中一直是不可缺少的。

一种是大豆。有黑豆和黄豆两种。下种的时间总是在清明前后。黄豆有五月黄、六月爆、冬黄三个品种。五月黄的产量低，冬黄的产量是五月黄的一倍。黑豆在八月时定期收获。淮北一带跑长途运输的骡子、马，一定要吃黑豆，筋力才强壮。大豆的产量能有多少，要看土地肥瘦、锄草勤惰、雨水是否充足而定。制作豆豉、豆酱、豆腐等，都要以大豆为原料。江南还有一种豆子叫高脚黄，六月割完早稻方才播种，九月、十月收获。江西吉郡地区种植大豆的方法特别巧妙：割稻后，那里的稻茬田竟然不用犁耙，在每蔸稻茬里面，用手指拈进三四粒豆种。田间的稻茬凝聚露水滋润着豆种，促使豆种发芽，又利用浸烂的稻茬来滋养自己。长出豆苗之后，遇到无雨干旱的日子，就浇一升水。浇水之后再除一遍草，等到收获季节就可收获到很多豆子。大豆下种入土而还没长出芽苗的时候，要防止鸠雀成为灾害，只能靠人去驱赶。

一种绿豆。圆小如珠。绿豆必小暑方种。未及小暑而种，则其苗蔓延数尺，结荚甚稀；若过期至于处暑，则随时开花结荚，颗粒亦少。豆种亦有二：一曰摘绿，荚先老者先摘，人逐日而取之；一曰拔绿，则至期老足，竟亩拔取也。凡绿豆磨澄[①]晒干为粉，荡片搓索，食家珍贵。做粉溲浆，灌田甚肥。凡畜[②]藏绿豆种子，或用地灰、石灰，或用马蓼[③]，或用黄土拌收，则四、五月间不愁空蛀。勤者逢晴频晒，亦免蛀。凡已刈稻田，夏秋种绿豆，必长接斧柄，击碎土块，发生乃多。凡种绿豆，一日之内，遇大雨扳土[④]，则不复生。既生之后，妨雨水浸，疏沟浍[⑤]以泄之。凡耕绿豆及大豆田地，耒耜欲浅，不宜深入，盖豆质根短而苗直，耕土既深，土块曲压，则不生者半矣。深耕二字，不可施之菽类，此先农之所未发者。

【注释】

①澄（dèng）：使清澈纯净。

②畜（xù）藏：储藏。

③马蓼（liǎo）：又名辣蓼。一种蓼科植物。

④扳（bān）土：使土板结。

⑤浍：田间的小水沟。

【译文】

一种是绿豆。又圆又小像是珠子。绿豆一定要等到小暑才播种。如果没等到小暑就播种，豆苗就会长出数尺高，结的豆荚特别稀少；若过了小暑甚至拖延到处暑时才种，那么开花结荚就不定时，豆粒也会很少。绿豆也分为两个品种：一种叫“摘绿”，豆荚先成熟的先摘，人们可以逐天摘取；另外一种叫作“拔绿”，要到整块田全部成熟时，再一起拔起摘取。把绿豆磨成粉，经过澄洗，晒干成粉，进而做成粉皮和粉丝，这是大家都很喜欢吃的珍贵的食品。做粉留下的浆水，用来灌田肥效很高。储藏绿豆种，或者用草木灰、石灰，或者用马蓼，或者用黄土拌匀之后收藏起来，那么即使到了四月份、五月份也不用担心虫蛀了。勤劳的人每逢晴天就把豆种频繁拿出来翻晒，也可以避免虫蛀。已收割的稻茬田在夏、秋两季种绿豆的时候，必须要用长柄斧头来劈碎土块，这样豆种出苗才多。绿豆种下后的一天之内，如果遇上大雨天气，使土壤板结，豆苗就不会长出来了。哪怕出苗后，也要防止雨水浸泡，疏通沟渠排水。种绿豆和大豆的田地，浅耕即可，不宜深耕，因为豆类根短苗直，耕太深了，豆种就会被土块所压，长不出苗来的将占据一半。深耕的做法不适用于豆类，这是神农和后稷没有对外宣告的经验。

一种豌豆。此豆有黑斑点，形圆同绿豆，而大则过之。其种十月下，来年五月收。凡树木叶迟者，其下亦可种。

一种蚕豆。其荚似蚕形，豆粒大于大豆。八月下种，来年四月收。西浙桑树之下，遍繁种之。盖凡物树叶遮露则不生，此豆与豌豆，树叶茂时，彼已结荚而成实矣。襄汉[①]上流，此豆甚多而贱，果腹之功，不啻[②]黍稷也。

一种小豆。赤小豆入药有奇功，白小豆一名饭豆。当餐助嘉谷。夏至下种，九月收获，种盛江淮之间。

一种稆音吕豆[③]。此豆古者野生田间，今则北土盛种。成粉荡皮，可敌绿豆。燕京负贩者，终朝呼稆豆皮，则其产必多矣。

一种白藊豆[④]。乃沿篱蔓生者，一名蛾眉豆。

其他豇豆[⑤]、虎斑豆、刀豆，与大豆中分青皮、褐色之类，间繁一方者，犹不能尽述。皆充蔬代谷，以粒烝民[⑥]者，博物者其可忽诸[⑦]！

【注释】

①襄汉：襄水和汉水。

②不啻（chì）：不亚于。

③稆（lǚ）豆：一种黑色的大豆。

④白藊（biǎn）豆：即扁豆。

⑤豇（jiāng）豆：即豆角。

⑥烝民：百姓。

⑦其可……诸：同“岂可……之乎”。

【译文】

一种是豌豆。这种豆子有黑色斑点，形状圆圆的像绿豆，不过比绿豆大。它在十月下种，来年的五月收获。在那些春季长叶迟的树下也可以种。

一种是蚕豆。豆荚像蚕形，豆粒比大豆大。在八月时下种，来年四月时收获。浙江西部地区的桑树下，到处都种植着它。本来作物被树叶遮掉露水就不会生长，但蚕豆和豌豆在树叶茂盛时早已结荚成熟了。襄水与汉水的上游地区，蚕豆产量很多所以便宜，它作为食物的价值并不亚于黍和稷。

一种是小豆。赤小豆入药有奇特功效，白小豆又叫饭豆，作为主食掺到饭里能让饭更加美味。小豆夏至时播种，九月收获，在长江和淮河之间的地区广泛种植。

一种是稆（音同“吕”）豆。这种豆子最早是野生的，现在北方已经大范围种植。用它来磨粉做粉皮，比得过绿豆。北京的小商贩一整天高声叫卖稆豆皮，可见它的产量必然很多。

一种是扁豆。平时是沿着篱笆生长的，又叫作蛾眉豆。

其他如豇豆、虎斑豆、刀豆，和大豆中的青皮、褐色等品种，以及一些只在个别地方种的豆子，不能一一详细描述了。总之，豆类可以充当蔬菜代替谷物，以供百姓食用，通晓各种事物的人怎么可以忽视它们呢！

# 乃服

宋子曰：人为万物之灵，五官百体，赅而存焉①。贵者垂衣裳②，煌煌山龙③，以治天下。贱者裋褐④枲裳，冬以御寒，夏以蔽体，以自别于禽兽。是故其质则造物⑤之所具也。属草木者为枲⑥、麻、苘⑦、葛，属禽兽与昆虫者裘、褐、丝、绵。各载其半，而裳服充焉矣。

天孙机杼⑧，传巧人间。从本质而见花，因绣濯⑨而得锦。乃杼柚⑩遍天下，而得见花机⑪之巧者，能几人哉？治乱经纶字义，学者童而习之，而终身不见其形象，岂非缺憾也？先列饲蚕之法，以知丝源之所自。盖人物相丽，贵贱有章，天实为之矣。

**【注释】**

①五官百体，赅（gāi）而存焉：语出《庄子·齐物论》："百骸、九窍、六脏，赅而存焉。"指人的器官、肌体十分完备。赅，完备。

②垂衣裳：语出《周易·系辞下》："黄帝、尧、舜垂衣裳而天下治。"

③煌煌山龙：衣服上光采焕发的山和龙等图案。山龙，语出《尚书·益稷》："予（指舜）欲观古人之象，日、月、星、辰、山、龙、华、虫……以五采彰施于五色，作服。"

④裋（shù）褐：粗毛短衣，多为贫苦人所穿。

⑤造物：指自然界。

⑥枲（xǐ）：枲麻。

⑦苘（qǐng）：苘麻，俗称青麻。

⑧天孙机杼：天孙，织女星。传说她是天帝的孙女，故称"天孙"。机杼，织布机。此处指织布技巧。

⑨濯（zhuó）：洗涤。这里指染色。

⑩杼柚：也称"杼轴"。杼和轴都是织布机的重要部件，此处代指织布机。

⑪花机：即提花机。

**【译文】**

人是万物中最聪明的，五官和肢体都生长得十分完备。高贵的人穿着堂皇艳丽的带有山、龙等图案的袍服治理天下。贫民穿着粗布衣服，是为了冬天御寒，夏天遮蔽身体，以此使自己和禽兽区分开。制作衣服的材料是自然界提供的。属于草木的有棉、大麻、苘麻、葛，属于禽兽和昆虫的有皮、毛、丝、绵，这两大类各占一半，衣服就很充足。

天上织女的技巧已经传遍人间。人们通过加工原料织成有花纹的布，经过织绣染色而得到华丽的锦缎。虽然织布机遍布天下，但是通晓提花机织布技巧的又有几个人呢？“治乱经纶”的词义，读书的人在小时候就学习过，但是他们一直没有见过实物的形象，难道不感到遗憾吗？现在先列举养蚕的方法，好让大家知晓丝是如何来的。人与物相互衬托，贵与贱有所区分，这是自然而然的事。

## 蚕种[①]

凡蛹变蚕蛾，旬日破茧而出，雌雄均等。雌者伏而不动，雄者两翅飞扑，遇雌即交。交一日半日[②]方解。解脱之后，雄者中枯而死，雌者即时生卵。承藉卵生者，或纸或布，随方所用。嘉、湖[③]用桑皮厚纸，来年尚可再用。一蛾计生卵二百余粒，自然粘于纸上，粒粒匀铺，天然无一堆积。蚕主收贮，以待来年。

【注释】

①蚕种：做种用的蚕卵。

②一日半日：指时间长。

③嘉、湖：嘉兴府和湖州府。

【译文】

蚕蛹变成蚕蛾，需要等待十天才能破茧而出，雌蛾与雄蛾的数目相等。雌蛾伏着一动不动，雄蛾两只翅膀飞扑在空中，遇到雌蛾就交配。交配很久才分开。分开之后，雄蛾就会枯竭死去，雌蛾立刻产卵。用纸或者布承垫蚕蛾产卵。嘉兴、湖州一带多用桑皮厚纸，第二年还可以重复使用。一只蚕蛾产卵二百多粒，自然地粘在纸上，粒粒均匀铺开，没有一处堆积的。养蚕人收藏好蚕卵，等待第二年使用。

## 蚕浴[①]

凡蚕用浴法，惟嘉、湖两郡。湖多用天露[②]、石灰，嘉多用盐卤水[③]。

每蚕纸一张，用盐仓走出卤水二升，参[④]水浸于盂内，纸浮其面。石灰仿此。

逢腊月十二即浸浴，至二十四，计十二日，周即漉起[5]，用微火�干[6]。从此珍重箱匣中，半点风湿不受，直待清明抱产[7]。

其天露浴者，时日相同。以篾盘盛纸，摊开屋上，四隅小石镇压，任从霜雨、风雨、雷电，满十二日方收，珍重待时如前法。盖低种经浴则自死不出，不费叶故，且得丝亦多也。

晚种[8]不用浴。

【注释】

①蚕浴：浴洗蚕卵以消毒和复壮。

②天露：指寒冬腊月的天然露水。

③盐卤水：指食盐潮解之后产生的卤水。

④参：通“掺”，搅拌。

⑤漉（lù）起：捞起并让水滴干。

⑥烝（zhēng）干：烘干。

⑦抱产：孵化。

⑧晚种：指一年孵化两次的蚕种。也叫夏蚕种。

【译文】

对蚕种施以浴洗方法的，只有嘉兴、湖州两个地方。湖州大多采用天露浴或者石灰浴，嘉兴大多采用盐卤浴。

每张蚕纸，用盐仓流出的卤水二升掺杂一些水倒入盂内，让蚕纸浸浮在水面上。石灰浴也类似这样。每逢农历腊月十二日开始进行浴种，持续到腊月二十四，浸足十二天后就捞起沥干水分，再用小火慢慢烘干。在此之后珍藏在箱子里，不要让它受到半点风寒湿气，一直到清明才可取出孵化。

用天露浴种的，时间是相同的。用篾盘盛放蚕纸，四角用小石块压住，放在屋顶上，任它遭受风吹雨打、霜雪雷电，满十二天才收起来，收藏方法和开启时间跟前面说的一样。劣等的蚕种经过浴洗这一步，自然会死掉不孵化，故而不浪费桑叶，而且得到的丝也更多。

夏蚕种不必进行浴洗。

## 种忌[1]

凡蚕纸，用竹、木四条为方架，高悬透风避日梁枋[2]之上。其下忌桐油烟、煤火气。冬月忌雪映，一映即空。遇大雪下时，即忙收贮，明日雪过，依然悬挂，直待腊月浴、藏。

【注释】

①种忌：蚕种的禁忌。

②枋（fāng）：方柱形木材。

【译文】

盛放蚕种的纸，用四根竹条或者木条做成四方框架，把它高高悬挂在通风阴凉的屋梁上。架子下面严禁有桐油烟和煤火气。冬季时防止雪光的映照，一照就成空蚕卵了。遇到大雪天，赶紧收藏好，等次日雪停了，依旧挂上房梁，一直等到十二月再进行浴洗，然后收藏。

## 种类

凡蚕有早、晚二种[①]。晚种每年先早种五六日出，川中[②]者不同。结茧亦在先，其茧较轻三分之一。若早蚕结茧时，彼已出蛾生卵，以便再养矣。晚蛹戒不宜食。

凡三样浴种[③]，皆谨视原记。如一错误，或将天露者投盐浴，则尽空不出矣。

凡茧色惟黄、白二种。川、陕、晋、豫有黄无白，嘉、湖有白无黄。若将白雄配黄雌，则其嗣变成褐茧[④]。黄丝以猪胰漂洗[⑤]，亦成白色，但终不可染漂白、桃红二色。

【注释】

①早、晚二种：早种指一年孵一次的蚕，晚种指一年孵两次的蚕。

②川中：四川中部地区。

③三样浴种：指盐卤水浴、石灰水浴、天露水浴。

④若将白雄配黄雌，则其嗣变成褐茧：将不同茧色的蚕蛾杂交配出新茧色蚕种。

⑤猪胰（yí）漂洗：用猪胰漂洗能使黄茧丝变白。

【译文】

蚕种有早种和晚种两种。晚种每年比早种早五六天孵化，四川中部地区的蚕种不一样。结茧也在前头，但茧的重量约轻三分之一。当早蚕结茧的时候，晚蚕已经破茧出蛾产卵，以便再次孵养了。晚蚕蛹不宜食用，应禁止。

三种浴种方法，都应该谨慎小心看清原来的标记。一旦弄错了，比如把该进行天露浴的放到盐卤水里洗浴，那么蚕卵就会全部变空卵而不出蚕。

茧的颜色仅仅有黄色和白色两种。四川、陕西、山西、河南只有黄茧没有白茧，嘉兴、湖州只有白茧没有黄茧。如果将白茧雄蛾和黄茧雌蛾相交配，它们的后代就会变成褐茧。黄茧丝用猪胰来漂洗，也可以变成白色，不过始终不可能漂成纯白和染成桃红色。

凡茧形亦有数种：晚茧结成亚腰葫芦样，天露茧尖长如榧[1]子形，又或圆扁如核桃形。又一种不忌泥涂叶者，名为贱蚕[2]，得丝偏多。

凡蚕色[3]亦有纯白、虎斑、纯黑、花纹数种，吐丝则同。

今寒家有将早雄配晚雌者，幻出嘉种[4]。一异也。

野蚕[5]自为茧，出青州、沂水[6]等地，树老即自生。其丝为衣，能御雨及垢污。其蛾出即能飞，不传种纸上。他处亦有，但稀少耳。

【注释】

①榧（fěi）：香榧，种子呈广椭圆形。

②贱蚕：指被人看轻但生命力比较强的蚕。

③蚕色：原作“蚕形”，据上下文改。

④今寒家有将早雄配晚雌者，幻出嘉种：指将早种雄蚕蛾与晚种雌蚕蛾杂交，配出更好的品种。

⑤野蚕：此处指柞（zuò）蚕。因喜食柞树树叶而得名。

⑥青州、沂（yí）水：今山东益都、沂水一带。

【译文】

茧的形状也有好几种：晚种蚕茧结成束腰葫芦的样子，天露浴种的蚕茧尖长像榧子的形状，也有圆扁像核桃形状的。还有一种连沾泥的桑叶也吃的蚕，名叫“贱蚕”，吐出的丝反而更多。

蚕的颜色有纯白、虎斑、纯黑、花纹等多种，但吐出的丝却是同一种颜色。

现在，有贫穷人家将早种雄蚕蛾与晚种雌蚕蛾交配从而获得了良种，这倒是奇特。

野蚕靠自己结茧，这种蚕产于青州和沂水一带，树一老就会自然长出。野蚕丝做成的衣服，可防雨又耐脏。野蚕蛾一旦破茧而出就会飞走，不在蚕纸上产卵传种。别的地方或许也有，但是很稀少。

## 抱养[1]

凡清明逝[2]三日，蚕虲[3]即不偎衣衾暖气，自然生出。蚕室宜向东南，周围用纸糊风隙。上无棚板者宜顶格。值寒冷则用炭火于室内助暖。

凡初乳蚕，将桑叶切为细条。切叶不[4]束稻麦稿为之，则不损刀。摘叶用瓮坛盛，不欲风吹枯悴。二眠[5]以前，誊筐[6]方法，皆用尖圆小竹筷提过。二眠以后，则不用箸，而手指可拈矣。凡誊筐勤苦，皆视人工。怠于誊者，厚叶与粪湿蒸，多致压死。凡眠齐[7]时，皆吐丝而后眠。若誊过，须将旧叶些微拣净。若粘带丝缠叶在中，眠起之时，恐其即食一口，则其病为胀死。三眠已过，若天气炎热，急宜搬出宽凉所，亦忌风吹。凡大眠[8]后，计上叶十二餐方誊，太勤则丝糙。

**【注释】**

①抱养：孵化和饲养。

②逝：时间的流逝。

③蚕蚼（miáo）：初生蚁蚕。

④不（dǔn）：木墩。

⑤二眠：第二次休眠。

⑥誊筐：即腾筐。誊，通“腾”。

⑦眠齐：眠而不食。齐，同“斋”，斋戒。

⑧大眠：第四次休眠，时间在脱皮之前。

**【译文】**

清明过后三天，蚁蚕即便不用衣服、被子包着保暖，也能自然孵化出来。蚕室最好面向东南方向，四周墙壁上的缝隙要用纸糊好。室内上方没有天花板的，最好安装顶棚。遇到天气变冷，则把炭火放于室内取暖。

刚开始喂初生蚁蚕时，要将桑叶切成细条。切桑叶的砧板用秸秆或麦秆做成，不会损坏刀口。摘好的桑叶用陶瓷、陶坛装好，避免被风吹得干枯。二次休眠之前，腾筐的方法是用尖圆的小竹筷把蚕夹到另一个筐。二次休眠以后，就可以不用筷子，而直接用手抓了。腾筐勤不勤，全看人工。懒于腾筐的话，残叶堆积很厚加上蚕粪湿气蒸熏，往往导致蚕被压死。蚕休眠时，都是先吐丝然后才休眠的。腾筐的时候，必须把残叶都拣得干干净净。假如有粘带丝的残叶混在其中，蚕停止休眠之后哪怕只是吃上一口也会得病胀死。第三次休眠过后，如果天气炎热，最好赶紧将蚕转移到宽敞凉爽的地方，但是也不能被风吹。第四次大眠过后，要等到上满十二次桑叶方可腾筐，腾得太勤蚕丝就会变粗糙。

## 养忌[1]

凡蚕畏香复畏臭。若焚骨灰、淘毛圊[2]者，顺风吹来，多致触死。隔壁煎鲍鱼、宿脂[3]，亦或触死。灶烧煤炭、炉爇沉、檀[4]，亦触死。懒妇便器摇动气侵，亦有损伤。若风则偏忌西南。西南风太劲，则有合箔皆僵[5]者。

凡臭气触来，急烧残桑叶烟以抵之[6]。

【注释】

①养忌：养蚕的禁忌。

②毛圊（qīng）：厕所。

③宿脂：不新鲜的发臭的油脂。

④炉爇（ruò）沉、檀：炉子里点燃沉香和檀香等香料。爇，点燃。

⑤合箔（bó）皆僵：整筐蚕都僵死。箔，养蚕用的器物。

⑥凡臭气触来，急烧残桑叶烟以抵之：用桑叶熏烟换气的方法。

【译文】

蚕害怕香气也害怕臭气。如果碰上有人烧骨灰或者掏大粪，臭气顺风吹过来，多半导致蚕被熏死。隔壁人家煎咸鱼或者不新鲜的油脂，飘过来的臭味也可能把蚕熏死。柴灶里烧煤炭或者香炉里点燃沉香、檀香等香料，同样也能把蚕熏死。摇动懒惰妇人久未倒换清洗的便桶所散发的臭气，也会对蚕有损伤。假如刮风，蚕最畏惧西南风。西南风刮得最厉害的时候，整筐蚕都可能僵死。

臭气侵袭过来的时候，应当迅速烧残桑叶，用它的烟抵挡。

## 叶料[1]

凡桑叶[2]，无土不生。

嘉、湖用枝条垂压[3]，今年视桑树傍[4]生条。用竹钩挂卧，逐渐近地面，至冬月则抛土压之。来春每节生根，则剪开他栽。其树精华皆聚叶上，不复生葚[5]与开花矣。欲叶便剪摘，则树至七八尺，即斩截当顶，叶则婆娑[6]可扳伐，不必乘梯缘木也。

其他用子种者，立夏桑葚紫熟时取来，用黄泥水搓洗，并水浇于地面，本秋即长尺余，来春移栽。倘灌粪勤劳，亦易长茂。但间有生葚与开花者，则叶最薄少耳。

又有花桑，叶薄不堪用者，其树接过，亦生厚叶也。

又有柘叶三种[7]，以济桑叶之穷。柘叶浙中不经见，川中最多。寒家用浙种，桑叶穷时，仍啖[8]柘叶，则物理[9]一也。凡琴弦、弓弦丝，用柘养蚕，名曰棘茧，谓[10]最坚韧。

【注释】

①叶料：蚕的食料。

②桑叶：桑树叶。

③用枝条垂压：即压条繁殖。

④傍（páng）：通“旁”，旁边。

⑤葚（shèn）：桑葚。

⑥婆娑：形容枝叶纷披。

⑦柘（zhè）叶三种：柘叶分为全缘、二裂和三裂三种，可用来养蚕。

⑧啖（dàn）：吃。

⑨物理：事物的道理。语出《淮南子·览冥训》：“耳目之察，不足以分物理。”

⑩谓：通“为”，因为。

【译文】

桑树无论什么土壤都能生长。

嘉兴、湖州地区都用压条法来进行繁殖。当年选择桑树一侧的有生机的枝条，用竹钩拉下使它逐渐接近地面，到冬天就扒土压住枝条。等第二年春天每节枝条都长出根来，就剪开种到他处。用压条法育成的桑树，养分全都聚集在桑叶上，不会再开花结桑葚。为了方便采摘桑叶，当桑树长到七八尺高的时候，可砍去它的树顶，那么枝叶就会披散生长，任人随手扳下采摘，而不用登梯爬树了。

别的用种子种桑树的方法是，立夏时摘下紫红色成熟的桑葚，用黄泥水搓洗，连泥带水一起浇到地面上。当年秋天桑树就可以长到一尺多高，第二年春天再进行移栽。倘若常浇粪施肥，枝叶也容易长得茂盛。但是这样也会导致中间或许有开花结桑葚的，桑叶就会变得又薄又少了。

还有一种花桑，叶片太薄不堪采用，但如果经过嫁接，也可以生长出厚叶来。

还有柘叶的三个品种，可以补充桑叶的不足。柘叶在浙江不常见到，在四川却有很多。贫苦人家多选用浙江蚕种，这样桑叶不够时，也可以吃柘叶，便是这个道理。琴弦和弓弦用的是喂柘叶的蚕吐出来的丝，这种茧叫作棘茧，因为它的丝最为坚韧。

凡取叶必用剪，铁剪出嘉郡桐乡[①]者最犀利，他乡未得其利。剪枝之法，再生条次月叶愈茂，取资既多，人工复便。凡再生条叶，仲夏以养晚蚕[②]，则止[③]

摘叶而不剪条。二叶摘后，秋来三叶复茂，浙人听其经霜自落，片片扫拾，以饲绵羊，大获绒毡之利。

【注释】

①嘉郡桐乡：今浙江桐乡。

②晚蚕：夏蚕。

③止：只，仅仅。

【译文】

采摘桑叶必须用剪刀。嘉兴桐乡出产的铁剪最为锋利，其他地方出产的都不如它锋利。使用剪枝的方法，再生的枝条第二个月就会愈发茂盛，这样能够采摘得多，采摘也方便。再生枝条的叶，仲夏时用来喂晚蚕，仅仅摘叶而不再剪枝条。采摘了第二次生长出来的桑叶之后，秋天来临时第三次长出的桑叶又变得很茂盛，浙江人任由它经霜后自然脱落，再全部扫起来喂养绵羊，可获得羊毛织造绒毡的巨大的收益。

## 食忌[①]

凡蚕大眠以后，径食[②]湿叶。雨天摘来者，任从铺地加餐，晴日摘来者，以水洒湿而饲之，则丝有光泽。

未大眠时，雨天摘叶，用绳悬挂透风檐下，时振其绳，待风吹干。若用手掌拍干，则叶焦而不滋润，他时丝亦枯色。

凡食叶[③]，眠前，必令饱足而眠。眠起，即迟半日上叶无妨也。雾天湿叶甚坏蚕。其晨有雾，切勿摘叶，待雾收时，或晴或雨，方剪伐也。露珠水亦待旰干[④]而后剪摘。

【注释】

①食（sì）忌：喂养蚕的禁忌。食，同“饲”，喂食。

②径食（sì）：直接喂食。

③食（sì）叶：饲叶。

④旰（xū）干：晾晒干。

【译文】

蚕第四次休眠之后，就能直接喂食湿桑叶了。下雨天摘来的桑叶，随意地铺在地上给蚕加餐。晴天摘来的桑叶，洒水打湿再用来喂蚕，丝才会有光泽。

蚕还没有大眠时，雨天采摘的桑叶，要用绳子悬挂在通风的屋檐下，时不时抖动绳子，等待风把它吹干。如果是用手掌拍干，叶子就会干枯焦黄不滋润了，用这种叶子喂蚕，丝也会干枯没有光泽。

在休眠前喂蚕，一定要喂饱再休眠。结束休眠后，哪怕迟半天喂桑叶也没有关系。雾天的湿叶对蚕的危害特别大。如果早晨有雾，切忌采摘桑叶，等雾气散去之后，放晴或下雨才可以去剪摘。如果桑叶上有露珠，也要等叶片晾干之后才剪摘。

## 病症

凡蚕卵中受病，已详前款。出后湿热积压，妨忌在人。初眠眷时，用漆合[①]者，不可盖掩逼出炁[②]水。

凡蚕将病，则脑上放光[③]，通身黄色，头渐大而尾渐小。并及眠之时，游走不眠，食叶又不多者，皆病作也。急择而去之，勿使败群。

凡蚕强美者必眠叶面；压在下者，或力弱，或性懒，作茧亦薄。其作茧不知收法，妄吐丝成阔窝者，乃蠢蚕[④]，非懒蚕[⑤]也。

**【注释】**

①合：同“盒”，盒子。

②炁（qì）：同“气”。

③脑上放光：指蚕的胸部透亮。古时将蚕的胸部称为脑或者头。

④蠢蚕：指不正常的蚕。

⑤懒蚕：指不健康的蚕。

**【译文】**

蚕在卵中易得的病，前文已经详细说过了。蚕孵化出来之后，容易遇到湿热堆压，这就靠人了。蚕种一眠腾筐之后，如果是用漆盒来装，不可以加盖子，以免捂出过重湿气。

蚕将要发病的时候，胸部就会透亮发光，通身发黄，然后头部慢慢变大而尾部慢慢变小。而且该休眠的时候四处游走不休眠，食用桑叶又不多的，都是疾病发作的缘故。应迅速拣出病蚕丢掉，不要让它危害整个蚕群。

健康而色泽光鲜的蚕，休眠一定是在桑叶上面；被压在桑叶下的蚕不是体力弱就是性情懒，它们结出的茧会很薄。结茧时不知收拢之法，胡乱吐丝变成宽阔的窝的，是蠢蚕而非懒蚕。

## 老足①

凡蚕食叶足候，只争时刻。自卵出妙②，多在辰、巳③二时，故老足结茧，亦多辰、巳二时。老足者，喉下两颊④通明。捉时嫩一分，则丝少；过老一分，又吐去丝，茧壳必薄。捉者眼法高，一只不差方妙。黑色蚕不见身中透光，最难捉。

【注释】

①老足：老熟。指蚕成熟了，即将由幼虫形态转化为蛹。

②妙（miáo）：初生的蚕。

③辰、巳：辰指上午七点到九点，巳指上午九点至十一点。

④喉下两颊：指蚕胸部第一节的两侧。

【译文】

当蚕吃够桑叶快要成熟的时候，要争分夺秒抓蚕作茧。由蚕卵孵化出蚁蚕，大多在上午七点到十一点，所以蚕老熟结茧，一般也在这个时间段。老熟的蚕表现为胸部两侧透明。捉蚕作茧时，如果偏嫩一点儿，吐的丝就少；过老一点儿，又因为已经吐过一部分丝，结出的茧壳必定薄。捉蚕的人眼法要高明，一条都不会出差错才称得上好。黑色的蚕种，因为看不见它胸部两侧透光，是最难捉的。

## 结茧① 山箔

凡结茧，必如嘉、湖，方尽其法。他国不知用火烘，听蚕结出，甚至丛秆之内，箱匣之中，火不经，风不透。故所为屯②、漳③等绢，豫、蜀等绸，皆易朽烂。若嘉、湖产丝成衣，即入水浣濯④百余度⑤，其质尚存。

【注释】

①结茧：指下文提到的嘉兴、湖州两地结茧的成功经验，一为经火，二为透风，经此法结出的丝质量上佳。

②屯：安徽屯溪。

③漳：福建漳溪。

④浣濯：洗涤。

⑤度：次，回。

【译文】

蚕结茧，要采用嘉兴、湖州两地的方法，才算是用对了方法。其他地方不知道要用火烘，任凭蚕随意吐丝结茧，甚至是爬到秆把内、箱匣中间，不经火烘，风也透不进来。所以用这种茧丝织造而成的衣料，如屯溪、漳溪等地的绢，河南、四川等地的绸，都容易腐坏朽烂。如果用嘉兴、湖州产的丝做衣服，哪怕入水洗涤一百多次，质地也完好如初。

其法：析竹编箔[①]，其下横架料木，约六尺高，地下[②]摆列炭火，炭忌爆炸。方圆去四五尺即列火一盆。初上山[③]时，火分两略轻少，引他成绪[④]，蚕恋火意，即时造茧，不复缘走。茧绪既成，即每盆加火半斤，吐出丝来，随即干燥，所以经久不坏也。

**【注释】**

①箔（bó）：蚕箔。养蚕用的帘、筛之类。多以竹篾编制而成。

②地下：江西奉新方言，指地面。

③山：蚕山。

④绪：茧绪，即最初的蚕形。

**【译文】**

嘉兴、湖州两地的结茧法是：破竹为篾编织成蚕箔，蚕箔下方用木料搭架，架子将近六尺高。地面摆上炭火盆，不能用会爆出火星的炭。每隔四五尺放一个炭火盆。蚕刚开始上蔟结茧的时候，火力要控制得小一些，引导蚕吐丝成茧，蚕贪恋温暖会立即结茧，不再四处乱爬。茧衣结成之后，每个火盆加半斤炭火，这样蚕吐出的丝就会立即干燥，经过很长时间也不会损坏。

其茧室不宜楼板遮盖，下欲火而上欲风凉也。凡火顶上者不以为种，取种宁用火偏者。其箔上山，用麦稻稿斩齐，随手纠捩[①]成山，顿插箔上。做山之人，最宜手健。箔竹稀疏，用短稿略铺洒，妨蚕跌坠地下与火中也。

**【注释】**

①纠捩（liè）：扭结。

**【译文】**

茧室不适合用棚板遮盖，因为下面要经火加温，上面要保证通风。火盆正上方所结的茧不能用作茧种，蚕种要选用离火盆远一些的茧。蚕箔上的山是用砍得整齐的麦秆或者稻秆随手扭结而成，插立在箔上。做山的人最好用手艺熟练的。蚕箔稀疏的，可以再铺一些短秆，以防止蚕跌落掉到地面上或火盆里。

## 取茧

凡茧造三日，则下箔而取之。其壳外浮丝，一名丝匡[①]者，湖郡老妇贱价买去，每斤百文。用铜钱坠打成线，织成湖绸。去浮之后，其茧必用大盘摊开架上，以听治丝[②]、扩绵。若用厨[③]箱掩盖，则浥郁[④]而丝绪断绝矣。

【注释】

①丝匡：茧衣。

②治丝：缫丝。

③厨：同“橱”，橱柜。

④浥（yì）郁：湿润不通风导致湿气聚积。

【译文】

结茧后三天，就可以把蚕箔取下来摘茧了。茧壳外面的浮丝，名字叫作丝匡的，湖州地区的老妇人用低价买回家，每斤一百文钱。借助铜钱坠打成线，再织成湖绸。剥去浮丝之后，蚕茧一定得用大盘摊开放在架子上，以便进行缫丝和拉丝绵。假若用橱柜或者箱子装蚕茧并盖上盖，就会因为湿气太重而导致断丝。

## 物害[①]

凡害蚕者，有雀、鼠、蚊三种。雀害不及茧，蚊害不及早蚕，鼠害则与之相终始。防驱之智，是不一法，惟人所行也。雀屎粘叶，蚕食之立刻死烂。

【注释】

①物害：此处指动物对蚕的危害。

【译文】

危害蚕的动物有鸟雀、老鼠、蚊子三种。鸟雀危害不到茧，蚊子危害不到早蚕，老鼠的危害则由始至终存在。防范和除害的方法多种多样，只看人如何施行。如果雀屎粘在蚕叶上，蚕吃了之后会立马死亡。

## 择茧

凡取丝，必用圆正独蚕茧，则绪不乱。若双茧[①]并四五蚕共为茧，择去取绵用；或以为丝，则粗[②]甚。

【注释】

①双茧：双宫茧，即两条蚕结茧结在一起。

②粗：粗糙，不精致。

【译文】

缫丝一定得选取圆正的单茧，丝才不会乱。如果是双宫茧或者是由四五条蚕共同结成的同宫茧，把它们拣出来造丝绵用；如果还是用来缫丝，丝的品质就会变得很粗劣。

## 造绵[①]

凡双茧，并缫丝锅底零余[②]，并出种茧壳[③]，皆绪断乱，不可为丝，用以取绵。用稻灰水煮过，不宜石灰。倾入清水盆内。手大指去甲净尽，指头顶开四个，四四数足，用拳顶开，又四四十六拳数，然后上小竹弓。此庄子所谓洴澼絖[④]也。

湖绵独白净清化者，总缘手法之妙。上弓之时，惟取快捷，带水扩开。若稍缓，水流去，则结块不尽解，而色不纯白矣。

其治丝余者，名锅底绵。装绵衣、衾内以御重寒，谓之挟纩[⑤]。

凡取绵人工，难于取丝八倍，竟日只得四两余。用此绵坠打线织湖绸者，价颇重。以绵线登花机者，名曰花绵，价尤重。

【注释】

①造绵：即扩丝绵。

②缫丝锅底零余：即锅底绵。缫丝，即煮茧抽丝。

③出种茧壳：已出蛾的茧壳。

④洴澼絖（píng pì kuàng）：语出《庄子·逍遥游》："世世以洴澼絖为事。"指漂洗丝绵絮。洴澼，漂洗丝绵絮发出的声音。絖，丝绵絮。

⑤挟纩（jiā kuàng）：把丝绵絮装入衣服或者被子里加强保暖的丝绵袄或者丝绵被。挟，同"夹"，夹取。纩也写作"絖"，丝绵絮。

【译文】

双宫茧和缫丝剩余的茧以及种茧出蛾之后的茧壳，它们的丝绪都断裂又混乱，不能用来缫丝，只能用来造丝绵。这些茧用稻草灰水煮过之后，不宜用石灰。倒入清水盆内。将大拇指的指甲剪干净，用大拇指指头顶开四个茧，四个四个数足之后合套在一起，每四个为一"小抖"。接着用拳头顶开，又数足四个"小抖”即十六个茧，然后合套在小竹弓上。这就是庄子所说的“洴澼絖”。

湖州的丝绵特别洁白干净，这要归功于漂洗手法的巧妙。上弓的时候，动作一定要迅速迅捷，带着水扩开。假若稍微慢一点儿，水已经流走，丝绵就会缠结成块而无法完全扩开，颜色也不会洁白了。

缫丝剩下的叫“锅底绵”。装在衣服或者被子里，可以用来抵御严寒，称为“挟纩”。

造丝绵比缫丝费工八倍，一人干一整天也只能得四两多丝绵。用这种丝绵坠打成线织成的湖绸，价格很贵。将这种丝绵线用提花机织造成花绵，价格就更贵了。

## 治丝 缫车

凡治丝，先制丝车。其尺寸器具开载后图。

锅煎极沸汤。丝粗细视投茧多寡。穷日之力，一人可取三十两。若包头丝[①]则只取二十两，以其苗长[②]也。凡绫罗丝，一起投茧二十枚，包头丝只投十余枚。

凡茧滚沸时，以竹签拨动水面，丝绪自见。提绪入手，引入竹针眼[③]，先绕星丁头[④]，以竹棍做成，如香筒样。然后由送丝干[⑤]勾挂，以登大关车。断绝之时，寻绪丢[⑥]上，不必绕接。其丝排匀不堆积者，全在送丝干与磨不[⑦]之上。

川蜀丝车制稍异。其法架横锅上，引四五绪而上，两人对寻锅中绪。然终不若湖制之尽善也。

凡供治丝薪，取极燥无烟湿者，则宝色不损。

丝美之法有六字：一曰“出口干”，即结茧时用炭火烘；一曰“出水干”，则治丝登车时，用炭火四五两，盆盛，去车关五寸许。运转如风时，转转火意照干。是曰“出水干”也。若晴光又风色，则不用火。

**【注释】**

①包头丝：织包头巾用的丝。

②苗长：细长。

③竹针眼：竹针的针眼。

④星丁头：滑轮，导丝用。

⑤送丝干：移丝竿。干，通“竿”。

⑥丢：抛。

⑦磨不（dǔn）：带动送丝竿的脚踏摇柄。

【译文】

要进行缫丝，首先要做缫车。缫车的尺寸和部件记载在后图上。

首先将锅里的水烧开。丝的粗细要根据投入锅中的茧的数量的多少来确定。一个人干一整天最多可以获得三十两丝。如果是缫包头丝，只能够缫出二十两丝，因为它的丝缕比较细。缫绫罗丝，一次投入二十只茧；缫包头丝则只投十多只。

当茧在沸水中翻滚的时候，用竹签拨动水面，丝头自然露出。用手提起丝头，穿过竹针眼，先绕开星丁头，用竹棍做成的香筒状的导丝轮。然后挂在移丝竿上，再绕在大关车上。当丝断了时，找到丝头搭上去，不必再绕接。要想把丝绕得均匀又不堆积于一处，关键在于移丝竿和脚踏摇柄的配合。

四川缫车的形制有些不一样，它横架在锅上，两人相对寻找锅里的丝头，一次提起四五条丝的丝头绕上车。然而它终究不如湖州的缫车完备。

烧水缫丝的柴要选用干透不冒烟的，这样才不会损害丝的颜色。

要使丝品质好，有个六字口诀：一叫“出口干”，即结茧时用炭火烘干；一叫“出水干”，即缫丝上车时，用炭火盆盛四五两炭火，放置在距离大关车五寸远的地方。当大关车飞快转动的时候，生丝在车上边转就边被烘干了。于是叫“出水干”。如果天晴朗又有风，就不必借助火来烘干。

## 调丝①

凡丝议织时，最先用调。透光檐端宇下，以木架铺地，植竹四根于上，名曰络笃②。丝匡竹上，其傍倚柱高八尺处，钉具斜安小竹偃月③挂钩，悬搭丝于钩内，手中执籰④旋缠，以俟⑤牵经织纬之用。小竹坠石为活头，接断之时，扳之即下。

【注释】

①调丝：把丝绕在籰（yuè）子上。

②络笃：绕丝具。

③偃月：半月形。

④籰（yuè）：绕丝具。

⑤俟：等待。

【译文】

预备织丝的时候，首先要调丝。在光线透亮的屋檐下面，用木架铺在地上，在木架上插四根竹竿，叫络笃。丝套在竹竿上面，络笃旁边的柱子上大概八尺高的地方，钉上一根倾斜的小竹竿，竿的一端钉个半月形的挂钩，把丝悬挂在钩上，人手拿着绕丝具旋转绕丝，以备牵经织纬时用。小竹竿上拉一根坠着小石块的绳子作为活动的接头，要接断丝的时候，用手扳动石块，挂钩就会落下。

## 纬络[1] 纺车

凡丝既篗之后，以就经纬。经质用少，而纬质用多。每丝十两，经四纬六[2]，此大略也。

凡供纬篗，以水沃湿丝[3]，摇车转锭[4]，而纺于竹管之上。竹用小箭竹。

【注释】

①纬络：把丝绕在纬线管上。

②经四纬六：纬线与直线交织的比例。

③以水沃湿丝：用水浇湿丝，目的是增强丝的韧性。沃，浇。

④锭（dìng）：锭子。此处指卷纬车上带动纬线管转动的轴。

【译文】

丝缠绕在篗子上之后，就可以依经纬来纺织了。经线用的丝少，纬线用的丝多。每十两丝，经线用四两，纬线用六两，差不多都是这个比例。

供卷纬用的篗子，用水浸湿它上面的丝，再摇车转锭，把丝绕在竹管上。竹管是用小箭竹做的。

## 经具[1] 溜眼[2] 掌扇[3] 经耙[4] 印架[5]

凡丝既篗之后，牵经就织。以直竹竿穿眼三十余，透过篾圈，名曰溜眼。竿横架柱上，丝从圈透过掌扇，然后缠绕经耙之上。度数既足，将印架捆卷。既捆，中以交竹[6]二度，一上一下间丝，然后扱于筘[7]内。此筘非织筘。扱筘之后，以的杠[8]与印架相望，登开五七丈。或过糊[9]者，就此过糊；或不过糊，就此卷于的杠，穿综[10]就织。

【注释】

①经具：牵经用的工具。

②溜眼：经眼。依原料可分为篾眼、藤眼、磁眼等。

③掌扇：分交用的经牌。

④经耙：牵经架。

⑤印架：卷经架。

⑥交竹：使经线分交的竹竿。

⑦筘（kòu）：这里指分经筘。

⑧的杠：经轴。

⑨过糊：上浆。

⑩综（zèng）：综眼，即综丝中部的小孔。

【译文】

丝绕在籰子上之后，就可牵经以备织。用一条直竹竿钻三十多个小孔，穿上篾圈，这叫作溜眼。把它横架在柱子上，丝从篾圈穿过，再穿过掌扇，然后缠绕在经耙上。估计长度足够的时候，就卷在印架上。卷好后，中间用两根交棒，一上一下把丝分隔开，然后插入梳筘内。这个筘不是织筘。穿过梳筘之后，把经轴与印架相对拉开五到七丈。如果要上浆，就趁这一步上浆，如果不上浆，就直接卷到经轴上，以便穿综织造。

## 过糊[1]

凡糊，用面筋内小粉[2]为质。纱罗[3]所必用，绫绸[4]或用或不用。其染纱不存素质者，用牛胶水为之，名曰清胶纱。糊浆承于筘上，推移染[5]透，推移就干。天气晴明，顷刻而燥，阴天必藉[6]风力之吹也。

【注释】

①过糊：上浆。

②面筋内小粉：做面筋剩下的沉淀物。

③纱罗：轻薄透气、花纹别致的丝织物。

④绫绸：比较厚并且有斜纹或者提花图样的丝织物。

⑤染：沾。

⑥藉（jiè）：凭借。

【译文】

浆丝的糊，以做面筋剩下的小粉为原材料。织纱罗的丝一定要上浆，织造绫绸的丝可上浆可不上浆。染色丝因为失去了原来光滑、不发毛的特性，要用牛皮胶水上浆的，名叫清胶纱。将浆料放在筘上，来回推移让丝浸透再晾干。天气晴朗时一会儿就能干，阴天则必须借助风力吹干。

## 边维[1]

凡帛[2]，不论绫、罗，皆别[3]牵边。两傍各二十余缕。边缕必过糊，用箝推移梳干。凡绫罗必三十丈、五六十丈一穿，以省穿接繁苦。每匹应截画墨于边丝之上，即知其丈尺之足。边丝不登的杠，别绕机梁之上。

【注释】

①边维：边经。

②帛（bó）：古代的一种丝织物。

③别：另外。

【译文】

丝织品无论绫还是罗，都要另外牵边。两边各牵经丝二十多根。边缕必须上浆，用箝来回推移梳理使其干燥。绫罗的经线往往每三十丈或者五六十丈就穿一次箝，以减少穿接的劳累。每一匹都会在边上用墨做记号，一看即可知道足数。边丝并不是绕在经轴上，而是另外绕在织机的梁上。

## 经数[1]

凡织帛，罗纱箝以八百齿为率[2]，绫绢箝以一千二百齿为率。每箝齿中度[3]经过糊者，四缕合为二缕。罗纱经计三千二百缕，绫绸经计五千、六千缕。古书八十缕为一升[4]。今绫绢厚者，古所谓六十升布也。

凡织花文必用嘉、湖出口、出水皆干丝为经，则任从提挈，不忧断接。他省者即勉强提花，潦草而已。

【注释】

①经数：经线的数目。

②率（lǜ）：标准。

③度：同“渡”，渡过。

④升：古代以布八十缕为一升。

【译文】

织造帛、罗纱的箝以八百齿为标准，织绫绢的箝以一千二百齿为标准。每个箝齿中都穿引上过浆的经丝，把四根合成两根。罗纱的经丝总共有三千二百根，绫绸的经丝总共有五六千根。古书以八十根为一升。现在较厚的绫绢就是古时所说的六十升布。

织花纹必须用嘉兴、湖州两地在结茧和缫丝时都烘干的丝来做经线。这种丝可经受任意的提拉而不用担心断头。其他省份所产的丝哪怕勉强用来织花纹，也是很劣质的。

## 机式①

凡花机②，通身度③长一丈六尺，隆起花楼④，中托衢盘⑤，下垂衢脚⑥。水磨竹棍为之，计一千八百根。对花楼下堀⑦坑二尺许，以藏衢脚。地气湿者，架棚二尺代之。

提花小厮坐立花楼架木上。机末以的杠卷丝，中用叠助木⑧两枝，直穿二木，约四尺长，其尖插于筘两头。叠助，织纱罗者视⑨织绫绢者减轻十余斤方妙。其素罗不起花纹，与软纱绫绢踏成浪、梅小花者，视素罗只加桄⑩二扇，一人踏织自成，不用提花之人闲住花楼，亦不设衢盘与衢脚也。

【注释】

①机式：花机式样。

②花机：提花织机。

③度：制度，规格。

④花楼：花机上用人力按花本控制经线起落的部件。

⑤衢（qú）盘：花机上调整经线开口位置的部件。即目板。

⑥衢脚：花机上使经线复位的部件。即纹针、下垂。

⑦堀（kū）：掘，挖。

⑧叠助木：织机上打筘用的压木。

⑨视：比较，对照。

⑩桄（guàng）：综框。

【译文】

提花织机，通身长度有一丈六尺，高起的部分叫花楼，中部托有衢盘，下方垂吊着衢脚。用加水打磨光滑的竹棍制作而成，共计一千八百根。在花楼下面挖个两尺深的坑，用来藏放衢脚。地表潮湿的，可架两尺高的棚代替。

提花的学徒半坐半立在花楼木架上。花机末端用经轴卷丝，中间用叠助木两根，垂直穿两条长约四尺的木棍，棍尖插入筘的两头。叠助木的重量，织纱罗的要比织绫绢的轻十多斤才好。织造素罗不起花纹，以及在软纱、绫绢上织出波浪、梅花等小花纹时，也将其比作织素罗只多加两片综框，一个人踏织就可织成，用不着提花的人闲坐在花楼之上，也不用安衢盘与衢脚。

其机式两接。前一接平安，自花楼向身一接，斜倚低下尺许，则叠助力雄。若织包头细软，则另为均平不斜之机。坐处斗①二脚，以其丝微细，防遏叠助之力也。

【注释】

①斗（dòu）：接合，拼合。

【译文】

花机分为两段。前一段水平安放，自花楼朝织工的另一段向下倾斜一尺左右，这样叠助木的作用力才大。假若织包头巾等细软的织物，就要另外做平放不倾斜的花机，在织工坐的地方安上两个脚架，这是由于包头丝特别细，需要减少叠助木的作用力。

## 腰机①式

凡织杭西、罗地等绢，轻、素等绸，银条、巾、帽等纱，不必用花机，只用小机。织匠以熟皮一方置坐下，其力全在腰尻②之上，故名腰机。普天织葛、苎、棉布者，用此机法，布帛更整齐坚泽。惜今传之犹未广也。

【注释】

①腰机：用来织绢、绸、纱的小型织布机。

②尻（kāo）：脊梁骨的末端，臀部。

【译文】

织杭西、罗地等绢，轻、素等绸，银条、巾、帽子等纱，不必用到花机，只用小机即可。织匠拿一块熟皮放在腰间，纺织时全靠腰部和臀部发力，所以称为腰机。各个地方织葛布、苎麻布和棉布的，如果也用这种织机来织布，布就会更加整齐结实有光泽。可惜这种机织法至今尚未被推广。

## 花本①

凡工匠结花本者，心计最精巧。画师先画何等花色于纸上，结本②者以丝线随画量度，笄③计分寸秒忽④而结成之。张悬花楼之上，即织者不知成何花色，穿综带经，随其尺寸度数提起衢脚，梭过之后，居然花现。盖绫绢以浮轻而见花，纱罗以纠纬而见花。绫绢一梭一提，纱罗来梭提，往梭不提。天孙机杼，人巧备矣。

【注释】

①花本：织花的样稿，即纹样。

②结本：依图案织成的丝线花本。

③筭（suàn）：同“算”。计算，谋划。

④秒忽：古代最小长度单位。

【译文】

能结花本的工匠，是最为心灵手巧的。无论画师在纸上画出什么样的图案，他都能够随图案量度，精确计算到秒忽，用丝线编结出花本来。花本悬挂在花楼上，即使织匠并不知道最终会织出什么花样，但是穿综带经，根据花本的尺寸提起纹针，投梭之后，花样居然显现出来了。绫绢是以凸起的经线来显现花样的，而纱罗则是以绞纠纬线来形成花样的。所以，织绫绢是一梭一提；织纱罗是来梭提，回梭不提。天上的织女具备的那一套纺织技术，人间的能工巧匠早就把它掌握了。

## 穿经①

凡丝穿综度经②，必用四人列坐。过筘之人，手执筘耙先插，以待丝至。丝过筘，则两指执定，足五、七十筘，则绦结③之。不乱之妙，消息④全在交竹。即接断，就丝一扯即长数寸，打结之后，依还原度。此丝本质自具之妙也。

【注释】

①穿经：穿综度经的简称。

②穿综度经：丝织的两个程序。先将丝穿过综再穿过筘。每个工序都由两人操作。

③绦（tāo）结：编结。

④消息：机关上的枢纽。此处引申为关键之意。

【译文】

将丝穿过综再穿过织筘，必须是四个人前后排坐在一起操作。穿筘的人，手拿着筘耙先插入筘中，等着接丝。丝穿过织筘之后，就用两个指头抓住，每数足五十到七十箱，就合起来编织到一起。丝不乱的奥妙，全在于交竹。接断丝的时候，一拉丝线就能伸长数寸，打结接好之后，又会恢复原来的长度。这其实是丝本身就具备的妙处。

## 分名①

凡罗，中空小路以透风凉，其消息②全在软综③之中。衮头④两扇打综，一软⑤一硬⑥。凡五梭三梭最厚者七梭。之后，踏起软综，自然纠转诸经，空路不粘。若平过不空路而仍稀者曰纱，消息亦在两扇衮头之上。直至织花绫绸，则去此两扇，而用桄综⑦八扇。凡左右手各用一梭交互织者，曰绉纱。凡单经⑧曰罗地，双经⑨曰绢地，五经⑩曰绫地。凡花分实地⑪与绫地⑫，绫地者光，实地者暗。先染丝而后织者曰缎。北土屯绢，亦先染丝。就丝绸机上织时，两梭轻，一梭重，空出稀路者，名曰秋罗，此法亦起近代。凡吴越秋罗、闽广怀素，皆利搢绅⑬当暑服。屯绢则为外官、卑官逊别锦绣用也。

**【注释】**

①分名：丝织物的种类和名称。

②消息：关键。

③软综：用绳做综丝的综。

④衮头：即老鸦企。

⑤一软：指绞综，织平纹或素纹。

⑥一硬：指起绞孔，织纠纹或网纹。

⑦桄（guàng）综：辘踏牵引的综。

⑧单经：经线单起单落的织物组织。

⑨双经：经线双起双落的织物组织。

⑩五经：经线每隔四根就提起一根的五枚织物组织。

⑪实地：平纹。

⑫绫地：斜纹。

⑬搢（jìn）绅：高级官吏。

**【译文】**

罗这种织物有很多细小的纱孔，透气凉爽，织造的关键在于软综。用两扇衮头打综，可以织造平纹，也可以起绞孔。织五梭或者三梭最多七梭。后，踏起软综，自然会将经丝绞出纱孔，形成清晰的纱孔网眼。假若普遍绞起纱孔，甚至连经纬都显得稀疏的叫纱，织造的关键也在于两扇衮头上。等到织花绫绸的时候，就要去掉这两扇衮头，而改用八扇桄综。左右手各拿一梭交互织成的叫作绉纱。织时经线单起单落的叫作罗地，经线双起双落的叫作绢地，经线每隔四根就提一根的叫作绫地。提花织物分平纹地和斜纹地两种。斜纹地光亮，平纹地比较暗沉。先染丝后纺织而成的叫作缎。北方的屯绢也是先染后织的。丝在织机上织时，两梭轻，一梭重，纬稀疏的叫作秋罗，这种纺织法也是最近才有的。江浙地区产的秋罗和闽广地区产的怀素，是提供给高级官吏做夏季服装用的。屯绢则是供没有资格穿锦绣的地方官和小官用的。

## 熟练①

凡帛织就，犹是生丝②，煮练方熟。练用稻稿灰入水煮，以猪胰脂③陈宿一晚，入汤浣④之，宝色烨然⑤。或用乌梅者，宝色略减⑥。凡早丝为经，晚丝为纬者，练熟之时，每十两轻去三两。经纬皆美好早丝，轻化只二两。练后日干张急⑦，以大蚌壳磨使乖钝，通身极力刮过，以成宝色。

【注释】

①熟练：又叫“精炼”或者“脱胶”。即利用猪胰脂浸泡煮练，使生丝变成熟丝。

②生丝：未除丝胶的丝。

③胰脂：猪胰的胰酶在碱性环境中只分解丝胶而不会分解丝素。

④浣（huàn）：洗涤。

⑤宝色烨（yè）然：珠光宝气，十分显眼。

⑥或用乌梅者，宝色略减：因乌梅水显酸性，洗后丝会发亮。

⑦张急：绷紧。

【译文】

丝织品织成之后还属于生丝，要经过煮练才算是熟丝。煮练时，先用稻草灰水煮一遍，然后用猪胰脂浸泡一整晚，再放入热水中浣洗，经过这样煮练的丝就会珠光宝气十分有光泽。有的使用乌梅水来煮练，丝的色泽光彩就差一些。用早蚕丝作为经线、晚蚕丝作为纬线的，煮练之后，每十两会减轻三两。如果经纬线都是采用上等的早蚕丝的，每十两只减轻二两。煮练之后要马上将丝织品绷紧晒干，用磨光滑的大蚌壳用力全部刮过，以使它呈现出珠宝的光泽。

## 龙袍

凡上供[①]龙袍，我朝局在苏杭。其花楼高一丈五尺，能手两人，扳提花本，织来数寸即换。龙形各房斗合，不出一手。赭[②]黄亦先染丝，工器原无殊异，但人工慎重与资本皆数十倍，以效忠敬之谊。其中节目微细，不可得而详考云。

【注释】

①上供（gòng）：上交朝廷。

②赭：红褐色。

【译文】

上贡给皇帝的龙袍，本朝织局设立在苏杭。织龙袍的织机花楼高一丈五尺，每次由两个织造能手，拿着花本提花，一旦织过几寸之后，就换另外两个人织。上面的龙形图案是由几个织房分织接合而成的，不是出自一人之手。龙袍上的红黄色丝线是先染色后纺织的，织具其实没有任何特别不同的，但是要人工慎重，花费的人工和成本是普通织物的几十倍，用来表示对朝廷的忠诚敬重。织造中的细节很多，不能得知以及详细考察。

## 倭缎[①]

凡倭段[②]，制起东夷[③]，漳、泉海滨效法为之。丝质来自川蜀，商人万里贩来，以易胡椒归里。其织法亦自夷国传来。盖质已先染，而斫绵夹藏经面，织过数寸，即刮成黑光。北虏[④]互市者见而悦之。但其帛最易朽污，冠弁[⑤]之上，顷刻集灰；衣领之间，移日损坏。今华、夷皆贱之，将来为弃物，织法可不传云。

【注释】

①倭缎：即漳缎，本文所指实际为漳绒。

②段：同“缎”。

③东夷：日本。

④北虏：古时对北方少数民族的蔑称。

⑤冠弁（biàn）：帽子。

【译文】

倭缎是日本创制的，漳州、泉州等沿海地区效仿他们的做法来纺织。织缎的丝来自四川，商人不远万里贩运过来售卖，再买胡椒回去。织缎的方法也是从日本传来的。丝先进行染色，把截断的铜丝作为纬线暂时织入经线之中，这样织过几寸之后，割断经线起绒，便会刮成黑光。北方的少数民族在互市上见到它就异常喜欢。但是这种织物非常容易脏和损坏，用它做成的帽子不消一会儿就积满灰尘，用它做的衣领过两天就会破损。现在国内外都不太喜欢它，将来一定会被淘汰，它的织法可以不再传承。

## 布衣[①] 赶 弹 纺

凡棉布御寒，贵贱同之。棉花，古书名枲麻[②]，种遍天下。种有木棉[③]、草棉两者，花有白、紫二色，种者白居十九，紫居十一。

凡棉春种秋花，花先绽[④]者逐日摘取，取不一时。其花粘子于腹，登赶车而分之。去子取花，悬弓弹化。为挟纩温衾袄者，就此止功。弹后以木板擦成长条，以登纺车，引绪纠成纱缕。然后绕籰牵经就织。凡纺工能者一手握三管，纺于锭上。捷则不坚。

**【注释】**

①布衣：在明代以前，平民穿的布衣所用的是麻布而非棉布。一直到明代中叶之后，棉布才全国流通，成为人们日常穿用的服装原料。

②枲（xǐ）麻：大麻的雄株，此处是作者误认为枲麻是棉花。

③木棉：又名中棉、亚洲棉。从印度传入。

④绽：开裂。

**【译文】**

用棉衣御寒，无论是达官贵人还是百姓都可以这样做。棉花，古书称为枲麻，全国各地都有种植。棉分为木棉、草棉两种，它的花有白、紫两种颜色，种白棉絮的占了十分之九，种紫色的只占了十分之一。

棉花都是在春天播种，秋天结棉桃，棉桃先吐絮的先摘，收摘期不在一个时间段。棉絮内藏着棉籽，要用轧花机才能分开。去籽取出棉花，再用弹弓弹松。棉被、棉袄用的棉絮，加工到这一步就可以了。弹好后用木板擦成长条，再用纺车纺成棉纱，然后绕到籰子上，就可以牵经织布了。操作熟练的纺纱工，一只手可以握三个纺锤，把棉纱纺在锭子上。纺得太快棉纱会不坚固。

凡棉布寸土皆有，而织造尚松江[①]，浆染尚芜湖。凡布缕紧则坚，缓则脆。碾石取江北性冷质腻[②]者。每块佳者值十余金。石不发烧，则缕紧不松泛。芜湖巨店，首尚佳石。广南[③]为布薮[④]而偏取远产，必有所试矣。为衣敝浣，犹尚寒砧捣声，其义亦犹是也。

【注释】

①松江：今上海。

②腻：滑腻，细腻。

③广南：广东南部。

④薮：聚集处。

【译文】

各地都出产棉布，但论织造以松江为最好，论浆染以芜湖为最好。纱缕纺得紧密的布就结实耐用，纺得松的就比较脆弱。碾石要采用江北性冷质滑的。品质好的每块价值十几两银子。碾布时候不会发烧，布缕就紧致而不松散。芜湖的大布店最看重的就是碾石的质量。广东南部是出产棉布最密集的地方，却偏要用远方出产的碾石，一定是试用过的原因。这和人们漂洗衣裳也尽力要找性冷的石砧来捣舂，其中的道理是一样的。

外国，朝鲜造法相同，惟西洋则未核其质，并不得其机织之妙。凡织布有云花、斜文、象眼等，皆仿花机而生义。然既曰布衣，太素[1]足矣。织机十室必有，不必具图。

【注释】

①太素：此处引申为朴素。语出《列子·天瑞》："太素者，质之始也。"

【译文】

至于外国的布，朝鲜的织法与我国的相同，只是还没有研究西洋的，不了解他们机织的奥妙。织布有云花、斜纹、象眼等不同花纹，都是仿花机织出来的。然而既然称为布衣，保持朴素就足够了。有织布机的人家有很多，就不必附图了。

## 枲著[1]

凡衣衾挟纩御寒，百人之中，止一人用茧绵，余皆枲著。古缊袍[2]，今俗名胖袄[3]。棉花既弹化，相[4]衣衾格式而入装之。新装者附体轻暖，经年板紧，暖气渐无，取出弹化而重装之，其暖如故。

【注释】

①枲（xǐ）著：此处指棉被服。

②缊（yùn）袍：以乱麻充当棉絮的袍子。

③胖（pāng）袄：即棉袄。

④相（xiàng）：视。

【译文】

做棉衣、棉被来抵御严寒，一百个人中，只有一个用丝绵的人，其余的人都用棉絮。古书上说的“缊袍”，现在的俗名叫“胖袄”。棉花弹松之后，要看衣服、被子的样式再装进去。新装的棉衣棉被穿或者盖既轻又暖，过了一年后就会逐渐板紧，一点也不保暖了，这时候可以把棉花取出来弹松，弹好后重新装进去，又会像以前那般暖和了。

## 夏服[①]

凡苎麻[②]无土不生。其种植有撒子、分头[③]两法。池郡[④]每岁以草粪压头，其根随土而高。广南青麻，撒子种田茂甚。色有青、黄两样。每岁有两刈者，有三刈者，绩[⑤]为当暑衣裳、帷帐。

凡苎皮剥取后，喜日燥干，见水即烂。破析时则以水浸之，然只耐二十刻[⑥]，久而不析则亦烂。苎质本淡黄，漂工化成至白色。先用稻灰、石灰水煮过，入长流水再漂，再晒，以成至白。

纺苎纱，能者用脚车，一女工并敌三工。惟破析时，穷日之力只得三五铢[⑦]重。织苎机具与织棉者同。凡布衣缝线，革履[⑧]串绳，其质必用苎纠合。

【注释】

①夏服：夏天穿的衣服。

②苎（zhù）麻：荨麻科，多年生草本。可织麻布。

③分头：分株。

④池郡：明池州府。

⑤绩：纺绩。

⑥刻：古代计时单位。一百刻为一昼夜。

⑦铢：古代重量单位。二十四铢为一两。

⑧革履：皮鞋。

【译文】

苎麻在哪里都可以生长。它的种植有播种和分株两种方法。池州每年会用草粪堆积在株头之上，它的根茎就会随土而长高。广东南部的青麻是把种子撒在田里种植的，可以长得很茂盛。颜色有青、黄两种。每年能收割两次，也有三次的，纺织成布，可以做夏天的衣服和帷帐。

苎麻皮在剥取下来之后，喜欢干燥温暖，遇到水则会腐烂。撕纤维的时候，则要先用水来浸，但最多只能够浸泡五个小时之内，浸泡太久不撕就会烂掉。苎麻原本是淡黄色，是漂工把它加工成白色。先用稻草灰、石灰水煮过，再放到流水中漂洗，然后晒干，就会变成白色。

纺苎纱，熟练的能手用脚踏纺车，一个女工抵得上三个普通工。然而撕苎麻的纤维，花上一整天也只能得到三五铢。织苎麻的机具与织棉布的相同。缝布衣的线，缝合皮鞋鞋帮与鞋底的绳子，它们的材料都是用苎麻搓成的。

凡葛蔓生，质长于苎数尺，破析至细者，成布贵重。

又有苘麻[①]一种，成布甚粗，最粗者以充丧服。即苎布，有极粗者，漆家以盛布灰[②]，大内以充火炬。

又有蕉纱[③]，乃闽中取芭蕉皮析缉为之，轻细之甚，值贱而质枵[④]，不可为衣也。

**【注释】**

①苘（qǐng）麻：即青麻。

②布灰：招布和刮灰（刮腻子）两道纺织工序的缩语。

③蕉纱：芭蕉的茎纤维。

④枵（xiāo）：空。

**【译文】**

葛是蔓生的，它的纤维比苎麻长几尺，如果能把纤维撕得很细，织出来的布就很贵重。

还有一种青麻，织成的布很粗糙，最粗糙的用来做丧服。即使是苎布，也有非常粗糙的，漆工用它来招布和刮灰，皇宫中用它来充当火把。

另外还有一种蕉纱，是福建中部的人用芭蕉皮撕搓之后织成的，特别轻细，但稀薄而价低，不能做衣服。

## 裘[①]

凡取兽皮制服，统名曰裘。贵至貂[②]、狐，贱至羊、麂[③]，值分百等。

貂产辽东外徼建州地[④]及朝鲜国。其鼠好食松子，夷人夜伺树下，屏息悄声而射取之。一貂之皮，方不盈尺。积六十余貂，仅成一裘。服貂裘者，立风雪中，更暖于宇下；眯[5]入目中，拭之即出，所以贵也。色有三种，一白者曰银貂，一纯黑，一黯黄。黑而毛长者，近值一帽套已五十金。

凡狐、貉[6]，亦产燕、齐、辽、汴诸道。纯白狐腋裘价与貂相仿；黄褐狐裘，值貂五分之一，御寒温体功用次于貂。凡关外狐，取毛见底青黑，中国者吹开见白色，以此分优劣。

【注释】

①裘：皮衣。

②貂：貂鼠。本文指紫貂。

③麂（jǐ）：似鹿，比鹿小。麂皮是绒面革的上等原料。

④外徼（jiào）建州地：明建州卫。辽宁新宾、吉林珲春等地区。

⑤眯（mǐ）：眼睛里进入东西。

⑥貉（hé）：又名狸。似狐，体胖，尾短。皮毛很珍贵。

【译文】

使用兽皮做的衣服统称为裘。贵重的有貂皮、狐皮等，便宜的有羊皮、麂皮等，价格等级的划分有上百种。

貂产于东北辽宁、吉林等地区以及朝鲜。貂鼠喜欢吃松子，那里的人晚上在树下狩猎，屏住呼吸保持安静伺机射取。一张貂皮不够一尺见方，要积攒六十多张才能够制成一件皮衣。穿貂皮衣的人，站立在风雪之中，会觉得比待在室内更暖和；遇到有异物入眼的时候，用貂皮毛一抹就出来了，因此貂皮价格很高。貂皮的颜色有三种：一种白色的叫银貂，一种纯黑，一种暗黄。黑色而毛长的，用它做的帽套最近值一件五十两银子。

狐、貉原产于河北、山东、辽宁、河南等地。纯白的狐腋皮衣价格与貂皮差不多；黄褐色的狐皮价格是貂皮的五分之一，御寒保暖的功能也次于貂皮。关外出产的狐皮，拨开毛可以看到皮板是青黑色的，内地出产的一吹开底色是白色的，可以依据这个方法分出狐皮的质量优劣。

羊皮裘，母贱子贵。在腹者名曰胞羔，毛文略具。初生者名曰乳羔，皮上毛似耳环脚。三月者曰跑羔，七月者曰走羔。毛文渐直。胞羔、乳羔，为裘不膻。古者羔裘为大夫[1]之服，今西北搢绅亦贵重之。其老大羊皮，硝熟[2]为裘，裘质痴重，则贱者之服耳，然此皆绵羊所为。若南方短毛革，硝其鞟[3]如纸薄，止供画灯之用而已。服羊裘者，腥膻之气，习久而俱化，南方不习者不堪也，然寒凉渐杀，亦无所用之。

【注释】

①大夫：古代官职名称。

②硝熟：用芒硝等鞣制毛皮。

③鞹（kuò）：去毛的兽皮。

【译文】

羊皮制成的衣服，老羊皮做的价格便宜，幼羊皮做的贵重。在母羊腹内的胎羔叫作胞羔，皮上的毛纹刚刚长出。初生羔名字叫乳羔，皮上的毛卷得像是耳环脚。三个月大小的叫作跑羔，七个月大小的叫作走羔。毛纹逐渐变直了。用胞羔和乳羔皮制作的皮衣没有羊膻味。古时候，羔羊皮衣是大夫才能穿的衣服，如今西北地区的高级官吏也依旧很看重它。老羊皮“硝熟”后可做成皮衣，但是很重，是穷人穿的，这些都是绵羊皮。假若是南方的短毛山羊皮，“硝熟”之后像纸一样薄，只能够用来做画灯。穿羊皮衣有膻味，穿习惯穿久了之后膻味也就消失了，南方不习惯穿它的人无法忍受，好在越往南气候越温暖，皮衣也没有用处了。

麂皮去毛，硝熟为袄裤，御风便体，袜靴更佳。此物广南繁生外，中土则积集楚中，望华山为市[①]皮之所。麂皮且御蝎患，北人制衣而外，割条以缘衾边，则蝎自远去。

虎豹至文，将军用以彰身；犬豕至贱，役夫用以适足；西戎尚獭[②]皮，以为毳[③]衣领饰。襄、黄[④]之人，穷山越国，射取而远货，得重价焉。殊方异物，如金丝猿[⑤]，上用为帽套；扯里狲[⑥]，御服以为袍，皆非中华物也。兽皮衣人，此其大略。方物则不可殚述。飞禽之中，有取鹰腹雁胁毳毛，杀生盈万乃得一裘，名天鹅绒者，将焉用之？

【注释】

①市：交易，买卖。

②獭（tǎ）：水獭。皮毛棕色，十分珍贵。

③毳（cuì）：鸟兽的细毛。

④襄、黄：襄阳府和黄州府。今湖北襄阳、黄冈一带。

⑤金丝猿：即金丝猴。

⑥扯里狲（sūn）：又名猞猁狲。皮毛珍贵。

【译文】

麂皮去毛鞣制成的袄裤，穿起来既挡风又轻便，做成的鞋袜就更好。麂在广东南部数量很多，中原地区则集中在湖北、湖南一带，望楚山是皮毛交易的场所。麂皮还能够防御蝎子，北方人除了用它做衣服外，还把它割成长条缝在被边，蝎子自然会远远地避开。

虎豹皮自身带有美丽的花纹，将军穿上它来彰显身份和威严；狗皮与猪皮最为低贱，役夫用它们来做鞋穿；西北少数民族推崇獭皮，喜欢用它做细毛皮衣的衣领。襄阳府、黄州府一带的人们，翻山越岭去猎取獭，再运到远处去卖，可以卖出很高的价格。其他地方的特产，比如金丝猴，皮可以供皇帝做帽套；又比如猞猁狲，皮可以供皇帝做皮袍，这些全都不是内地出产的。用兽皮做衣服，以上就是大概的情形了。至于其他的各地特产，不可能一一详细描述。至于飞禽，有取鹰腹和雁腋细毛来做衣料的，要杀上万只才能够制成一件叫天鹅绒的衣服，耗费这么多，又有什么用呢？

## 褐[1]毡[2]

凡绵羊有二种。一曰蓑衣羊[3]。剪其毳为毡、为绒片，帽袜遍天下，胥[4]此出焉。古者西域羊未入中国，作褐为贱者服，亦以其毛为之。褐有粗而无精，今日粗褐亦间出此羊之身。此种自徐淮[5]以北州郡无不繁生，南方惟湖郡饲畜绵羊[6]。一岁三剪毛。夏季希革[7]不生。每羊一只，岁得绒袜料三双。生羔牝牡[8]合数得二羔，故北方家畜绵羊百只，则岁入计百金云。

一种矞芀羊[9]。番语。唐末始自西域传来，外毛不甚蓑长，内毳细软，取织绒褐，秦人名曰山羊，以别于绵羊。此种先自西域传入临洮，今兰州独盛，故褐之细者皆出兰州。一曰兰绒。番语谓之孤古绒，从其初号也。山羊毳绒亦分两等：一曰搯绒，用梳栉[10]搯[11]下，打线织帛，曰褐子、把子诸名色；一曰拔绒，乃毳毛精细者，以两指甲逐茎挦[12]下，打线织绒褐。此褐织成，揩面如丝帛滑腻。每人穷日之力，打线只得一钱重，费半载工夫方成匹帛之料。若搯绒打线，日多拔绒数倍。凡打褐绒线，冶铅为锤，坠于绪端，两手宛转搓成。

凡织绒褐机，大于布机。用综八扇，穿经度缕，下施四踏轮，踏起经隔二抛纬，故织出文成斜现。其梭长一尺二寸。机织、羊种皆彼时归夷传来，名姓再详。故至今织工皆其族类，中国无与也。

**【注释】**

①褐：粗毛布。

②毡（zhān）：毛毡。

③蓑（suō）衣羊：即蒙古羊。
④胥（xū）：都是。
⑤徐淮：江苏徐州地区和淮河流域。
⑥南方惟湖郡饲畜绵羊：此羊即湖羊，羔皮甚有名。
⑦希革：脱毛。
⑧牝牡（pìn mǔ）：雌雄。
⑨矞芀（yù lì）羊：即羖䍽（gǔ lì）羊。
⑩栉（zhì）：梳子或者篦子。
⑪搊（chōu）下：梳下。
⑫挦（xún）：拔。

【译文】

绵羊分为两种。一种是蓑衣羊。剪下它的细毛可以做成毡或者绒片，以它为原料做的绒帽和绒袜遍布天下。古时西域羊还没有传入内地以前，穷人穿的粗毛布衣就是用这种蓑衣羊的羊毛制作的。毛布有粗糙的没有精致的，现在有的粗毛布也是用这种羊毛制成的。这种羊在徐州和淮河流域以北畜养得非常多，南方只有湖州饲养。一年剪三次毛。夏季不长新毛。每一只羊，一年剪下的毛可以做三双绒袜，还可以生下两只羊羔，所以北方人家如果畜养一百只绵羊，一年就可以收入一百两银子。

另一种羊叫作羖䍽羊。这是西部地区少数民族语言。唐代末年才从西域引进，它的外毛没有蓑衣羊的外毛长，内毛很细软，可以用来织绒毛布，陕西人叫它“山羊”，以区别于绵羊。这种羊最先从西域传到甘肃临洮，如今兰州出产最多，所以细毛布都来自兰州，又叫兰绒。西部少数民族把它称为孤古绒，这是沿用它最开始的名称。山羊的细毛绒也分为两个等级：一种叫作搊绒，用梳子或篦子把羊毛梳下来打线织成的毛布，有褐子、把子等名称；另一种叫作拔绒，是细毛中比较精细的，用两个指甲逐根把它从羊身上拔下来，再打线织成绒毛布。这种绒毛布织好后，摸起来就像丝织品那样光滑细腻。一人拔一整天的绒毛，只能够打一钱重的线，花费半年的工夫才能凑够一匹绒布的毛料。如果是用搊绒打线，一天要比拔绒多打几倍。打绒线的时候，铸铅为锤子，坠在线端，两手宛转搓成。

织绒毛布机，大过织布机。用八扇综，穿经过缕，下方装有四个踏轮，每次踏起两根经线就过一次纬线，所以织出来的是斜纹。梭长一尺二寸。机织方法和羊种都是那时归附的少数民族传过来的，姓名有待查证。所以直到现在，织工都是那个民族的人，而没有内地人。

凡绵羊剪毳，粗者为毡，细者为绒。毡皆煎烧沸汤投于其中搓洗，俟其粘合，以木板定物式，铺绒其上，运轴擀成。凡毡、绒白、黑为本色，其余皆染色。其氍毹[①]、氆氇[②]等名称，皆华夷各方语所命。若最粗而为毯者，则驽马[③]诸料杂错而成，非专取料于羊也。

**【注释】**

①氍（qú）俞：即氍毹（yú）。毛织的一种地毯。

②氆（pǔ）鲁：即氆氇（lǔ）。藏语音译。藏族手工生产的一种羊毛织品。

③驽马：劣马。

**【译文】**

剪取绵羊的细毛，粗的用来做毡，细的用来做绒。毡都是将羊毛放到沸水里搓洗，等待它黏合，再用木板格成一定的样式，把绒铺在上面，转动轴擀成的。毡、绒的本色都是白色或者黑色，其他的颜色都是染的。氍毹、氆氇等名称，来自汉族或少数民族的方言。至于用最粗糙的毛做毯子，其实是掺杂有劣马毛之类的毛的，而并非采用纯羊毛。

# 彰施

宋子曰：霄汉[1]之间，云霞异色；阎浮[2]之内，花叶殊形。天垂象而圣人则之[3]，以五彩彰施于五色。有虞氏[4]岂无所用其心哉？飞禽众而凤则丹，走兽盈而麟则碧。夫林林青衣[5]望阙而拜黄朱也，其义亦犹是矣。君子曰："甘受和，白受采。"世间丝、麻、裘、褐，皆具素质，而使殊颜异色得以尚[6]焉。谓造物不劳心者，吾不信也[7]。

【注释】

①霄汉：天空。

②阎浮：梵文音译。指大地。

③天垂象而圣人则之：语出《周易·系辞上》："天垂象，见吉凶，圣人象之；河出图，洛出书，圣人则之。"垂，呈现。则，仿效。

④有虞氏：虞舜，五帝之一。

⑤青衣：此处指平民百姓。

⑥尚：附加。

⑦谓造物不劳心者，吾不信也：此处作者把自然界拟人化，说不相信它不劳心。造物，指自然界。

【译文】

宋子说：天空中的云霞色彩繁多缤纷，大地上的花叶形状多姿多样。大自然呈现出种种现象而圣人对其加以效仿，依据五种色彩染成五种颜色。难道舜没有自己的用意吗？飞禽虽然众多却只有凤凰丹红无比，走兽有千万种却只有麒麟碧绿。穿着黑衣服的平民百姓望着皇宫朝拜穿着黄袍朱衣的帝王，其中蕴含的道理都是一样的。君子说："甜味可以调和各种味道，白色可以染成各种颜色。"世间的丝、麻、皮衣和粗毛布等，原本的质地都是素色的，因此可以染成各种颜色。如果说大自然不劳心，我不相信。

## 诸色质料[1]

大红色。其质红花饼一味，用乌梅水煎出，又用碱水澄数次。或稻稿灰代碱，功用亦同。澄得多次，色则鲜甚。染房讨便宜者先染栌木[2]打脚。凡红花最忌沉、麝，袍服与衣香共收，旬月之间，其色即毁。凡红花染帛之后，若欲退转，但浸湿所染帛，以碱水、稻灰水滴上数十点，其红一毫收转，仍还原质。所收之水藏于绿豆粉[3]内，放出染红，半滴不耗。染家以为秘诀，不以告人。

**【注释】**

①诸色质料：各种染料。

②栌（lú）木：即黄栌。可以提取黄色染料。

③绿豆粉：此处用作色素吸附剂。

**【译文】**

大红色。以红花饼作为原料，用乌梅水煎过之后，再用碱水澄几次。或者用稻草灰代替碱水，功效是一样的。澄过数次之后，颜色会变得特别鲜亮。有贪图便宜的染坊，先将织物用栌木水染黄打底。红花最怕沉香和麝香，如果把红袍和这些香料放在一起，十天到一个月内它的颜色就会毁掉。用红花染过的丝绸，假如想要恢复本色，只要把它浸湿，滴上几十滴碱水或者稻灰水，染好的红色就能完全褪掉，恢复丝绸本来的颜色。将收集来的色水吸收在绿豆粉内，再用它来染红色，半滴也不会损失。染坊把这种方法作为一种秘方，从不外传。

莲红、桃红色，银红、水红色。以上质亦红花饼一味，浅深分两加减而成。是四色皆非黄茧丝所可为，必用白丝方现。

木红色。用苏木[1]煎水，入明矾[2]、棓子[3]。

紫色。苏木为地，青矾[4]尚之。

赭黄色。制未详。

鹅黄色。黄檗[5]煎水染，靛水[6]盖上。

金黄色。栌木煎水染，复用麻稿灰淋碱水漂。

茶褐色。莲子壳煎水染，复用青矾水盖。

大红官绿色。槐花[7]煎水染，蓝淀盖，浅深皆用明矾。

豆绿色。黄檗水染，靛水盖。今用小叶苋蓝[8]煎水盖者名草豆绿，色甚鲜。

油绿色。槐花薄染，青矾盖。

天青色。入靛缸浅染，苏木水盖。

蒲萄[9]青色。入靛缸深染，苏木水深盖。

蛋青色。黄檗水染，然后入靛缸。

翠蓝，天蓝[10]。二色俱靛水，分深浅。

玄色[11]。靛水染深青，栌木、杨梅皮等分煎水盖。又一法：将蓝芽叶水浸，然后下青矾、棓子同浸，令布帛易朽。

月白[12]、草白二色。俱靛水微染。今法用苋蓝煎水，半生半熟染。

象牙色。栌木煎水薄染，或用黄土。

藕褐色。苏木水薄染，入莲子壳，青矾水薄盖。

**【注释】**

①苏木：豆科，常绿小乔木。可作为红色染料。

②明矾：白矾。

③棓子：即五倍子。

④青矾：皂矾。蓝绿色。

⑤黄檗（bò）：芸香料，落叶乔木。可染色。

⑥靛水：蓝淀水。

⑦槐花：指槐蕊，黄色。

⑧苋（xiàn）蓝：蓝淀的一种。

⑨蒲萄：即葡萄。

⑩天蓝：较淡的蓝色。

⑪玄色：带赤的黑色。

⑫月白：比天青色更淡的颜色。

**【译文】**

莲红、桃红色，银红、水红色。以上几种原料也是红花饼一类，颜色的深浅取决于用量的多少。这四种红色，黄茧丝染不了，必须用白茧丝才能显现。

木红色。用苏木煮水染，再加上明矾、五倍子染成。

紫色。用苏木煮水染，再用青矾水套染。

赭黄色。制法不清楚。

鹅黄色。用黄檗煮水染，再用蓝淀水套染。

金黄色。用栌木煮水染，再用麻秆灰淋出的碱水漂。

茶褐色。用莲子壳煮水染，再用青矾水套染。

大红官绿色。用槐花煮水染，再用蓝淀水套染，颜色深浅取决于明矾。

豆绿色。用黄檗水染，再用蓝淀水套染。现在用小叶苋蓝煮水套染的叫作草豆绿，颜色特别鲜艳。

油绿色。用槐花水薄染，再用青矾水套染。

天青色。放入靛缸中薄染成浅蓝色，再用苏木水套染。

葡萄青色。放在靛缸中染成深蓝色，再用苏木深套染。

蛋青色。用黄檗水染，放入靛缸中再染。

翠蓝、天蓝。这两种颜色都是用蓝淀水染成的，只是深浅不同。

玄色。用蓝淀水染成深蓝色，再用等量的黄栌木、杨梅树皮煮水套染。还有种方法是：先放到蓼蓝的嫩叶水中浸染，再在青矾、五倍子的水中浸染，这种布帛比较容易腐烂。

月白、草白两种颜色。都是用蓝淀水薄染。现在的染法是用苋蓝煮水，煮到半生半熟时浸染。

象牙色。用栌木煮水薄染，或者用黄土染。

藕褐色。用苏木水薄染，再用莲子壳、青矾水薄薄套染。

附：染包头青色。此黑不出蓝靛，用栗壳或莲子壳煎煮一日，漉[1]起，然后入铁砂、皂矾锅内，再煮一宵即成深黑色。

【注释】

①漉（lù）：捞起，过滤。

【译文】

附：染包头巾的黑色。这种黑色不是用蓝淀染成的，而是用栗壳或者莲子壳煮一天，把壳捞起来，然后加入铁砂、皂矾再煮一夜，就成为深黑色。

附：染毛青布[1]色法。布青初尚芜湖千百年矣。以其浆碾成青光，边方、外国皆贵重之。人情久则生厌。毛青乃出近代。其法：取松江美布，染成深青，不复浆碾，吹干，用胶水参豆浆水一过，先蓄好靛，名曰标缸，入内薄染即起。红焰之色隐然。此布一时重用。

【注释】

①毛青布：即毛蓝布。其独特处在于，每水洗一次就会轻微褪色，颜色却越发鲜艳。

【译文】

附：毛蓝布染色法。蓝布最先在安徽芜湖一带流行，至今已经有一千多年了。因为它经过浆碾之后带有蓝光，边区和外国人都将它看作贵重之物。但是久而久之就会厌烦了。毛蓝布是近代才有的，它的制法是：用松江好布染成深蓝色，不再浆碾，吹干，用胶水掺杂豆浆水浸一下，再放在上乘蓝淀即被称为标缸的缸内薄染即取出。这种蓝布隐约带红色，一时很受欢迎。

## 蓝淀[1]

凡蓝五种，皆可为淀[2]。茶蓝即菘蓝，插根活。蓼蓝、马蓝、吴蓝等皆撒子生。近又出蓼蓝小叶者，俗名苋蓝，种更佳。

凡种茶蓝法，冬月割获，将叶片片削下，入窖造淀；其身斩去上下，近根留数寸，薰干，埋藏土内；春月烧净山土，使极肥松，然后用锥锄其锄勾末向身长八寸许。刺土，打斜眼，插入于内，自然活根生叶。其余蓝皆收子撒种畦圃[3]中，暮春生苗，六月采实，七月刈身造淀。

凡造淀，叶与茎多者入窖，少者入桶与缸。水浸七日，其汁自来。每水浆一石下石灰五升，搅冲数十下，淀信[4]即结。水性定时，淀沉于底。

近来出产，闽人种山皆茶蓝，其数倍于诸蓝。山中结箬[5]篓，输入舟航。

其掠出浮沫晒干者，曰靛花。凡靛入缸，必用稻灰水先和[6]，每日手执竹棍搅动，不可计数。其最佳者曰标缸。

**【注释】**

①蓝淀：一种深蓝色的染料，简称为靛。

②凡蓝五种，皆可为淀：即指下文说的茶蓝、蓼蓝、马蓝、吴蓝与苋蓝。

③畦（qí）圃：园圃。

④信：使者，消息。

⑤箬：箬竹。

⑥和（huò）：混合，拌。

**【译文】**

蓝有五种，都可以造蓝淀。茶蓝，即菘蓝，插根就可成活。蓼蓝、马蓝、吴蓝等都是撒种子生长的。近来又出现一种小叶的蓼蓝，俗名叫作苋蓝，用它做的蓝淀更好。

种茶蓝的方法是，农历十一月割取时把叶子一片片削下来，入窖造淀，把茎秆斩去，只留下靠近根部几寸长的一段，熏干，埋进土里；到来年春天二月放火烧山，使山土变得松软肥沃，然后用锥锄（锄钩长约八寸）。掘土，打成斜眼，插入蓝根，自然就会存活下来生出枝叶。其余的几种蓝，都是撒种子在园圃中，春末时出苗，六月时采收果实，七月就割蓝造淀。

造淀，茎和叶多的放进窖里，少的放在桶里或者缸里。加水浸泡七天后，蓝汁就出来了。每一石蓝汁，加入五升石灰，搅动几十下，就会凝结成淀。汁水静置后，淀就沉积在底部。

近年来福建人在山地种的都是茶蓝，数量比其他的蓝的总和还多几倍。在山中就地装入箬篓，再搬上船只运往外地。

造淀的时候撇出的浮沫晒干后叫作“靛花”。靛入缸后，必须先用稻草灰水拌和，每天手拿竹棍搅动无数次。其中质量最好的叫作“标缸”。

## 红花①

红花场圃撒子种，二月初下种。若太早种者，苗高尺许，即生虫如黑蚁②，食根立毙。凡种地肥者，苗高二三尺。每路打橛③，缚绳横阑，以备狂风拗折④。若瘦地，尺五以下者，不必为之。

红花入夏即放绽⑤，花下作梂汇⑥，多刺，花出梂上。采花者必侵晨⑦带露摘取。若日高露旰⑧，其花即已结闭成实，不可采矣。其朝阴雨无露，放花较少，旰摘无妨，以无日色故也，红花逐日放绽，经月乃尽。

入药用者，不必制饼。若入染家用者，必以法成饼然后用，则黄汁净尽，而真红乃现也。其子煎压出油。或以银箔贴扇面，用此油一刷，火上照干，立成金色。

【注释】

① 红花：菊科，一年生直立草本。

②生虫如黑蚁：这里所说的可能是红花蚜虫。

③橛（jué）：木桩。

④拗（ǎo）折：折断。

⑤放绽：开花。

⑥梂（qiú）汇：此处指头状花序的苞片聚集的总苞。

⑦侵晨：天刚蒙蒙亮的时候。

⑧旰（gàn）：晚，天色晚。

【译文】

红花是在园圃里撒籽种的，在二月初的时候播种。如果种得太早，苗长到一尺左右的时候，就会生出一种像黑蚁的小虫，咬食根部使苗立即枯死。土地肥沃的，苗可以长到两三尺高。每行要打桩，绑上绳子横拦起来，用来防止被狂风吹倒折断。土地贫瘠的，苗高不过一尺半，就不必这样做了。

红花一入夏就会开花，花长在聚集的总苞之上，苞片有许多刺。采花的人必须在天蒙蒙亮的时候带着露水摘取。当太阳升起很高，露水干了的时候，花已经闭合，就不能摘了。阴雨而没有露水的早晨，花开得比较少，因为没有太阳，所以晚一点儿采摘也没关系。红花是逐日开放的，持续开满一个月才会开尽。

入药用的红花不必制成红花饼。如果是供染坊用的就要按照一定的方法先制成饼然后再用，把黄汁除尽，真红才能显现出来。红花子煮后可以榨油。如果将银箔贴在扇面上，用这种油一刷，在火上烘干，就会立刻显出金色。

## 造红花饼法[①]

带露摘红花，捣熟，以水淘，布袋绞去黄汁。又捣，以酸粟或米泔清[②]又淘，又绞袋去汁。以青蒿[③]覆一宿，捏成薄饼，阴干收贮。染家得法，“我朱孔阳”，所谓猩红也。染纸吉礼用，亦必用制饼，不然全无色。

【注释】

①造红花饼法：本节内容基本上摘自北魏贾思勰《齐民要术》和元代王祯《农书》。

②酸粟或米泔清：带酸性，可以溶解黄色素。

③青蒿：即香蒿。

【译文】

摘取带露水的红花，将其捣烂，用水淘洗，再装入布袋拧去黄汁。再次捣烂，用发酸的洗米水再次淘洗，再装入布袋拧去剩余的黄汁。用青蒿覆盖一夜之后，捏成薄饼，阴干收藏起来。如果染法得当，就可以把衣服染成鲜艳的红色。喜庆、贺礼用的大红纸，必须用红花饼染，否则就染不成。

## 附：燕脂[①]

燕脂古造法，以紫铆[②]染绵者为上，红花汁及山榴[③]花汁者次之。近济宁路[④]但取染残红花滓为之，值甚贱。其滓干者名曰紫粉，丹青家[⑤]或收用，染家则糟粕弃也。

【注释】

①燕脂：即胭脂，一种红色染料和化妆品。

②紫铆：即紫矿，别名虫胶树。树皮与花均可做成染料。

③山榴：杜鹃花，又叫作映山红。

④济宁路：路名，在今山东济宁一带。

⑤丹青家：画家。

【译文】

古时制造胭脂的方法，以用紫胶做的可染得久的为上等，用红花汁和杜鹃花汁做的则比它差一些。近来，济宁路一带用染剩的红花滓来做，价格很便宜。红花干滓叫作紫粉，画家有时会把它收集起来使用，染坊则把它当成废料扔掉。

## 槐花①

凡槐树十余年后方生花实。

花初试未开者曰槐蕊。绿衣所需②，犹红花之成红也。取者张度籅③稠其下而承之。以水煮，一沸，漉干，捏成饼，入染家用。

既放之花，色渐入黄。收用者以石灰少许晒拌而藏之。

【注释】

①槐花：指槐树的花蕊和开放花。

②绿衣所需：槐花本身是黄色染料，但与蓝淀套染或青矾媒染皆可成绿色。

③籅（yú）：竹筐。

【译文】

槐树要生长十几年才能开花结果实。

含苞待放的槐花叫作槐蕊。染绿色衣服需要它，就好比染红色衣服要用红花一样。采摘时把竹筐排在槐树下收集承接。将槐蕊加水煮沸，捞起沥干，捏成饼，供染坊用。

已经开放的花色泽慢慢变黄，收集起来之后，撒上少量石灰拌匀晒干，储藏备用。

# 粹精

宋子曰：天生五谷以育民。美在其中，有黄裳之意焉。稻以糠为甲，麦以麸为衣，粟、粱、黍、稷毛羽隐然。播[1]精而择粹，其道宁[2]终秘也。

饮食而知味者，食不厌精[3]。杵臼之利，万民以济，盖取诸小过[4]。为此者，岂非人貌而天[5]者哉？

【注释】

①播（bǒ）：同“簸”。扬去米中的糠皮杂物。

②宁（nìng）：难道。

③食不厌精：语出《论语·乡党》：“食不厌精，脍不厌细。”意为饮食越精细越好。

④杵臼（chǔ jiù）之利，万民以济，盖取诸小过：语出《周易·系辞下》：“断木为杵，掘地为臼，臼杵之利，万民以济，盖取诸小过。”意思是杵臼是根据小过卦的卦形而来的。

⑤人貌而天：语出《庄子·田子方》：“其为人也真，人貌而天，虚缘而葆真，清而容物。”意思是看起来是人力的作用，其实是借助了自然的力量。

【译文】

宋子说：自然界生长出五谷用来养活人类。五谷的精粹藏在黄色的外壳里面，似乎也有《周易》所说的“黄裳……美在其中”的意趣。稻谷以糠皮为甲壳，麦子把麸皮当外衣，粟、粱、黍、稷则隐藏在毛羽丛中。通过扬簸和舂磨等加工方法取得米和面等精粹，这个道理难道始终是个秘密吗？

饮食上讲究味道的人希望谷物加工得越精细越好。通过使用了杵臼就解决了谷物加工问题，利于万民，这是通过“小过”卦象得到启示的。这样做，难道不是看起来是人的力量而实际上是借助了自然的力量吗？

## 攻稻[1] 击禾 轧禾 风车 水碓 石碾 臼 碓 筛

凡稻刈获之后，离稿取粒。束稿于手而击取者半，聚稿于场而曳[2]牛滚石[3]以取者半。凡束手而击者，受击之物，或用木桶或用石板。收获之时，雨多霁少，田、稻交湿，不可登场者，以木桶就田击取。晴霁稻干，则用石板甚便也。凡服牛曳石滚压场中，视[4]人手击取者力省三倍。但作种之谷，恐磨去壳尖减削生机。故南方多种之家，场禾多藉牛力，而来年作种者则宁向石板击取也。

【注释】

①攻稻：加工稻谷。

②曳（yì）：牵引。

③石：此处指磙子。石头做的圆筒形碾轧工具。

④视：比较。

【译文】

水稻在收割之后就要进行脱粒。手握稻秆摔打脱粒的占了一半，把稻子聚拢铺在禾场上用牛拉石磙滚压脱粒的也占一半。手持稻秆摔打来脱粒，用木桶或者在石板上打禾。收割时如果遇到阴雨天多晴天少，田间和稻谷都很湿润，不可能把稻子运到禾场，就用木桶就地脱粒。天晴稻干的时候，用石板脱粒就十分方便。牛拉石磙在禾场脱粒，比用手摔打脱粒省力三倍。若是留着用作谷种的稻谷，恐怕会磨掉壳尖而降低发芽率，所以南方种稻子多的人家，把大部分稻谷运到禾场上用牛力脱粒，而留着第二年用的谷种就宁可在石板上摔打脱粒。

凡稻最佳者九穰一秕[1]。倘风雨不时，耘耔失节，则六穰四秕者容有之。凡去秕，南方尽用风车[2]扇去。北方稻少，用扬法，即以扬麦、黍者扬稻，盖不若风车之便也。

【注释】

①九穰（rǎng）一秕（bǐ）：饱满的谷粒占九成。穰，庄稼成熟。秕，谷粒不饱满。

②风车：利用风力扇去秕而留下穰的工具。

【译文】

最好的稻谷有九成精谷一成秕谷。倘若遇到风不调雨不顺的时候，耘耔失时，则可能只有六成精谷。南方都是使用风车扇掉秕谷。北方种稻少，则用扬场的方法，像扬麦子或者黍子那样扬净秕谷，其实比不上风车的便利。

凡稻去壳用砻[1]，去膜用舂[2]、用碾[3]。然水碓[4]主舂，则兼并砻功。燥干之谷入碾亦省砻也。

【注释】

①砻（lóng）：去壳取米的工具。

②舂（chōng）：用杵臼捣去谷物的皮。

③碾：转磨或者转压的工具。

④水碓（duì）：利用水力使杵起落从而脱去谷粒的皮或者将之舂成粉的工具，运用的是杠杆原理。

【译文】

稻谷去壳用砻，去皮用舂或者碾。如果用水碓舂，那么同时还可以起到砻的作用。干燥的稻谷可以用碾加工而省去用砻。

凡砻有二种。一用木为之。截木尺许，质多用松。斫合成大磨形，两扇皆凿纵斜齿，下合植笋[1]穿贯上合，空中受谷。木砻攻米二千余石，其身乃尽。凡木砻，谷不甚燥者入砻亦不碎，故入贡军、国漕[2]储千万，皆出此中也。一土砻。析竹匡[3]围成圈，实洁净黄土于内，上下两面各嵌竹齿。上合篘[4]空受谷，其量倍于木砻。谷稍滋湿者，入其中即碎断。土砻攻米二百石，其身乃朽。凡木砻必用健夫，土砻即孱妇弱子可胜其任。庶民饔飧[5]皆出此中也。

【注释】

①植笋：安装轴心。笋，同“榫”。器物利用凹凸方式相接处凸出来的那部分。

②漕：漕运，即水运。

③匡：同“框”。

④篘（chōu）：土砻上扇装盛谷粒的竹编围子。

⑤饔飧（yōng sūn）：早餐和晚饭。此处指饭食。

【译文】

砻分为两种。一种是木砻。锯两段一尺长的圆木，原料多数用松木。斫成大磨盘的形状，两扇都凿出纵斜齿，下扇安装一根轴心贯穿上扇，上扇中间挖空用来装稻谷。木砻加工完两千多石米后就会彻底坏掉。不是很干燥的谷用木砻加工，米粒也不会碎。因此，上缴的军粮和官粮，无论是漕运的还是库存的，都是用木砻加工的。另外一种是土砻。用竹篾编一个竹筐，中间用干净的黄土填实，上下两扇都镶上竹齿。上扇安个竹篾漏斗来装载谷粒，装谷量比木砻多一倍。稍微湿润的谷用土砻来加工，一放进去米粒就会断碎。土砻加工完两百石米就会坏掉。木砻必须靠强壮的劳动力来推动，土砻则即使是弱小的妇女儿童也能够推动。老百姓吃的米都是用土砻加工的。

凡既砻，则风扇以去糠秕，倾入筛中团转，谷未剖破者浮出筛面，重复入砻。凡筛，大者围五尺，小者半之。大者其中心偃隆而起，健夫利用；小者弦高二寸，其中平洼，妇子所需也。

凡稻米既筛之后，入臼而舂。臼亦两种。八口以上之家，掘地藏石臼其上。臼量大者容五斗，小者半之。横木穿插碓头，碓嘴冶铁为之，用醋滓合上。足踏其末而舂之。不及则粗，太过则粉。精粮从此出焉。晨炊无多者，断木为手杵，其臼或木或石，以受舂也。既舂以后，皮膜成粉，名曰细糠，以供犬豕之豢[①]。荒歉之岁，人亦可食也。细糠随风扇播扬分去，则膜尘净尽而粹精见矣。

【注释】

①豢（huàn）：喂养牲畜。

【译文】

稻谷砻过之后，就用风车扇去谷糠和秕谷，然后倒入筛子中团团转动，没有去壳的稻谷便浮在上面，把它拣出来再拿去砻。筛子大小不一，大筛周长五尺，小筛子的周长只有它的一半。大筛子中心稍微隆起，是强壮的男子用的；小筛子边高二寸，中间低平，是妇女和儿童使用的。

米过筛之后，再放在臼里舂。臼也分为两种。八口以上的人家需要挖坑埋下石臼。大臼的容量是五斗，小臼的容量是两斗半。将一根横木的前端嵌入碓头部，碓嘴由铁锻造而成，用醋渣黏合。脚踏横木的末端来舂。舂得不够米就糙，舂得过头米就碎了。精米都是经由臼舂出来的。吃粮不多的人家，往往用木做手杵，用木或者石做臼来舂米。舂后，皮膜就变成粉，这叫作细糠，可以用来喂猪和狗。歉收的荒年，人也可以吃它。细糠被风车扇净了，剩下的就是作为精华的大米。

凡水碓，山国之人居河滨者之所为也。攻稻之法省人力十倍，人乐为之。引水成功，即筒车灌田同一制度也。设臼多寡不一，值[①]流水少而地窄者，或两三臼；流水洪而地室宽者，即并列十臼无忧也。江南信郡[②]，水碓之法巧绝。盖水碓所愁者，埋臼之地，卑则洪潦为患，高则承流不及。信郡造法，即以一舟为地，撅桩[③]维之，筑土舟中，陷臼于其上，中流微堰石梁，而碓已造成，不烦椓木[④]壅[⑤]坡之力也。又有一举而三用者，激水转轮头，一节转磨成面，二节运碓成米，三节引水灌于稻田。此心计无遗者之所为也。凡河滨水碓之国，有老死不见砻者，去糠去膜皆以臼相终始。惟风筛之法则无不同也。

凡硙[⑥]，砌石为之，承藉、转轮[⑦]皆用石。牛犊、马驹惟人所使。盖一牛之力，日可得五人。但入其中者，必极燥之谷，稍润则碎断也。

【注释】

①值：恰逢。

②信郡：广信府。今江西上饶一带。

③撅桩：打桩。

④椓木：打桩。

⑤壅：堆积。

⑥硙（wèi）：《说文解字》："硙，礳（mò）也。"此处指石碾或牛碾。

⑦承藉、转轮：指碾槽盘和碾石。

【译文】

水碓，多是由山区靠河滨的人制造的。用它来加工稻谷，比人工省力十倍，因此大家都乐于制造和使用它。引水带动水碓，与用筒车引水灌田都是借助水流激轮使之转动这同一个原理。设臼的多少没有定数，水量少地方又窄的，一般设二三臼；水流量大地方宽的，并列十臼也不成问题。江南信郡地区制造水碓的方法特别巧妙。制造水碓的难处在于选择埋臼的地方，地势太低会被洪水淹没，地势太高水又流不到水轮上来。信郡的做法是，把一条船当作地面使用，打桩将船固定住，在船里填土埋臼，又在河中央筑个小石坝，根本不费打桩筑坡的劳力，水碓就造成了。还有能够一举三用的水碓，利用水流冲激转轮，第一节带动水磨磨面，第二节带动水碓舂米，第三节引水灌田。这是心计特别厉害，算无余漏的人制造的。使用水碓的河滨地区，有一辈子没有见过砻的人，除去稻谷的糠皮等始终都是用臼。唯独风筛却到处都有。

碾是用石块砌成的，碾盘和转轮也都是用石头做的。人用牛犊或者马驹拉都可以。一头牛一天的劳力可以顶上五个人力。但是受碾必须是干燥的稻谷，稍微湿一点儿米就碎了。

## 攻麦[①] 扬 磨 罗[②]

凡小麦，其质为面。盖精之至者，稻中再舂之米；粹之至者，麦中重罗之面也。

小麦收获时，束稿击取，如击稻法。其去秕法，北土用扬[③]，盖风扇流传未遍率[④]土也。凡扬，不在宇下，必待风至而后为之。风不至，雨不收，皆不可为也。凡小麦既扬之后，以水淘洗，尘垢净尽，又复晒干，然后入磨。

凡小麦有紫、黄二种，紫胜于黄。凡佳者每石得面一百二十斤，劣者损三分之一也。

【注释】

①攻麦：加工麦子。

②罗：用一种密孔的筛子筛东西。

③扬：簸动。

④率（shuài）土：语出《诗经·小雅·北山》："率土之滨，莫非王臣。"意思是全国。

【译文】

小麦的质地是面。稻谷最精华的部分是反复舂过很多次的精米，小麦最纯粹的部分是反复筛了多次的精面粉。

小麦收获的时候，手握麦秆摔打脱粒，这与稻谷摔打脱粒的方法一样。去除秕粒，北方使用扬场的方法，这是因为南方早已经普遍使用的风车没有传到北方的缘故。扬场不能设在屋檐底下，而且必须等到有风时才能扬。没有风或者雨不停的时候都不能扬。小麦扬过之后，用水淘洗干净，灰尘污垢都去除了，再晒干，然后入磨。

小麦有紫皮、黄皮两种，紫皮的比黄皮的好。上好的麦每石可以磨得面粉一百二十斤，差的要比它少三分之一。

凡磨大小无定形，大者用肥犍[①]力牛曳[②]转。其牛曳磨时用桐壳掩眸[③]，不然则眩晕；其腹系桶以盛遗，不然则秽也。次者用驴磨，斤两稍轻。又次小磨，则止用人推挨[④]者。凡力牛一日攻麦二石，驴半之，人则强者攻三斗，弱者半之。若水磨之法，其详已载《攻稻·水碓》中，制度相同，其便利又三倍于牛犊也。凡牛、马与水磨，皆悬袋磨上，上宽下窄，贮麦数斗于中，溜入磨眼。人力所挨则不必也。

【注释】

①犍（jiān）：阉割过的公牛。

②曳（yè）：拖，拉，牵引。

③用桐壳掩眸：用桐子壳遮住牛的眼睛。

④挨（ǎi）：推，击。

【译文】

磨的大小没有特定的规格。大的磨要用力气大的阉割过的公牛来拉着转动。牛拉磨的时候，要用桐子壳遮盖住它的眼睛，否则牛就会转晕；在它的腹部绑个小桶承接排泄物，不然就会弄脏面粉。小一点儿的磨可以用驴来拉，重量稍微轻一些。再小一点儿的磨只需要人来推就够了。一头力气大的牛一天可以磨两石麦子，驴可以磨一石，强壮的人可以磨三斗，力气小的人则只能够磨一斗半。水磨的方法已经在《攻稻·水碓》一节中详细提到了，式样一样，功效却是牛磨的三倍。用牛、马或者水磨磨面，都要在磨上面悬挂一个上宽下窄的袋子，在里面装上几斗麦，让麦子慢慢溜入磨眼。人力推的磨就不用这样做。

凡磨石有两种，面品由石而分。江南少粹白上面者，以[①]石怀沙滓，相磨发烧，则其麸并破，故黑颣[②]参和面中，无从罗去也。江北石性冷腻[③]，而产于池郡之九华山[④]者，美更甚。以此石制磨石不发烧，其麸压至扁秕之极不破，则黑疵一毫不入，而面成至白也。凡江南磨二十日即断齿，江北者经半载方断。南磨破麸得面百斤，北磨只得八十斤，故上面之值增十之二，然面筋、小粉[⑤]皆从彼磨出，则衡数已足，得值更多焉。

凡麦经磨之后，几番入罗，勤者不厌重复。罗匡之底，用丝织罗地绢为之。湖丝所织者，罗面千石不损，若他方黄丝所为，经百石而已朽也。凡面既成后，寒天可经三月，春夏不出二十日则郁坏。为食适口，贵及时也。

凡大麦则就舂去膜，炊饭而食，为粉者十无一焉。荞麦则微加舂杵去衣，然后或舂或磨以成粉而后食之。盖此类之视小麦，精粗贵贱大径庭也。

【注释】

①以：因为。

②颣（lèi）：颣节。指碎麸皮。

③腻：光滑。

④九华山：在安徽境内。我国佛教四大名山之一。

⑤面筋、小粉：都是麸皮制品。

【译文】

磨石有两种，面粉的品级也随这两种磨石而分成两个品级。江南很少产出上等的精细白面粉，就是因为磨石带有沙滓，磨时会发热，以致带黑色的麸皮破碎掺杂在面粉里面，难以用筛子筛出去。江北的磨石性凉而且细腻，而安徽池州九华山产的石更加好，用这种石做的磨，磨面的时候不会发热，麸皮虽被压得特别扁但不会破碎，因此一点儿都不会掺杂在面粉里面，筛过的面粉自然就非常洁白了。江南的磨用二十天后磨齿就会断，需要重新修理，而江北的磨可以用半年。江南的磨由于磨破了麸皮，所以一百斤麦子能够得到面粉一百斤，江北的磨却只能够得到八十斤面粉，所以精面粉的价格要比标面粉贵百分之二十。然而，面筋、小粉却都是从磨出的麸皮里得来的，这样一计算，总斤数就够了，总的价值也就加大了。

麦子磨过之后，要多次入罗，勤劳的人并不讨厌这个重复的步骤。罗底是用丝织造的罗地绢做的。如果采用湖州一带出产的“湖丝”织造，罗过一千石面粉也不会损坏，如果使用其他地方出产的黄丝织造，往往罗过一百石就腐朽了。面粉磨好之后，在寒冷天气可以保存三个月，春夏时节则不到二十天就变质变味了。要想食用时美味可口，面粉最好一边磨一边吃。

大麦舂去外皮就可以煮来食用了，磨成粉来吃的还不到十分之一。荞麦则是先稍微舂一下去掉皮，然后再舂或者磨成粉来吃。这一类麦子跟小麦比较起来，其中的精贵粗贱之分，相差甚远。

## 攻黍、稷、粟、粱、麻、菽 小碾 枷

凡攻治小米，扬得其实，舂得其精，磨得其粹。风扬、车扇而外，簸[①]法生焉。其法：篾织为圆盘，铺米其中，挤匀扬播。轻者居前，揲[②]弃地下；重者在后，嘉实存焉。

凡小米舂、磨、扬、播[③]制器，已详《稻》《麦》之中。惟小碾一制，在《稻》《麦》之外。北方攻小米者，家置石墩，中高边下，边沿不开槽。铺米墩上，妇子两人相向接手而碾之。其碾石圆长如牛赶石，而两头插木柄。米堕边时，随手以小篲[④]扫上。家有此具，杵臼竟悬也。

凡胡麻[⑤]刈获，于烈日中晒干，束为小把，两手执把相击，麻粒绽落，承藉[⑥]以簟[⑦]席也。凡麻筛与米筛小者同形，而目密五倍。麻从目[⑧]中落，叶残角屑皆浮筛上而弃之。

【注释】

①簸（bǒ）：颠动簸箕。

②揲（shé）：积聚。

③播（bǒ）：通“簸”。

④篲（huì）：竹扫帚。

⑤胡麻：即芝麻。

⑥藉（jiè）：凭借。

⑦簟（diàn）：竹席。

⑧目：孔眼。

【译文】

加工小米，首先经过扬得到谷粒，再经过舂得到小米，然后经过磨得到小米粉。除去风扬、车扇，还可以用簸的方法。簸的方法是：用篾条编织成圆盘，把谷子平铺在里面，均匀地簸。轻的秕糠会集中在前面而被簸落到地上，重的饱满谷粒会集中在后方，留存在簸里。

小米加工用的舂、磨、扬、簸等工具，已经在《攻稻》《攻麦》两节里详细描述过了，只有小碾这个工具还未说过。北方加工小米，是在家里安放一个石墩，石墩中间高四周低，周边没有凿出槽条。碾小米的时候，把谷子平铺在墩上，妇女或小孩两个人相对着用手交接碾柄来回碾压。碾石呈现长圆形，很像是牛拉的石磙，两边插着供手握的木柄。米落到边上的时候，随手就用小扫帚扫进箩筐里。家里如果有小碾这个工具，杵臼就会闲置了。

芝麻收割之后，把它放在大太阳底下晒干，捆成小把，两只手各拿一把互相击打，芝麻壳就会爆裂开，而芝麻粒就落到承接的席子之上了。芝麻筛和小的米筛形状是一样的，不过它的筛眼比米筛密五倍。芝麻粒从筛眼中穿过落下，叶屑和碎壳全部浮现在筛上面方便被扔掉。

凡豆菽[1]刈获，少者用枷[2]，多而省力者仍铺场，烈日晒干，牛曳石赶而压落之。凡打豆枷，竹木竿为柄，其端锥圆眼，拴木一条，长三尺许，铺豆于场，执柄而击之。凡豆击之后，用风扇扬去荚叶，筛以继之，嘉实洒然入廪[3]矣。是故，舂磨不及麻，硙碾不及菽也。

【注释】

①菽（shū）：豆类。

②枷：即连枷。用于谷物击打脱粒的一种工具。

③廪：粮仓。

【译文】

豆类收割之后，数量少的用连枷脱粒即可，数量多又想要省力的话，把它们铺在场上，让大太阳晒干，用牛拉石磙来滚压脱粒。打豆脱粒的连枷，采用竹竿或者木杆做柄，在它的前端钻一个圆孔，再拴上一条差不多三尺长的木棒，把豆类铺在场上后，手握枷柄甩着击打。豆粒被打落之后，用风车扇除去不要的荚叶，再过筛，就可以获得饱满圆润的豆粒收入粮仓了。所以说，芝麻不必舂和磨，豆类不必硙和碾。

# 作咸

宋子曰：天有五气，是生五味。润下作咸，王访箕子而首闻其义焉。口之于味也，辛、酸、甘、苦，经年绝一无恙[①]。独食盐，禁戒旬日，则缚鸡胜匹，倦怠恹然。岂非天一生水，而此味为生人生气之源哉？四海之中，五服而外[②]，为蔬为谷，皆有寂灭之乡[③]，而斥卤[④]则巧生以待。孰知其所以然？

【注释】

①恙：病。

②五服而外：边远地区。

③寂灭之乡：此处指长不出庄稼的土地，即盐碱地。

④斥卤：也叫潟（xì）卤。语出《史记·夏本纪》："海滨广潟，厥田斥卤。"引申为食盐。

【译文】

自然界有金、木、水、火、土五行之气，又由此产生了咸、苦、酸、辛、甜五种味道。水性往下方渗透从而具有咸味，周武王访问箕子时才第一次明白这个道理。人们对于辛、酸、甜、苦四种口味，无论常年缺少哪一种都不会生出疾病。唯独食盐，若是十天不吃的话，就会变得手无缚鸡之力，疲乏困倦像是生病的样子了。这难道不正是说明自然界首先孕育出了水，而水中的咸味因此成为人类体力精气的来源吗？内地和边疆种植粮食蔬菜，都会发现有不长庄稼的盐碱地，而食盐刚好就在那种地方产出，等待人们取用。谁知道这背后究竟是什么原因呢？

## 盐产

凡盐产最不一[①]：海、池、井、土、崖、砂石，略分六种，而东夷树叶[②]、西戎光明不与焉。赤县[③]之内，海卤居十之八，而其二为井、池、土碱。或假人力，或由天造。总之，一经舟车穷窘，则造物应付出焉。

【注释】

①凡盐产最不一：此处指盐的种类和制法等各不相同。

②东夷树叶：东夷，泛指东边少数民族，此处指古代居住在东北地区的肃慎族。树叶，指树叶盐。

③赤县：指中国。

【译文】

食盐的种类非常多，粗略可以分成海盐、池盐、井盐、土盐、崖盐和砂石盐六种，而像东北肃慎族聚居地的树叶盐和西北少数民族地区的光明盐，都还没有概括在内。中国所产的盐，海盐占据了其中的八成，井盐、池盐和土碱占剩余的两成。这些食盐有的依靠人力煎晒产出，有的是天然形成。总而言之，凡是车船到不了的地方，大自然就会自己就地生产出食盐的。

## 海水盐

凡海水自具咸质[①]。海滨地，高者名潮墩，下者名草荡，地皆产盐。

同一海卤传神，而取法则异。

一法：高堰地，潮波不没者，地可种盐。种户各有区画经界，不相侵越。度[②]诘朝[③]无雨，则今日广布稻麦稿灰及芦茅灰寸许于地上，压使平匀。明晨露气冲腾，则其下盐茅勃发，日中晴霁，灰、盐一并扫起淋煎。

一法：潮波浅被地，不用灰压，候潮一过，明日天晴，半日晒出盐霜，疾趋扫起煎炼。

一法：逼海潮深地，先堀深坑，横架竹木，上铺席苇，又铺沙于苇席之上。俟潮灭顶冲过，卤气[④]由沙渗下坑中，撤去沙、苇，以灯烛之，卤气冲灯即灭，取卤水煎炼。

总之，功在晴霁。若淫雨连旬，则谓之盐荒。

又淮场地面，有日晒自然生霜如马牙者，谓之大晒盐。不由煎炼，扫起即食。海水顺风漂来断草，勾取煎炼，名蓬盐。

【注释】

①咸质：盐分。

②度（duó）：预计，估计。

③诘朝（jié zhāo）：第二天早晨。

④卤气：指含有盐分的水蒸气。

【译文】

海水本身含有盐分。在海边，地势高的地方叫作潮墩，地势低的地方叫作草荡，全都可以出产海盐。

虽然同是海盐，但是提取制作的方法却不一样。

一种方法是：在不会被涨潮的潮水淹没的海岸边高地种盐。每个种户都有自己定好的地段界限，彼此之间不侵占。如果预计第二天是晴天，就在当天把稻、麦秆灰和芦、茅灰大范围撒在地上，撒大约一寸厚，并把它压平整。到第二天早晨，露气浓重时，盐就会像茅草一样从灰下茂盛地长出来。等到过了中午，雾气散去天气晴朗，就将灰和盐一齐扫起，拿去淋洗煎炼。

还有一种方法是：在潮水浅浅盖过的地方，不使用撒灰的方法，等到潮水一过，如果第二天天晴，半天就能够晒出盐霜来，然后赶快扫起来煎炼。

再一种方法是：在潮水深深没过的地方，事先挖掘出一个深坑，把竹子或者木头横架在坑上，架子上铺上草席，草席上再铺上沙子。等到海潮盖顶冲过来淹没时，卤气就会通过沙子渗入到下方的坑中。再把沙子和草席撤掉，用灯照一照坑里，当卤气可以让灯火熄灭时就可以取卤水出来煎炼了。

总而言之，取盐的方法关键在于天晴。如果遇到连续十天半月的阴雨天，盐就会停产，这被称为盐荒。

在淮扬地区的盐场，有凭借日光将海水晒干，自然生出像马牙硝那样白的盐霜的，这被称为大晒盐。这种盐不必再煎炼，扫起来就可以食用。此外，还有利用顺风漂来的海草煎炼提取出的盐，被叫作蓬盐。

凡淋煎法，掘坑二个，一浅一深。浅者尺许，以竹木架芦席于上，将扫来盐料，不论有灰无灰，淋法皆同。铺于席上，四围隆起，作一堤垱[①]形，中以海水灌淋，渗下浅坑中。深者深七八尺，受浅坑所淋之汁，然后入锅煎炼。

【注释】

①垱（dàng）：横筑在河中或者低洼田地中用来拦截水流的小堤坝。

【译文】

盐的淋洗和煎炼的方法是，挖两个坑，一个浅一个深。浅坑的深度在一尺左右，用竹或者木头横架在坑上，再铺上草席，将扫来的盐料，无论是否有灰，淋洗方法都相同。铺在草席之上，四周堆高一些使之隆起，围成一个堤坝的形状，坝中间用海水浇灌淋洗，卤水就渗入到下方浅坑中。深坑有七八尺深，承接从浅坑淋下来的卤水，然后倒入锅里煎炼提取。

凡煎盐锅，古谓之牢盆[①]，亦有两种制度，其盆周阔数丈，径亦丈许。用铁者，以铁打成叶片，铁钉拴合，其底平如盂，其四周高尺二寸，其合缝处一经卤汁结塞，永无隙漏。其下列灶燃薪，多者十二三眼，少者七八眼，共煎此盘。南海有编竹为者，将竹编成阔丈深尺，糊以蜃灰[2]，附认釜背。火燃釜底，滚沸延及成盐。亦名盐盆，然不若铁叶镶成之便也。

凡煎卤未即凝结，将皂角椎碎，和粟米糠二味，卤沸之时，投入其中搅和，盐即顷刻结成。盖皂角结盐，犹石膏之结腐也。

【注释】

①牢盆：一种煮盐的器具。

②蜃灰：蛤蜊壳烧化而成的灰。

【译文】

煎熬盐的锅具，古时候被称为牢盆，也存在两种规格，这种盆周围有几丈长，直径大约有一丈。其中一种是铁盆。将铁打成像叶子的薄片，用铁钉铆合铁块，底部像盂那样平坦，四周的边高一尺二寸，它的接口和有缝隙的地方经过卤水结晶堵塞之后就永远不会再漏了。牢盆下面排列炉灶点燃柴火，多的可以排十二三个，少的也有七八个，同时用柴火烧煮这个铁盆。南海还有另外一种竹编的盆，是用竹编成一丈把宽一尺深的竹围，糊上蛤蜊灰，衔接在铁锅上。锅下一烧火，卤水就会煮沸翻滚逐渐结出盐。这种盆也叫作盐盆，然而比不上铁牢盆的便利。

用卤水熬盐，如果没有马上凝结，那么可以把皂角舂碎，掺入粟米和糠，在卤水沸腾的时候倒入里面搅和均匀，盐分就会立刻结好。用皂角促使盐分结成，好比石膏帮助豆腐成形一样。

凡盐，淮扬场者质重而黑，其他质轻而白。以量较之，淮场者一升重十两，则广[1]、浙、长芦者只重六七两。

凡蓬草盐，不可常期，或数年一至，或一月数至。

凡盐，见水即化，见风即卤，见火愈坚。凡收藏不必用仓廪。盐性畏风不畏湿。地下叠稿三寸，任从卑湿无伤。周遭以土砖泥隙，上盖茅草尺许，百年如故也。

【注释】

①广：广盐。较其他盐更咸。

【译文】

各地出产的盐中，淮扬盐场出产的盐重而且黑，其他地方盐场出产的却轻而白。以重量来比较，淮扬的盐一升重达十两，广东、浙江和长芦的盐一升却只有六七两重。

蓬草盐，因为它的原料来源无法定期生产，有时候几年才可生产一次，有时候一个月可以产出好几次。

盐，遇上水就会溶解，遇上风就会流盐卤，遇上火就愈加坚硬。储存盐用不着仓库。盐的特点是畏惧风而不畏惧潮湿。在地上铺叠稻草满三寸，无论地势低还是湿气重都不会有损害了。假若把四周砌上土砖，用泥封上缝隙，上面再盖上大约一尺厚的茅草，那么即使过去百年也能保存得像刚开始那样。

## 池盐

凡池盐，宇内有二：一出宁夏，供食边镇；一出山西解池①，供晋、豫诸郡县。

解池界安邑、猗氏、临晋之间，其池外有城堞②，周遭禁御。池水深聚处，其色绿沉。土人种盐者，池傍耕地为畦陇③，引清水入所耕畦中，忌浊水，参入即淤淀盐脉。

凡引水种盐，春间即为之，久则水成赤色。待夏秋之交，南风④大起，则一宵结成，名曰颗盐，即古志所谓大盐也。以海水煎者细碎，而此成粒颗，故得大名。其盐凝结之后，扫起即成食味。种盐之人，积扫一石交官，得钱数十文而已⑤。

其海丰、深州⑥，引海水入池晒成者，凝结之时，扫食不加人力，与解盐同；但成盐时日，与不借南风，则大异也。

**【注释】**

①解池：即解州盐池。

②城堞（dié）：城墙。

③陇：同“垄”。

④南风：山西的南风很干燥，不同于南方沿海。

⑤种盐之人，积扫一石交官，得钱数十文而已：此处抨击的是汉武帝以后实行的盐铁官营制度。盐工所得盐全交官，得到的报酬却很少。

⑥海丰、深州：长芦盐区的盐场名称。

**【译文】**

我国有两处池盐产地：一处在宁夏，给边区城镇供应食盐；另外一处在山西解池，给山西、河南各郡县供应食盐。

解池处在安邑、猗氏和临晋之间，盐池四周筑有城墙加以保护，禁止闲人走动。池水深积的地方，水是深绿色。当地制盐的人，在池边犁地做成畦和垄，只能引清水入畦中，不能用浑浊的水，否则一混入就会立马堵塞住盐脉。

引水制盐从春季就要开始，否则时间一久水就会变成红色。等到夏天秋天交替的时候，干燥的南风大肆一吹，一个晚上就能结成盐，名字叫颗盐，也就是古书上说的大盐。用海水煎成的海盐十分细碎，而池盐却是大的颗粒状，因此才被称为“大盐”。池盐一旦结成，扫起来就能食用。制盐的工人，上交一担盐给官府，所得报酬也只是几十个铜钱罢了。

在海丰和深州盐场，引海水入池中晒成的盐，凝结后扫起来即可食用，不必再用人工去煎炼，这一点和解盐一样；但是成盐的日期和不借助南风这两点，则跟解盐大不一样。

## 井盐

凡滇、蜀两省，远离海滨，舟车艰通，形势高上，其咸脉即韫藏地中。

凡蜀中石山去河不远者，多可造井取盐。盐井周围不过数寸，其上口一小盂覆之有余，深必十丈以外，乃得卤信[①]，故造井功费甚难。其器冶铁锥，如碓嘴形，其尖使极刚利，向石山舂凿成孔[②]。其身破竹缠绳，夹悬此锥。每舂深入数尺，则又以竹接其身，使引而长。初入丈许，或以足踏碓梢，如舂米形。太深则用手捧持顿下。所舂石成碎粉，随以长竹接引，悬铁盏挖之而上。大抵深者半载，浅者月余，乃得一井成就。盖井中空阔，则卤气游散，不克结盐故也[③]。

井及泉后，择美竹长丈者，凿净其中节，留底不去，其喉下安消息[④]，吸水入筒，用长絙系竹沉下，其中水满。井上悬桔槔、辘轳诸具。制盘驾牛，牛拽盘转，辘轳绞絙，汲水而上。入于釜中煎炼，只用中釜，不用牢盆。顷刻结盐，色成至白。

西川有火井，事奇甚，其井居然冷水，绝无火气。但以长竹剖开去节，合缝漆布，一头插入井底，其上曲接，以口紧对釜脐，注卤水釜中，只见火意烘烘，水即滚沸。启竹而视之，绝无半点焦炎意。未见火形而用火神，此世间大奇事也！

凡川、滇盐井，逃课掩盖至易，不可穷诘。

**【注释】**

①卤信：地下卤水或者盐岩的信息。

②其器冶铁锥，如碓嘴形，其尖使极刚利，向石山舂凿成孔：此处描述的铁锥工具是顿钻的雏形。

③盖井中空阔，则卤气游散，不克结盐故也：宋代以前盐井都是裸井，无法阻止淡水渗入，导致盐度降低无法结盐。

④消息：这里指阀门。

【译文】

云南和四川，距离海滨比较远，交通闭塞不便利，所处的地势也比较高，所以盐矿都蕴藏在地下。

在四川，距离河不远的石山，多数可以凿盐井取盐。盐井的圆周只有几寸长，一个小盂就能轻松地盖住它的上口，而井的深度却要超过十丈以上，才能探得卤水或者盐岩的信息，所以凿井的费用很高，施工很困难。凿井用到的铁锥，像碓嘴的形状，它的尖端特别刚硬锐利，对着石山冲凿可以打穿成孔。用破开两半的竹子夹住铁锥，再用绳子缠紧。每凿进数尺，就又用竹竿接上原来的竹身把它接长。刚开始凿到一丈多深时，可以用脚踏铁锥一端，和踏碓舂米一样。凿得深了，就要用手把竹竿高高提起，然后用力舂下去。像这样舂成的碎石粉，再用接好的长竹安上铁勺子去挖，把它掏上来。凿深井大约花费半年时间，浅井一个多月就够了。当井中十分空阔时，卤气就会四散，以致盐度降低无法结盐。

当盐井凿到卤水层之后，选取一丈长的好竹子，把中间那节凿穿，只留最底下的一节，在竹筒下端安装阀门，就可汲水入竹筒。把这根加工好的竹子用粗绳子拴住沉下井去，它就会汲满卤水。井上悬挂桔槔和辘轳等作为提水工具。操作时，驾牛来带动转盘，辘轳便会绞起绳索，将已汲满卤水的竹筒提带上来。再将卤水倒入锅里煎炼，只用中号大小的锅，不用牢盆。很快就结出盐，颜色特别洁白。

四川西部有一种火井，非常奇特，火井里的居然是冷水，没有一点热气。但是将长竹剖开去掉间节，用漆布缝合好，把竹子的一头插入井底，另外一头用曲管连接，出口对准锅底正中，这样往锅里注入卤水，热气腾腾的，卤水很快就沸腾起来。可是，打开竹管看，却没有半点被烧焦的痕迹。看不到具体的火却起了火的作用，这真是人世间的一大怪事啊！

四川、云南的盐井，很容易遮盖掩藏用来逃税，无法查究清楚。

## 末盐[①]

凡地碱煎盐，除并州[②]末盐外，长芦分司地土人亦有刮削煎成者，带杂黑色，味不甚佳。

【注释】

①末盐：粉末状的矿盐。

②并州：今山西太原地区。

【译文】

用地碱熬的盐，除去并州出产的粉末状盐，长芦盐运分司的当地人也有刮取地碱来熬的，熬成的盐多半有杂质，呈黑色，味道也不是很好。

## 崖盐[①]

凡西省阶、凤[②]等州邑，海、井交穷，其岩穴自生盐，色如红土，恣[③]人刮取，不假煎炼。

【注释】

①崖盐：即岩盐，或称石盐。

②西省阶、凤：陕西阶州和凤县。

③恣：任凭。

【译文】

陕西阶州、凤县等地，海盐、井盐都缺乏，但是这些地方的岩洞却能出产食盐，它的色泽如红土，任由人们刮取，不必进行煎炼。

# 甘嗜

宋子曰：气至于芳，色至于靘[①]，味至于甘，人之大欲存焉[②]。芳而烈，靘而艳，甘而甜，则造物有尤异之思矣。世间作甘之味，什八产于草木，而飞虫[③]竭力争衡，采取百花，酿成佳味，使草木无全功。孰主张是[④]而颐养遍于天下哉？

**【注释】**

①靘（jìng）：同“靓”。美丽。

②人之大欲存焉：语出《礼记·礼运》：“饮食男女，人之大欲存焉。”此处为作者强调人欲存在的合理性。

③飞虫：指蜜蜂。

④孰主张是：语出《庄子·天运》。孰，谁，什么。主张，主宰，支配。

**【译文】**

宋子说：气味最好芬芳，颜色最好艳丽，味道最好清甜爽口，这都是人本来就存在的欲望。芳香并且浓烈，美丽并且鲜艳，可口并且甜蜜，这是自然界对此做出的特别安排。世上提取甜味的原料，八成取之于草木，但蜜蜂也拼尽全力争夺，采集百花酿成蜂蜜，使草木无法独占功劳。究竟是什么在支配这一切而让天下的人普遍受益呢？

## 蔗种

凡甘蔗有二种，产繁闽、广间，他方合并得其十一而已。似竹而大者为果蔗[①]，截断生啖，取汁适口，不可以造糖。似荻而小者为糖蔗[②]，口啖即棘伤唇舌，人不敢食，白霜、红砂皆从此出。

凡蔗古来中国不知造糖。唐大历间，西僧邹和尚游蜀中遂宁，始传其法。今蜀中种盛，亦自西域渐[③]来也。

凡种荻蔗，冬初霜将至，将蔗砍伐，去杪[④]与根，埋藏土内。土忌洼聚水湿处。雨水前五六日，天色晴明，即开出，去外壳，砍断约五六寸长，以两个节为率[⑤]。密布地上，微以土掩之，头尾相枕，若鱼鳞然。两芽平放，不得一上一下，致芽向土难发。芽长一二寸，频以清粪水浇之，俟长六七寸，锄起分栽[⑥]。

【注释】

①果蔗：直接作为水果食用的甘蔗品种。

②糖蔗：茎小、质硬、糖分高的一种甘蔗。适合榨糖。

③渐（jiān）：引进。

④杪（miǎo）：末梢。

⑤率（lǜ）：标准。

⑥锄起分栽：等甘蔗育苗后再挖出移栽。我国一项古老的有利于高产的栽培技术。

【译文】

甘蔗分两个品种，盛产于福建和广东，其他地区的总产量只占这两省产量的一成。像竹子般蔗茎粗大的是果蔗，砍断生吃，汁水很多又爽口，这种不能制糖。茎细小如同芦荻的是糖蔗，生吃很容易刺伤嘴唇和舌头，人们不敢食用，白砂糖和红砂糖都是用这种糖蔗制作的。

中国古代不知道如何用甘蔗制糖。唐代大历年间，西域来的僧人邹和尚游历到四川遂宁时，才开始传授当地人制糖的方法。如今四川大量种植的甘蔗，也是从西域传过来的。

种植荻蔗，一般在冬天刚来，将要下霜的时候，把甘蔗砍下来，去掉头和尾，埋到泥土里。种的地方要避开低洼积水地。在雨水节气到来前五六天，在天气晴朗时把它挖出来，去除外壳，砍成一段一段的五六寸长的，每段以两节为标准。紧密排布在地里，用少量土覆盖，像鱼鳞一样每段头尾相叠。每段的两节芽要平放，不能一个在上一个在下，导致种芽埋在土里难以萌发。芽长到一两寸的时候，经常用清粪水浇灌它。等长到六七寸的时候，就挖出来移栽他处。

凡栽蔗必用夹沙土，河滨洲土为第一。试验土色，堀坑尺五许，将沙土入口尝味，味苦者不可栽蔗。凡洲土近山上流河滨者，即土味甘，亦不可种。盖山气凝寒，则他日糖味亦焦苦。去山四五十里，平阳洲土[①]择佳而为之。黄泥脚地毫不可为。

凡栽蔗，治畦行阔四尺，犁沟深四寸，蔗栽沟内，约七尺列三丛。掩土寸许，土太厚则芽发稀少也。芽发三四个或六七个时，渐渐下土，遇锄耨时加之。加土渐厚则身长根深，庶免欹倒[②]之患。

凡锄耨不厌勤过，浇粪多少，视土地肥硗。长至一二尺，则将胡麻或芸薹枯浸和水灌，灌肥欲施行内。高二三尺，则用牛进行内耕之，半月一耕用犁，一次垦土断傍根，一次掩土培根。九月初培土护根，以防砍后霜雪。

【注释】

①平阳洲土：平坦且向阳的水边地。

②敧倒：斜倒。

【译文】

种甘蔗一定要用沙壤土，河边的淤积土是最好的。测验土质的时候，挖一个一尺五寸深的坑，抓一点入口，尝尝沙土的味道，味道苦的土就不适合种植甘蔗。深山上游河边的淤积土，即使土的味道甜也不能种植甘蔗，这是因为山上气温低，冷气聚集，甜味也会变成焦苦味。可以在距离山四五十里平坦又向阳的淤积土上，选取好地段来种植甘蔗。黄泥脚地绝对不能用来种植甘蔗。

种植甘蔗的时候，把地整治成每行宽四尺的畦，犁出四寸深的沟，把甘蔗栽种在深沟里，大约每七尺种三丛。盖上约一寸厚的土，土太厚的话发芽就稀少。当芽发出三四个或者六七个时再依次培土，等到耕除草的时候就这样做。培土逐渐加厚，甘蔗就会秆高且根深，避免被刮倒。

中耕除草的次数只嫌少不嫌多，浇粪的量，依据土地的肥瘠来定。甘蔗苗长到一两尺高的时候，就把芝麻枯或者油菜籽枯用水浸泡，一起浇灌在蔗行内。甘蔗长到两三尺高的时候，把牛赶到蔗行间耕作，每过半个月就用犁耕一次，翻一次土就能犁断一次旁根，培一次土就养护一次根。到九月初时也要再次培土护根，用来防止砍完甘蔗后蔗根被霜雪冻坏。

## 蔗品

凡荻蔗造糖，有凝冰、白霜、红砂三品。糖品之分，分于蔗浆之老嫩。

凡蔗性①，至秋渐转红黑色，冬至以后，由红转褐，以成至白。五岭以南无霜国土，蓄蔗不伐以取糖霜。若韶②、雄③以北，十月霜侵，蔗质遇霜即杀，其身不能久待以成白色，故速伐以取红糖也，凡取红糖，穷十日之力而为之。十日以前，其浆尚未满足；十日以后，恐霜气逼侵，前功尽弃。故种蔗十亩之家，即制车、釜一付④，以供急用。若广南无霜，迟早惟人也。

【注释】

①蔗性：甘蔗表皮的特性。

②韶：广东韶关。

③雄：广东南雄。

④付：同“副”。

【译文】

荻蔗造出来的糖，有冰糖、白糖和红砂糖三种。糖品的划分取决于甘蔗的老嫩。

荻蔗的特性是，表皮到了秋天逐渐转变成深红色，冬至过后，又由红色转为褐色，最后会出现一层白蜡。岭南无霜的地方，甘蔗留蓄在田里不砍，方便用它提取白糖。如果是韶关、南雄以北的地区，十月遭遇冷霜，蔗质遇到冷霜被冻坏，无法等到蔗皮变白，因而快速砍完用来制作红砂糖，想制作红砂糖就得争取在十天之内完成。在这十天之前，甘蔗还没有成熟；而这十天过后，又怕霜冻降临导致前功尽弃。所以种了十亩以上甘蔗的人家，会制作一套造糖用的糖车和锅以备急用。像广东南部那些无霜地区，砍甘蔗的早晚就由人自择了。

## 造糖

凡造糖车[①]，制用横板二片，长五尺、厚五寸、阔二尺，两头凿眼安柱。上笋出少许，下笋出板二三尺，埋筑土内，使安稳不摇。上板中凿二眼，并列巨轴两根，木用至坚重者。轴木大七尺围方妙。两轴一长三尺，一长四尺五寸，其长者出笋安犁担。担用屈木，长一丈五尺，以便架牛团转走。轴上凿齿分配雌雄，其合缝处须直而圆，圆而缝合。夹蔗于中，一轧而过，与棉花赶车同义。蔗过浆流，再拾其滓，向轴上鸭嘴扱入，再轧，又三轧之，其汁尽矣，其滓为薪[②]。其下板承轴，凿眼只深一寸五分，使轴脚不穿透，以便板上受汁也。其轴脚嵌安铁锭[③]于中，以便捩转[④]。凡汁浆流板有槽枧[⑤]，汁入于缸内。每汁一石，下石灰五合于中。

凡取汁煎糖，并列三锅如品字，先将稠汁聚入一锅，然后逐加稀汁两锅之内。若火力少束薪，其糖即成顽糖，起沫不中用。

【注释】

①造糖车：两辊式压榨机。效率比较低。

②其滓为薪：蔗渣可以当柴烧。现在则可以用来造纸和人造纤维。

③锭：通“铤”。金属块。

④捩（liè）转：转动。

⑤枧（jiǎn）：引水的渡槽或者导管。

【译文】

造糖用的轧蔗机，制作规格是用两块横板，每块长五尺、厚五寸、宽二尺，两端凿孔安装柱。柱的上榫突出上板一点，下榫穿过下板二三尺，埋筑在地下，使整个机身稳固不摇晃。在上板中央凿两个孔，并列安上两根大木辊，木头选用的是最坚硬结实的。木辊以圆周七尺最好。一辊长三尺，另外一辊长四尺五寸，长辊有榫突出，用来安装犁担。犁担用的弯木头，长一丈五尺，以方便架牛团团转动。辊上凿有相匹配的凹凸传动齿，两辊合缝处必须直而圆，圆就缝合一致。把甘蔗夹在两辊之间，一轧而过，和轧棉花是同一原理。甘蔗经过压榨就流出甘蔗汁，再拾起它的残渣投入轴上的鸭嘴，再次压榨，三次压榨之后，甘蔗汁就彻底没有了，剩下的甘蔗渣可以当作柴来烧。下板支承轴脚的两个凿眼只深一寸五分，辊轴穿不过下板，便于下板接住甘蔗汁。辊轴下端要嵌装铁锭子，有助于转动。汁浆流动的承板上有过水槽，蔗汁水由此流入缸内。每一石甘蔗汁中要加石灰五合。

用甘蔗汁熬糖的时候，把三口锅排列成品字形，先把熬浓稠的甘蔗汁汇集到一口锅里，然后逐次把稀甘蔗汁加入另两口锅中。假若缺少一捆柴导致火力不够，就会熬成顽糖，只起泡沫而没有用了。

## 造白糖

凡闽、广南方经冬老蔗，用车同前法，笮[①]汁入缸。看水花为火色。其花煎至细嫩，如煮羹沸，以手捻试，粘手则信来矣。此时尚黄黑色，将桶盛贮，凝成黑沙[②]。然后，以瓦溜[③]教陶家烧造。置缸上。其溜上宽下尖，底有一小孔，将草塞住，倾桶中黑沙于内，待黑沙结定，然后去孔中塞草，用黄泥水淋下。其中黑滓[④]入缸内，溜内尽成白霜。最上一层厚五寸许，洁白异常，名曰洋糖；西洋糖绝白美，故名。下者稍黄褐。

造冰糖者，将洋糖[⑤]煎化，蛋青澄，去浮滓[⑥]，候视火色。将新青竹破成篾片，寸斩，撒入其中，经过一霄，即成天然冰块。

造狮、象、人物等，质料精粗由人。

凡白糖有五品：石山为上，团枝次之，瓮鉴次之，小颗又次，沙脚为下。

【注释】

①笮（zé）：压榨。

②黑沙：糖膏。

③瓦溜：一种制作白砂糖的陶制分离器。

④黑滓：糖蜜。

⑤洋糖：语出清李调元《粤东笔记》卷十四："最白者以日爆之，细若粉雪，售于东西二洋，曰洋糖。"此处指的是卖到西洋去的白糖，而非西洋所产。

⑥蛋青澄，去浮滓：即撇泡。

【译文】

福建、广东南部那些过了冬的成熟老甘蔗，造糖车和制作的方法同前面说的一样，都是压榨甘蔗汁入缸。熬甘蔗汁的时候，通过观察其中的水花来掌握火候。当熬到水花呈细珠状，如煮羹一样沸腾的时候，用手捻试一下，粘手指就说明熬好了。这时候的糖浆还是黄黑色的，用桶来盛放贮存，它会凝结成糖膏。然后把瓦溜让陶工烧制。放置在缸上。瓦溜上宽下尖，底部有个小孔，用草塞住，把桶里的糖膏全倒入瓦溜中，等糖膏凝结之后，去掉孔中塞的草，将黄泥水淋下去。糖膏中黑色的糖蜜便流入缸中，瓦溜里的全是白糖。最上面的一层厚约五寸，特别洁白，叫西洋糖；西洋糖十分洁白漂亮，所以这样叫。下层稍微带有黄褐色。

制作冰糖，是将白砂糖溶化，用鸡蛋白澄清并撇去面上的浮渣，随时观察掌握火候。把新鲜青竹皮破成篾片，每隔一寸斩断，撒入其中，一晚过后，自然凝结成冰糖块。

制作狮子、大象、人物等形状的糖，它的糖质精粗可以靠人自己掌握。

冰糖有五个品级："石山"是最好的，"团枝"稍差一点，"瓮鉴"又差一点，"小颗"更差一点，"沙脚"是品级最低的。

## 附：造兽糖

凡造兽糖者，每巨釜[①]一口，受糖五十斤。其下发火慢煎，火从一角烧灼，则糖头滚旋而起。若釜心发火，则尽沸溢于地。每釜用鸡子[②]三个，去黄取清，入冷水五升化解，逐匙滴下用火糖头之上，则浮沤[③]黑滓尽起水面，以笊篱捞去，其糖清白之甚。然后打入铜铫[④]，下用自风慢火温之，看定火色，然后入模。

凡狮象、糖模，两合如瓦为之。杓[⑤]写[⑥]糖入，随手覆转倾下。模冷糖烧，自有糖一膜靠模凝结，名曰享糖，华筵用之。

【注释】

①釜：古代的一种炊具。

②鸡子：鸡蛋。

③浮沤（ōu）：浮泡。

④铫（diào）：吊子。
⑤杓（sháo）：同“勺”。
⑥写（xiè）：同“泻”。

【译文】

兽糖的制作方法是，在每一口大锅中，倒入白糖五十斤。锅底用文火慢慢熬，火从一角烧热，刚熔化的糖液就会翻滚旋而起。若在锅底正中心加热，糖液就会全部沸腾溢出到地上。每锅糖用鸡蛋三个，去掉蛋黄只取蛋白，加入五升冷水调和均匀，一勺一勺地滴到滚旋而起的糖液上，这样浮泡和黑色渣滓就会全部浮起，用笊篱捞去，糖液就变得特别洁白了。然后再把糖液打入铜铫，下面用“自来风”末煤慢火给它保温，掌握好火候后，倒入模具中。

狮子、大象的糖模是用两半像瓦的模子合在一起而成的。用勺子把糖液注入模子中，随手翻转，把多余的糖液倒出来。因为模子冷糖热，靠近模子的地方自然会凝结成一层糖膜，这叫“享糖”，豪华的酒席宴会要用到它。

## 蜂蜜

凡酿蜜蜂，普天皆有，惟蔗盛之乡，则蜜蜂自然减少。蜂造之蜜，出山岩土穴者十居其八，而人家招蜂造酿而割取者，十居其二也。凡蜜无定色，或青、或白、或黄、或褐，皆随方土花性而变。如菜花蜜、禾花蜜之类，百千其名不止也。

凡蜂不论于家于野，皆有蜂王。王之所居，造一台如桃大。王之子世为王。王生而不采花，每日群蜂轮值，分班采花供王。王每日出游两度，春夏造蜜时。游则八蜂轮值以待。蜂王自至孔隙口，四蜂以头顶腹，四蜂傍翼飞翔而去，游数刻而返，翼、顶如前。

【译文】

酿蜜的蜜蜂全国各地都有，只有在盛产甘蔗的地方，蜜蜂会自然地减少。蜂蜜当中，出产自山岩土穴的野蜂蜜占据八成，农户招蜂酿造而成的家蜂蜜占两成。蜂蜜没有固定的颜色，有青色、白色、黄色、褐色等，随着各地花的种类不同而变。像菜花蜜、禾花蜜等，名目多达百千不止。

不论是家蜂还是野蜂，都有一只蜂王。蜂王居住的地方，会建造一座和桃子一样大的王台。蜂王的子孙世代为蜂王。蜂王天生不采花蜜，每天由群蜂轮值采花供养。蜂王每天出游两次，在春夏造蜜的季节。出游时有八只蜂值班侍候。

等到蜂王自己来到洞口，就会有四只蜂用头顶住它的腹部，另四只蜂傍着它的翅膀飞翔出去，出游几刻钟之后就返回，又照样顶着腹、傍着翼护卫蜂王回巢。

畜家蜂者，或悬桶檐端，或置箱牖[1]下，皆锥圆孔眼数十，俟其进入。凡家人杀一蜂二蜂，皆无恙，杀至三蜂，则群起螫[2]人，谓之蜂反。凡蝙蝠最喜食蜂，投隙入中，吞噬无限。杀一蝙蝠，悬于蜂前，则不敢食，俗谓之枭令[3]。凡家蓄蜂，东邻分而之西舍，必分王之子去而为君，去时如铺扇拥卫。乡人有撒酒糟香而招之者。

凡蜂酿蜜，造成蜜脾，其形鬣鬣然，咀嚼花心汁，吐积而成。润以人小遗，则甘芳并至，所谓臭腐神奇也。凡割脾取蜜，蜂子多死其中。其底则为黄蜡。

凡深山崖石上有经数载未割者，其蜜已经时自熟，土人以长竿刺取，蜜即流下。或未经年而扳缘可取者，割炼与家蜜同也。土穴所酿多出北方，南方卑湿，有崖蜜而无穴蜜。凡蜜脾一斤，炼取十二两。西北半天下，盖与蔗浆分胜云。

**【注释】**

①牖（yǒu）：窗户。

②螫（shì）：蜂、蝎等有毒腺的虫子用尾部的毒刺刺人或动物。

③枭（xiāo）令：即枭首。斩首示众。

**【译文】**

畜养家蜂的人，有的将蜂桶挂在屋檐下面，有的把蜂箱放在窗下，都是钻有几十个圆孔方便蜂群进出的。家里人打死一两只蜜蜂没有关系，如果打死三只以上，蜜蜂就会群起攻击蜇人，这叫作“蜂反”。蝙蝠最喜欢吃蜜蜂，如果它通过缝隙钻进蜂桶，就会不停吞食。可以杀死一只蝙蝠放在蜂桶的前面警示，其他的蝙蝠就不敢再来，俗话叫“枭令”。家养蜂分群到东西邻舍的时候，必定会把蜂王的儿子分出去做王，离去的时候蜂群组成扇形像护卫一样簇拥着它飞去。乡下人有撒酒糟，利用它的香味招引蜂群的。

蜜蜂酿蜜，先造出巢脾，它的形状好像是疏松多孔的鬃毛，是蜜蜂咀嚼着花心的汁液，一点一滴地吐出来聚积而来的。如果用人的小便滋润一下，味道会甘甜、气味会芬芳，这就是所谓的“化臭腐为神奇”。割脾取蜜的时候，蜂蛹多数都被绞死在脾里。底部则是黄色的蜂蜡。

深山岩石上有经过好几年都没有割取过的巢脾，其中的蜂蜜早已成熟，当地的人用长竹竿刺取，蜂蜜就会流下来。有的巢脾形成不够一年但是能爬上去割取的，割炼方法跟家蜂蜜一样。穴蜜多出产于北方，南方因为地势低又潮湿，只有崖蜜而没有穴蜜。一斤蜜脾可以炼出十二两蜂蜜。西北地区的蜂蜜产量约占全国的一半，可与南方蔗糖产量相匹敌。

## 饴饧①

凡饴饧，稻、麦、黍、粟皆可为之。《洪范》云："稼穑作甘②。"及此乃穷其理。其法：用稻麦之类浸湿，生芽，暴②干，然后煎炼调化而成。色以白者为上，赤色者名曰胶饴，一时宫中尚之，含于口内即溶化，形如琥珀③。南方造饼饵者谓饴饧为小糖，盖对蔗浆而得名也。

饴饧，人巧千方，以供甘旨，不可枚述。惟尚方④用者名一窝丝，或流传后代，不可知也。

【注释】

①饴饧（yí táng）：东汉许慎《说文解字》："饴，米蘖煎也。""饧，饴和馓者也。"此处指麦芽糖。

②暴（pù）：晒。

③琥珀：石化的树脂。

④尚方：皇宫。

【译文】

麦芽糖，可以用稻、麦、黍或粟作为原料制作出来。《尚书·洪范》说："百谷产生甜味。"从这里可了解其中的道理。做法是：把稻谷或者麦子之类的浸湿，等它发芽，再晒干，然后煎炼调化就会形成。各颜色中白色为上等。赤色的叫作胶饴，皇宫里的人一度喜欢它推崇它，含在嘴里就会慢慢溶化，形状像琥珀。南方制作糕饼点心的人把饴饧叫作小糖，其实是为了区别于蔗糖。

人们为了提供甜品，制造麦芽糖的巧妙方法有很多，不可能一一列举出来。皇宫里面一种名叫"一窝丝"的，或许能够流传给后代，这就难以知道了。

# 陶埏

宋子曰：水火既济而土合。万室之国，日勤千人而不足，民用亦繁矣哉。上栋下室以避风雨，而瓴[1]建焉。王公设险以守其国，而城垣雉堞[2]，寇来不可上矣。泥瓮坚而醴[3]酒欲清，瓦登[4]洁而醯醢[5]以荐。商、周之际，俎豆[6]以木为之，毋亦质重之思耶！后世方土效灵，人工表异，陶成雅器，有素肌玉骨之象焉。掩映几筵，文明可掬[6]。岂终固哉？

**【注释】**

①瓴（líng）：屋顶上仰盖的瓦，也叫瓦沟。

②雉堞（zhì dié）：城墙上排列如齿状的矮墙。

③醴：甜酒。

④瓦登：古代的祭祀器具。

⑤醯醢（xī hǎi）：醋和肉酱。

⑥俎（zǔ）豆：古代祭祀礼器。

⑦文明可掬：文雅可观。

**【译文】**

宋子说：水和火相互协调起作用，黏土就能牢固地结合，成为陶瓷器具。有上万户人口的城镇，每天都有上千人在辛勤地制造陶，却仍是供不应求，可见民间对于陶瓷的需求量很大。修建房屋用来遮风挡雨，要用砖瓦。王公设置险阻来保卫国家，要用砖来建造城墙和城墙上的护身矮墙，使敌人哪怕来了也攻不上来。泥瓮坚实，能够使甜酒始终保持清澈；瓦器清洁，正好盛放醋和肉酱来祭祀。商、周时期，俎、豆等器具都是用木头制作而成的，无非是讲究庄重罢了。后来，好多地方都发现了陶、瓷土的好处，人们又创造出很多制作技巧，陶瓷成了洁雅的器具，有白绢似的肌肤、玉石般的质地。在桌几或者筵席上摆放着，交互辉映，十分文雅可观。难道这就不再变化了吗？

## 瓦

凡埏[1]泥造瓦，掘地二尺余，择取无沙粘土而为之。百里之内，必产合用土色，供人居室之用。凡民居瓦形皆四合分片。先以圆桶为模骨，外画四条界。调践熟泥，叠成高长方条。然后用铁线弦弓，线上空三分，以尺限定，向泥不平戛一片，似揭纸而起，周包圆桶之上。待其稍干，脱模而出，自然裂为四片。凡瓦大小，苦[②]无定式，大者纵横八九寸，小者缩十之三。室宇合沟中，则必需其最大者，名曰沟瓦，能承受淫雨不溢漏也。

凡坯既成，干燥之后，则堆积窑中，燃薪举火，或一昼夜，或二昼夜，视陶中多少为熄火久暂。浇水转釉，音右。与造砖同法。其垂于檐端者有滴水，下予脊沿者有云瓦，瓦掩覆脊者有抱同，镇脊两头者有鸟兽诸形象，皆人工逐一做成。载于窑内，受水火而成器则一也。

【注释】

①埏（shān）：用水和土。

②苦：极，尽。

【译文】

和泥造瓦，要掘地两尺多深，选择没有沙子的黏土来制造。方圆百里之内，必定有适合造房子的黏土。民房所用的瓦都是四片合在一起成型的。先用圆桶做出模型，桶外壁画上四条界线。把黏土踩成熟泥，堆成有一定厚度的长方形泥墩。然后用铁线弦弓向不平的泥墩平拉，割出一片三分厚的陶泥，像揭纸一样把它揭起来，包在圆桶的外壁上。等它稍微干一些，脱模出来，自然裂成四片。瓦的大小并没有一定的规格，大的纵横长八九寸，小的则缩小十分之三。屋顶上的瓦沟，必须要用最大的瓦，名叫“沟瓦”，才能够承受连绵不断的雨水而不会溢漏。

瓦坯造成，等它干燥之后，堆砌在窑内，点火烧柴，或者烧一昼夜，或者烧两昼夜，这要看窑里有多少瓦坯来决定熄火的长短。在窑顶浇水使瓦片转色，跟烧青砖的方法相同 。垂在檐端的“滴水”瓦，用在屋脊两边的“云瓦”，覆盖屋脊的“抱同”瓦，坐镇在屋脊两头的陶鸟陶兽等诸多形象，都是人工一片片或者一个个做成的。放进窑里历经水火烧制成器，却与普通砖瓦一样。

若皇家宫殿所用，大异于是。其制为琉璃瓦者，或为板片，或为宛筒，以圆竹与斫木为模，逐片成造。其土必取于太平府。舟运三千里方达京师，参[①]沙之伪，雇役掳舡[②]之忧，害不可极。即承天皇陵亦取于此，无人议正。造成，先装入琉璃窑内，每柴五千斤烧瓦百片。取出，成色，以无名异、棕榈毛等煎汁涂染成绿黛，赭石[③]、松香、蒲草等涂染成黄。再入别窑，减杀薪火，逼成琉璃宝色。外省亲王殿与仙佛宫观间亦为之，但色料各有譬合，采取不必尽同。民居则有禁也。

【注释】

①参：杂。

②舡：同“船”。

③赭（zhě）石：又称代赭石。即赤铁矿。

【译文】

说到皇家宫殿所用的砖瓦，那就截然不同了。所采用的都是琉璃瓦，有板片形状的，也有半圆筒形的，都是用圆竹筒或者木块做模，逐片成型。所用的黏土一定是取自安徽太平府。用船运输三千里才到达京城，有往其中掺沙造假的，也有强行雇用民工、抢劫船只承运的，危害非常大。即便是承天皇陵也采用这种黏土，没有人敢提议纠正。瓦坯造好后，先装入琉璃窑之内，每次烧掉五千斤柴也只得一百斤瓦。烧好后取出，上釉色，可用无名异和棕榈毛等煎汁涂成蓝黑色，也可用赭石、松香、蒲草等涂成黄色。然后再装入另外一个窑中，减少柴火，保持较低的窑温，慢慢烧成带有琉璃光泽的色彩。京城之外的亲王宫殿和道教寺观佛教庙宇，也有使用琉璃瓦的，但是用来染色的材料各地有单独的配方，采取的种类和数量不一定都相同。普通民房则禁止使用琉璃瓦。

## 砖

凡埏泥造砖，亦掘地验辨土色，或蓝、或白、或红、或黄。闽广多红泥。蓝者名善泥，江浙居多。皆以粘而不散、粉而不沙者为上。汲水滋土，人逐数牛错趾踏成稠泥，然后填满木匡[①]之中，铁线弓戛[②]平其面，而成坯形。

凡郡邑城雉、民居垣墙所用者，有眠砖、侧砖两色。眠砖方长条砌。城郭与民人饶富家不惜工费，直叠而上。民居算[③]计者，则一眠之上，施侧砖一路，填土砾其中以实之，盖省啬[④]之义也。凡墙砖而外，甃[⑤]地者曰方墁砖；榱桷[⑥]上用以承瓦者，曰楻板砖；圆鞠小桥梁与圭门[⑦]与窀穸墓穴者，曰刀砖，又曰鞠砖。凡刀砖削狭一偏面，相靠挤紧，上砌成圆，车马践压，不能损陷。造方墁砖，泥入方匡中，平板盖面，两人足立其上，研转而坚固之，烧成效用。石工磨斫四沿，然后甃地。刀砖之直[⑧]视[⑨]墙砖稍溢一分，楻板砖则积十以当墙砖之一，方墁砖则一以敌墙砖之十也。

【注释】

①匡：同“框”。此处指模子。

②戛：此处指割，刮。

③筭：同“算”。谋划，算计。

④啬：节省。

⑤甃（zhòu）：用砖砌。

⑥榱桷（cuī jué）：屋椽和屋桷。

⑦圭门：小圆拱门。

⑧直：同“值”。

⑨视：比较，比照。

【译文】

和泥造砖，也要挖地下的黏土加以鉴别土的好坏，主要有蓝、白、红、黄几种土色。福建、广东多为红泥。蓝色的泥叫作善泥，江苏、浙江占据多数。造砖的土以黏性大不易散、土质细没有沙子的为上品。取水浇在黏土上，人驱赶几头牛去践踏，把它踏成稠泥，然后再把稠泥填满木模具，用铁线弓削平它的表面，脱模就成了砖坯。

郡县的城墙和民居的院墙所用的砖，有眠砖和侧砖两种砌法。眠砖是把砖卧着呈方长条状来砌。城墙和有钱人家的院墙，不吝啬成本，直接使用眠砖法叠砌上去。有些善于精打细算的百姓，先砌一层眠砖，再在上面砌两层侧砖，用泥土瓦砾之类填实中间部分，这都是为了节省花费。在墙砖之外，还有其他的砖：铺砌地面用的名为方墁砖；屋椽屋桷斜枋上用来承瓦的名为榥板砖；砌小拱桥、拱门和墓穴用的砖称为刀砖，又叫鞠砖。刀砖用时削窄一边，互相依靠紧密排列，砌成圆拱，即使车马践压而过也不会损害坍塌。制作方墁砖，是把泥土放入木方框之中，将平板盖在上面，两个人站在上方转动着踩压把泥土压实，烧成后用。石匠打磨削低方砖的四周使之成为斜面，然后才用来铺砌地面。刀砖的价格比起墙砖的稍微高出一点，榥板砖只值墙砖的十分之一，而方墁砖则比墙砖贵十倍。

凡砖成坯之后，装入窑中，所装百钧则火力一昼夜，二百钧则倍时而足。凡烧砖有柴薪窑，有煤炭窑。用薪者出火成青黑色，用煤者出火成白色。凡柴薪窑，巅上偏侧凿三孔以出烟，火足止薪之候，泥固塞其孔，然后使水转釉。凡火候少一两，则釉色不光。少三两，则名嫩火砖，本色杂现，他日经霜冒雪，则立成解散，仍还土质。火候多一两，则砖面有裂纹。多三两，则砖形缩小拆裂，屈曲不伸，击之如碎铁然，不适于用。巧用者以之埋藏土内为墙脚，则亦有砖之用也。凡观火候，从窑门透视内壁。土受火精，形神摇荡，若金银熔化之极然。陶长辨之。

凡转釉之法，窑颠作一平田样，四围稍弦起，灌水其上。砖瓦百钧，用水四十石。水神透入土膜之下，与火意相感而成，水火既济，其质千秋矣。若煤炭窑视柴窑深欲倍之，其上圆鞠渐小，并不封顶。其内以煤造成尺五，径阔饼，每煤一层，隔砖一层，苇薪垫地发火。

若皇居所用砖，其大者厂在临清①，工部②分司主之。初名色有副砖、券砖、平身砖、望板砖、斧刃砖、方砖之类，后革去半。运至京师，每漕舫③搭四十块，民舟半之。又细料方砖以甃正殿者，则由苏州造解④。其琉璃砖，色料已载瓦款。取薪台基厂⑤，烧由黑窑⑥云。

【注释】

①临清：今山东临清。

②工部：明代六部之一，主要负责工程、工匠、交通、水利等。

③漕舫：运粮船。

④解（jiè）：押解，押送。

⑤台基厂：存放柴草的地方，由工部掌管。

⑥黑窑：明代京师地区专门制造琉璃砖瓦的砖瓦窑名。

【译文】

砖坯在做好之后，下一步就是装窑，装三千斤砖的话，烧窑要烧一昼夜，装六千斤砖就要烧制两昼夜才算火候足。烧砖有的用柴薪窑，有的用煤炭窑。用柴火烧窑而成的砖是青灰色，用煤火烧成的砖为浅白色。柴薪窑的顶上偏侧方凿有三个孔用来出烟，当火候已足停止烧柴的时候，用泥巴封堵住出烟孔，然后在窑顶浇水促使砖变成青灰色。烧窑时，如果火候缺少一两，砖就没有光泽。如果火力缺少三两，烧成的就叫嫩火砖，现出坯土的原色，日后一旦经历霜雪，就会立即瓦解松散，变回泥土。如果火候多一两，砖面就会出现裂纹。如果火候多三两，砖形就会缩小裂开，弯曲不直，被击打后碎裂，如同一堆烂铁，不适合砌墙。会巧妙使用材料的人往往把它埋在土里做墙脚，这样也有了砖的作用。烧窑的时候观察火候，从窑门穿过看里面的情况。砖坯受到精火的烘烤，看起来好像在摇荡，非常像金银的熔化。这时要靠窑长掌握辨认。

使砖变成青灰色的方法，是在窑顶制作一平田，四周稍稍堆高一些，往上面灌水。每烧三千斤砖瓦要灌水四十担。窑顶的水通过土层渗透下来，与窑里的火相互作用，水火一调剂，砖就耐用了。煤炭窑要比柴薪窑深一倍 ，顶上圆拱逐渐减小，无须封顶。窑里放直径一尺五寸的煤饼，每放一层煤饼，就间隔放一层砖坯，芦苇柴草则放最下方以便引火烧窑。

皇宫所用的砖，大厂设立在山东临清，由工部分司掌管。一开始有副砖、券砖、平身砖、望板砖、斧刃砖、方砖等类别，后来革掉一半。这些砖运到京师，规定每只运粮船要搭运四十块，民船二十块。用来砌皇宫正殿的细料方砖，是在苏州烧成后运送到京城的。至于琉璃砖，釉料已经记述在《瓦》那一节了。柴火是从台基厂取的，烧制则是由黑窑。

## 罂瓮①

凡陶家为缶②属，其类百千。大者缸、瓮，中者钵、盂，小者瓶、罐。款制各从方土，悉数之不能。造此者，必为圆而不方之器。试土寻泥之后，仍制陶车旋盘。工夫精熟者，视器大小捏泥，不甚增多少，两人扶泥旋转，一捏而就。其朝廷所用龙凤缸，窑在真定③、曲阳④与扬州仪真⑤。与南直⑥花缸，则厚积其泥，以俟雕镂，作法全不相同，故其直或百倍，或五十倍也。

凡罂缶有耳、嘴者，皆另为合上，以釉水涂粘。陶器皆有底，无底者，则陕以西炊甑⑦，用瓦不用木也。

**【注释】**

①罂瓮：两种小口大腹的陶制盛器。

②缶（fǒu）：小口大腹的陶器。

③真定：今河北正定。

④曲阳：今河北曲阳。

⑤扬州仪真：今江苏仪征。

⑥南直：今江苏、安徽两省。

⑦甑（zèng）：古代蒸具。

**【译文】**

陶坊造缶，种类有成百上千。大的有缸、瓮，中等的有钵、盂，小的有瓶、罐。式样各地都不一样，难以一一数尽。造这类陶器都是造成圆的而不是方的。试验土壤找到合适的陶土后，还要制造陶车旋盘。技术精巧熟练的人可以按所需要制造陶器的大小来取泥，后期不用增添，两人扶泥旋转陶车，一捏就成。朝廷用的龙凤缸，窑分别设在真定、曲阳和扬州仪真。和南直花缸，则要多取泥，造得厚一点儿，以备雕刻镂花，这种缸的做法跟一般缸完全不一样，所以价钱也贵五十到一百倍。

罂缶如果有耳、嘴，都是另外用釉水粘上去的。陶器都有底，没有底的只是陕西以西地区蒸饭用的甑，用的是陶土而不是木来烧制。

凡诸陶器，精者中外皆过釉，粗者或釉其半体。惟沙盆、齿钵之类，其中不釉，存其粗涩，以受研擂之功。沙锅、沙罐不釉，利于透火性，以熟烹也。

凡釉质料随地而生。江、浙、闽、广用者，蕨蓝草[1]一味。其草乃居民供灶之薪，长不过三尺，枝叶似杉木，勒[2]而不棘人。其名数十，各地不同。陶家取来燃灰，布袋灌水澄滤，去其粗者，取其绝细。每灰二碗，参以红土泥水一碗，搅令极匀，蘸涂坯上，烧出自成光色。北方未详用何物。苏州黄罐釉，亦别有料。惟上用龙凤器，则仍用松香与无名异也。

凡瓶窑烧小器[3]，缸窑烧大器[4]。山西、浙江各分缸窑、瓶窑，余省则合一处为之。凡造敞口缸，旋成两截，接合处以木椎内外打紧匝口[5]。坛瓮亦两截，接内不便用椎，预于别窑烧成瓦圈，如金刚圈形，托印其内，外以木椎打紧，土性自合。

【注释】

①蕨蓝草：即芒萁，又名凤尾草。

②勒：捆。

③小器：一个匣钵内装许多件陶器烧成的叫小器。

④大器：一个匣钵装一件陶器烧成的叫大器。

⑤匝口：接口。

【译文】

诸般陶器中，精致的陶器里外都上釉；粗陶器，有的只是下半截上釉。唯有沙盆、齿钵之类，里面也不上釉，保持内壁粗涩，以便研磨。砂锅、瓦罐都不上釉，是为了传热煮食。

制造陶釉的原材料随处都有。江苏、浙江、福建、广东一带用的是狼萁草。这草乃是居民用来烧灶的柴草，长不超过三尺，枝叶像杉树，捆它时不会感到扎手。它有几十个名称，各地叫法不一。制陶人家把它取来烧成灰，装入布袋中，再灌水过滤，就可以除去粗的，留下极细的灰末。每两碗灰末，掺一碗红泥水，彻底搅和均匀，就成了釉料，把它涂到坯上，烧成后自然出现光泽。不知道北方用的是什么釉料。苏州黄罐釉用的也是别的原料。只有上供朝廷用的龙凤器仍旧用松香和无名异为釉料。

瓶窑烧制小件陶器，缸窑烧制大件陶器。在山西、浙江两省缸窑和瓶窑是分开的，其他省份的则合在一起。制造敞口缸，先旋成上下两截再进行接合，接合处用木槌里外打紧。小口坛瓮也是由上下两截接合成的，里面不方便使用木槌，就预先在别的窑烧个像金刚圈那样的瓦圈，承住内壁，外面用木槌捶打紧实，两截泥坯自然就接合成坛了。

凡缸、瓶窑不于平地，必于斜阜山冈之上。延长者或二三十丈，短者亦十余丈，连接为数十窑，皆一窑高一级。盖依傍山势，所以驱流水湿滋之患，而火气又循级透上。其数十方成陶者，其中苦无重值物，合并众力众资而为之也。其窑鞠成之后，上铺覆以绝细土，厚三寸许，窑隔五尺许，则透烟窗，窑门两边相向而开。装物以至小器装载头一低窑，绝大缸瓮装在最末尾高窑。发火先从头一低窑起，两人对面交看火色。大抵陶器一百三十斤，费薪百斤。火候足时，掩闭其门，然后次发第二火，以次结竟至尾云。

**【译文】**

缸窑和瓶窑不是建在平地上，而必须建在山岗斜坡上。长的有二三十丈，短的也有十多丈，几十个窑连接在一起，一窑比一窑的地势高。依靠着山势，可以疏导水流避免积水浸湿，而火气又可逐级渗透上去。几十个窑连接起来烧制成的陶器，其中虽然没有特别值钱的，但也是众人合资合力完成。窑顶的圆拱完成之后，在上面铺上一层大约三寸厚的极细的土，窑顶每隔五尺开一个透烟窗，窑门设在两侧，相向而开。装窑时把最小件装入前头的最低窑，最大的缸瓮则装在末尾的最高窑。烧窑从前头的最低窑烧起，两人面对面而坐交替看火色。烧制陶器一百三十斤，大概要用掉柴火一百斤。第一窑火候足的时候，关闭它的窑门，再烧第二窑，就这样依次烧到最高窑为止。

## 白瓷　附：青瓷[①]

凡白土曰垩土[②]，为陶家精美器用。中国出惟五六处：北则真定定州[③]、平凉华亭[④]、太原平定[⑤]、开封禹州[⑥]，南则泉郡德化[⑦]、土出永定[⑧]，窑在德化。徽郡婺源、祁门[⑨]。他处白土陶范不粘，或以扫壁为墁[⑩]。德化窑，惟以烧造瓷仙、精巧人物、玩器，不适实用。真、开等郡瓷窑所出，色或黄滞无宝光。合并数郡，不敌江西饶郡[⑪]产。浙省处州丽水、龙泉两邑，烧造过釉杯碗，青黑如漆，名曰处窑[⑫]。宋、元时龙泉琉华山下，有章氏造窑，出款贵重，古董行所谓哥窑[⑬]器者即此。

【注释】

①青瓷：指绿色釉瓷。

②垩土：白色瓷土。

③真定定州：今河北曲阳。宋代定窑所在地，以烧制白瓷为主。

④平凉华亭：今甘肃华亭。明代陇上窑的所在地，以烧青釉器为主。

⑤太原平定：今山西平定。平定窑在今山西阳泉，以白釉为主。

⑥开封禹州：今河南禹州。宋代钧窑所在地，出产的钧瓷很有名。

⑦泉郡德化：今福建德化。

⑧永定：疑为“永春”之误。永春盛产瓷土，且距德化窑近。

⑨徽郡婺源、祁门：今江西婺源和安徽祁门。

⑩墁：经过粉饰的墙壁。

⑪江西饶郡：明代饶州府。

⑫处窑：龙泉窑。

⑬哥窑：宋代五大名窑之一。

【译文】

白色瓷土叫垩土，烧陶的人家用它来烧制精美的瓷器。我国只有五六个地方出产瓷土：北方有真定定州、平凉华亭、太原平定、开封禹州，南方有泉郡德化、土出产在永春，窑设在德化。徽郡婺源和祁门。其他的地方出产的白土，用来造瓷坯黏度不够，可以用来粉刷墙壁。德化窑只烧制瓷仙、精巧人物和玩物，这些往往没有实际用途。真定、开封等郡的窑烧出的瓷器，颜色暗淡发黄，没有珠宝的光泽。上述所有地方产的瓷器加起来都比不过江西饶郡出产的。浙江处州丽水、龙泉两地烧制出来的过釉杯碗，青黑如漆，名字叫作处窑。宋代、元代时，龙泉的琉华山山脚有章氏兄弟建的瓷窑，出品名贵非常，古董行业所说的哥窑器就是它。

若夫中华四裔[①]驰名猎取者，皆饶郡浮梁景德镇之产也。此镇从古及今为烧器地，然不产白土。土出婺源、祁门两山：一名高梁山[②]，出粳米土，其性坚硬；一名开化山[③]，出糯米土，其性粢软[④]。两土和合，瓷器方成。其土作成方块，小舟运至镇。造器者将两土等分入臼，舂一日，然后入缸水澄。其上浮者为细料，倾跌过一缸；其下沉底者为粗料。细料缸中再取上浮者，倾过为最细料，沉底者为中料。既澄之后，以砖砌方长塘，逼靠火窑，以借火力。倾所澄之泥于中，吸干，然后重用清水调和造坯。

【注释】

①四裔：四方边远偏僻之地。语出《左传·文公十八年》："投诸四裔，以御螭魅。"

②高梁山：即景德镇附近的高岭。所产高岭土，质地坚硬，耐高温。

③开化山：又叫祁山。在今浙江开化。所产糯米土，土质软，可塑性高，与高岭土互补。

④粢（zī）软：像糍粑那样黏而软。

【译文】

至于我国四海闻名，众人争相抢夺购买的瓷器，则都是饶郡浮梁景德镇出产的。该镇自古以来便是烧瓷器的地方，但是不产白土。白土出自婺源和祁门两山：一处叫高梁山，出产粳米土，土质坚硬；一处叫开化山，出产糯米土，土质黏软。把这两种白土混合，才能够做成瓷器。这两种白土是被塑成方块，再由小船运输到景德镇的。造瓷器的人将两种瓷土取等量放入臼内，舂一天，然后放入缸内用水澄。上浮的是细料，把它放入另外一个缸中；下沉到最底端的是粗料。细料缸中再次用水澄，倒出的上浮部分便是最细料，沉底的是中料。澄过之后，就可倒入靠近窑边的用砖砌成的长方塘内，凭借窑火的热力烘干水分，然后再重新加水调和好，揉捏造坯。

凡造瓷坯有两种。一曰印器，如方圆不等瓶、瓮、炉、合之类，御器则有瓷屏风、烛台之类。先以黄泥塑成模印，或两破，或两截，亦或囫囵[①]，然后埏白泥印成，以釉水涂合其缝，烧出时自圆成无隙。一曰圆器。凡大小亿万杯盘之类，乃生人日用必需，造者居十九，而印器则十一。造此器坯，先制陶车。车竖直木一根，埋三尺入土内，使之安稳，上高二尺许，上下列圆盘，盘沿以短竹棍拨运旋转，盘顶正中用檀木刻成盔头，冒其上。

【注释】

①囫囵（hú lún）：整个。

【译文】

瓷坯有两种。一种叫印器，像方圆不同的瓶、瓮、炉、盒之类，朝廷用的瓷屏风、烛台也是这一类。造坯时先用黄泥塑成模印，再对半分开，或者分为上下两截，也可以是整个的，然后将瓷土放入泥模印出瓷坯，再用釉水涂抹接缝处把它合起来，烧好后自然完美闭合，没有缝隙。另外一种叫圆器。如数量多到数不完的大小杯子、盘子之类，都是人们所必需的日用品，圆器产量占了九成，而印器则只占一成。造圆器坯，要先做陶车。用直木一根，埋入地下三尺并使它稳固，露出地面两尺左右，一上一下装两个圆盘，用小竹棍拨动圆盘沿，陶车便会旋转，盘顶的正中央用檀木刻成一个盔头，戴在上面。

凡造杯盘，无有定形模式，以两手棒泥盔冒之上，旋盘使转，拇指剪去甲，按定泥底，就大指薄旋而上，即成一杯碗之形。初学者任从作费，破坯取泥再造。功多业熟，即千万如出一范。凡盔冒上造小坯者，不必加泥；造中盘、大碗则增泥大其冒，使干燥而后受功。凡手指旋成坯后，覆转用盔冒一印，微晒留滋润，又一印，晒成极白干。入水一汶[①]，漉上盔冒，过利刀二次，过刀时手脉微振，烧出即成雀口。然后补整碎缺，就车上旋转打圈。圈后或画或书字，画后喷水数口，然后过釉。

凡为碎器[②]与千钟粟与褐色杯等，不用青料。欲为碎器，利刀过后，日晒极热，入清水一蘸而起，烧出自成裂文。千钟粟则釉浆捷点，褐色则老茶叶煎水一抹也。古碎器，日本国极珍重，真者不惜千金。古香炉碎器不知何代造，底有铁钉[③]，其钉掩光色不釉。

凡饶镇白瓷釉，用小港嘴[④]泥浆和桃竹叶灰调成，似清泔[⑤]汁，泉郡瓷仙用松毛水调泥浆，处郡青瓷釉未详所出。盛于缸内。凡诸器过釉，先荡其内，外边用指一蘸涂弦，自然流遍。

凡画碗青料，总一味无名异[⑥]。漆匠煎油，亦用以收火色。此物不生深土，浮生地面，深者掘下三尺即止，各省直皆有之。亦辨认上料、中料、下料。用时先将炭火丛红煅过，上者出火成翠毛色，中者微青，下者近土褐。上者每斤煅出只得七两，中、下者以次缩减。如上品细料器及御器龙凤等，皆以上料画成，故其价每石值银二拾四两，中者半之，下者则十之三而已。

凡饶镇所用，以衢、信[⑦]两郡山中者为上料，名曰浙料，上高[⑧]诸邑者为中，丰城[⑨]诸处者为下也。凡使料煅过之后，以乳钵极研，其钵底留粗，不转釉。然后调画水。调研时色如皂，入火则成青碧色[⑩]。

【注释】

①入水一汶：入水轻蘸而起。

②碎器：即裂纹釉器。

③底有铁钉：成品瓷器底部保留有护胎足或者垫饼的痕迹，多呈红褐色。

④小港嘴：景德镇南的一处地名。

⑤泔：淘米水。

⑥无名异：即钴土矿。

⑦衢、信：今浙江衢州、江西上饶。

⑧上高：今江西上高。

⑨丰城：今江西丰城。

⑩入火则成青碧色：此处讲青花的形成。用钴土矿水在瓷坯上作画，再上透明釉，高温烧成后会呈现蓝色花纹。

**【译文】**

塑造杯子和盘子的瓷坯，没有固定的模式，双手捧泥放在盔头上，旋转盘子使它不停转动，用剪净指甲的拇指按住固定好泥底，使瓷泥沿着拇指旋转向上展薄，就成了一个杯碗的形状。初学者随意操作，塑不好没有关系，破坯也可以取泥再造反复使用。下功夫熟练上手之后，就可以做到千万个杯碗如同一个模子做出来的。在盔帽上塑造小坯时，无须加泥；塑造中盘、大碗时，就要增加泥土扩大盔帽，等干燥之后再操作。用手指在陶车上旋成泥坯之后，把它翻转过来罩在盔帽上印一下，稍微晒一会儿，在瓷坯还保持湿润时，再翻转印一次，然后晒至又干又白。放到水中蘸一下水，沥干之后放在盔帽上方，过利刀两次，执刀时手如果轻微颤动，成品就会有缺口。坯补好之后，就可在旋转陶车上画圈。画好圈后可在坯上绘画或者写字，画好后喷上几口水，然后上釉。

凡是制作碎器、千种粟和褐色杯等，都不用青釉料。想要造碎器，等用利刀修整完生坯后，放太阳下把它晒得极热，入清水一蘸而起，烧成之后自然呈现裂纹。千钟粟是用釉浆快速点染而成。褐色杯是用老茶叶煎的水一抹而成的。日本非常看重喜爱古碎器，不惜花费重金购买真品。古香炉碎器不知道是哪个朝代造的，底部有“铁钉”，被钉的颜色遮盖住，没有釉光。

景德镇的白瓷釉，是用小港嘴的泥浆和桃竹叶灰调制而成的，很像是淘米水，德化窑的瓷仙釉用松毛灰调和泥浆，处窑的青瓷釉未能获知所用的原料。盛在瓦缸里面。所有瓷器上釉时，先把釉水倒进坯里荡一遍，再用手指撑住瓷坯往釉水里蘸一下，让釉水浸到弦边，这样釉料就自然流遍全坯身了。

画碗的青花釉料，只采用无名异为原料。漆匠熬炼桐油，也用无名异来催干。它不生长在深土里而是浮生在地面，哪怕长得深的也最多挖三尺便可得到，各个省都有，也分为上料、中料、下料三种品级。使用前要先让它经过炭火煅烧，上料出火后呈翠绿色，中料微青色，下料接近土褐色。每煅烧无名异一斤，只得到上料七两，中、下料依次减少。上等精致的瓷器和皇帝用的龙凤器具等，都是用上料绘画后制成的，因此上料无名异每担价值白银二十四两，中料价格只有它的一半，下料则只值它的十分之三。

饶郡景德镇所用的，从衢州、上饶两郡出产的无名异为上料，被称为浙料，上高等地产出的叫作中料，丰城等地所出的为下料。青花料煅过之后，用研钵磨得极细，钵内底部留下的料粗涩，不上釉。然后再调配画水。调画水作画时是黑色的，入窑一烧就变成亮蓝色。

凡将碎器为紫霞色杯者，用胭脂[①]打湿，将铁线扭一兜络[②]，盛碎器其中，炭火炙热，然后以湿胭脂一抹即成。

凡宣红器，乃烧成之后出火，另施工巧微炙而成者，非世上朱砂能留红质于火内也。宣红元末已失传，正德中历试复造出。

**【注释】**

①胭脂：一种红色染料。

②兜络：网兜。

**【译文】**

将碎器上釉染成紫霞色的方法是，先把要用的胭脂染料打湿，把铁线扭成一个网兜，盛着碎器放到炭火上炙烤加热，然后用事先准备的湿胭脂一抹就上色了。

宣红器是在烧窑出火后再施巧工用微火炙成的，这种红色并非朱砂在火中所留下的。宣红器原先所采用的西红宝石粉末早已失传，直到正德年间经过反复试验才再次制作出来。

凡瓷器经画过釉之后，装入匣钵。装时手拿微重，后日烧出，即成坳口，不复周正。钵以粗泥造，其中一泥饼托一器，底空处以沙实之。大器一匣装一个，小器十余共一匣钵。钵佳者装烧十余度，劣者一二次即坏。凡匣钵装器入窑，然后举火。其窑上空十二圆眼，名曰天窗。火以十二时辰为足。先发门火十个时，火力从下攻上，然后天窗掷柴烧两时，火力从上透下。器在火中，其软如棉絮，以铁叉取一，以验火候之足。辨认真足，然后绝薪止火。共计一杯工力，过手七十二，方克成器。其中微细节目尚不能尽也。

**【译文】**

瓷坯经过涂画和过釉之后，把它装入匣钵。如果装时手用力过重，后面烧出来的瓷器就会凹陷变形，不再周正。匣钵为粗泥制成，其中一个泥饼托住一个瓷坯，底部缺空的部分用沙子填实。一个匣钵只能装一个大件瓷坯，一个匣钵可以装十几个小件瓷坯。好的匣钵可以装瓷烧个十几次，差的匣钵用一两次就坏了。把装满瓷坯的匣钵放进窑中，然后点火烧窑。窑顶上方凿有十二个圆孔，叫作天窗。烧窑要连烧十二个时辰火候才足。先从窑门发火烧十个时辰，火力从下方攻到上方，然后从天窗的孔眼丢柴入窑烧两个时辰，火力从上方透到下方。瓷器在烈火中软得如同棉絮，用铁叉插取一个火照子，用来检验火候是不是够了。辨认到火候已足够了就停止添柴并熄火。合计制作一个瓷杯所下的功夫，过手的工序就有七十二道，如此才能制成。其中很多烧瓷细节还没有计算在内。

## 附：窑变　回青

正德[①]中，内使监造御器。时宣红[②]失传不成，身家俱丧。一人跃入自焚，托梦他人造出，竞传窑变[③]。好异者遂妄传烧出鹿、象诸异物也。

又：回青，乃西域大青，美者亦名佛头青。上料无名异出火似之，非大青能入烘炉存本色也。

**【注释】**

①正德：明武宗朱厚照使用的年号，公元1506—1521年。

②宣红：指明代宣德年间（1426—1435）烧制的铜红釉器，红色饱满鲜艳。

③窑变：瓷器在上釉过程中因配方、温度等细小差异导致釉色发生意料之外的变化。

**【译文】**

正德年间，皇宫专门派遣内使监督御用瓷器的制作。当时，宣红器因制法失传所以无法造出，还有人因此家破人亡。传说有一人跳入窑坑自焚，托梦于他人将宣红器制作了出来，后来，大家就竞相传说发生了窑变。爱好奇异事件的人于是胡乱传言烧出了鹿、象等怪物。

还有回青，就是西域大青，其中上等的被称为佛头青。上料无名异烧出来的釉色很像大青，不像大青入窑之后反而失去了本来的颜色。

# 冶铸

宋子曰：首山之采，肇自轩辕[①]，源流远矣哉！九牧贡金，用襄禹鼎[②]，从此火金功用，日异而月新矣。

夫金之生也，以土为母，及其成形而效用于世也，母模子肖，亦犹是焉。精、粗、巨、细之间，但见钝者司舂，利者司垦；薄其身以媒合水火而百姓繁，虚其腹以振荡空灵而八音[③]起；愿者肖仙梵之身，而尘凡有至象[④]；巧者夺上清之魄[⑤]，而海寓遍流泉。即屈指唱筹，岂能悉数？要之，人力不至于此。

**【注释】**

①首山之采，肇自轩辕：语出《史记·封禅书》："黄帝采首山之铜，铸鼎于荆山下。"

②九牧贡金，用襄禹鼎：语出《汉书·郊祀志》："禹收九牧之金，铸九鼎，象九州。"

③八音：语出《周礼·春官·大师》："八音：金、石、土、革、丝、木、匏、竹。"

④至象：即法身。

⑤上清之魄：指天上的月亮。

**【译文】**

宋子说：在首山采铜铸鼎，起源于黄帝时期，真是年代久远啊！自从九州进贡铜用以襄助大禹铸造九鼎以来，金属的冶炼铸造技术就快速地发展起来。

金属从泥土里产生，所以"以土为母"，当它成器能够供世人使用时，形状又像极了泥土做的母模。金属铸件有精有粗、有大有小，用途全然不同：钝重的可以用来舂东西，锋利的可以用来耕地；薄壁的可以用来烧水煮食而使百姓数量多起来，空腔的可以通过振荡空气从而使八音响起；信仰虔诚的人模拟仙人佛祖之身让人间有了逼真的塑像，心灵手巧的人借用天上月亮的圆形造出钱币流通四海。任你屈指头，唱筹数，哪里又能数得完呢？总而言之，人力做不到这地步。

## 鼎

凡铸鼎，唐虞以前不可考。惟禹铸九鼎，则因九州贡赋壤则已成，入贡方物岁例已定，疏浚河道已通，《禹贡》[①]业已成书，恐后世人君增赋重敛，后代侯国冒贡奇淫，后日治水之人不由其道，故铸之于鼎。不如书籍之易去，使有所遵守，不可移易。此九鼎所为铸也。年代久远，末学寡闻[2]，如玭珠[3]、暨鱼、狐狸、织皮之类，皆其刻画于鼎上者，或漫灭改形，亦未可知，陋者遂以为怪物。故《春秋传》有使知神奸、不逢魑魅之说也[4]。此鼎入秦始亡。而春秋时郜[5]大鼎，莒二方鼎，皆其列国自造，即有刻画，必失《禹贡》初旨，此但存名为古物。后世图籍繁多，百倍上古，亦不复铸鼎，特并志之。

【注释】

①《禹贡》:《尚书》中的一篇，成书于战国，我国迄今为止最古老的一篇地理文献。

②末学寡闻：学问少而见识浅薄。

③玭（pīn）珠：珍珠。

④故《春秋传》有使知神奸、不逢魑魅之说也：语出《左传·宣公三年》："贡金九牧，铸鼎象物，百物而为之备，使民知神奸，故民入川泽山林，不逢不若，螭魅罔两，莫能逢之。"

⑤郜：周朝的一个侯国。

【译文】

关于铸鼎的历史，尧舜之前的已经难以考证了。唯有大禹铸造九鼎，那是因为那时九州缴纳赋税的规章条例已经制定，各个地方每年进贡物产的品种份例已经制定，堵塞的河道已经疏通，《禹贡》也已经成书，为防止后世帝王增加赋税肆意敛收，后代的诸侯用奇技淫巧做出冒充贡品的东西，后面治水的人不再遵循原来的方法，所以把一切都铸造记录在鼎上。这样就不会像书籍那样容易缺失不见，使后世遵循无法随意改动。这就是铸造九鼎的原因。等到许多年代过去，那些因学问见识少没听过的，例如蚌珠、暨鱼、狐狸、织皮等刻在鼎上的图像，也因腐蚀而改变了形象，见识粗浅的人不认识不了解却以为这是怪物。所以《左传》上才有禹铸造鼎是为了使百姓识别妖魔鬼怪，即使遇到了也不怕它的说法。九鼎到了秦代就绝迹了。而春秋时郜国的大鼎和莒国的两个方鼎，都是诸侯国自己铸造的，即使有刻画图像，必定也失去了《禹贡》的原意，只是担个古物的虚名罢了。后世图书之繁多已经比上古时多了几百倍，也就不必再铸造鼎了，这里特意记录一下。

## 钟

凡钟，为金乐之首。其声一宣[1]，大者闻十里，小者亦及里之余。故君视朝、官出署，必用以集众；而乡饮酒礼[2]，必用以和歌；梵宫仙殿，必用以明挥[3]谒者之城，幽起鬼神之敬。

凡铸钟，高者铜质，下者铁质。今北极朝钟[4]，则纯用响铜，每口共费铜四万七千斤、锡四千斤、金五十两、银一百二十两于内，成器亦重二万斤，身高一丈一尺五寸，双龙蒲牢[5]高二尺七寸，口径八尺，则今朝钟之制也。

【注释】

①宣：传播。

②乡饮酒礼：周代宴饮风俗。据《仪礼·乡饮酒礼》记载，周代乡学向国家举荐贤能时，由乡大夫做主人设宴庆贺。

③挕（dié）：打动。

④北极朝钟：北京北极阁所挂的朝钟。

⑤蒲牢：中国古代传说中为龙九子之一，性好鸣。

【译文】

钟在金属乐器中居首位。钟声一响起，大的可以使十里之外的人听到，小的也可以传到一里之外。所以君王临朝听政、官府升堂办案，必定使用钟声来聚集众人；乡饮酒礼，必定用钟声来附和歌曲；佛寺仙殿，必定用钟声打动朝拜者的诚心，使他们的内心生出对鬼神们的敬意。

铸造钟，上料为铜，下料为铁。现如今北极阁所挂的朝钟，全部是用响铜制作而成，每一口钟共花费铜四万七千斤、锡四千斤、金五十两、银一百二十两，成品钟重达两万斤，高一丈一尺五寸，上面的双龙、蒲牢图像高二尺七寸，口径八尺，这就是当今朝钟的规格。

凡造万钧钟与铸鼎法同。堀坑深丈几尺，燥筑其中如房舍。埏泥作模骨，其模骨用石灰三和土筑，不使有丝毫隙坼。干燥之后，以牛油、黄蜡附其上数寸。油、蜡分两：油居什八，蜡居什二。其上高蔽抵晴雨。夏月不可为，油不冻结。油蜡墁定，然后雕镂书文、物象，丝发成就。然后，舂筛绝细土与炭末为泥，涂墁以渐而加厚至数寸。使其内外透体干坚，外施火力炙化其中油蜡，从口上孔隙熔流净尽，则其中空处即钟、鼎托体之区也。凡油蜡一斤虚位，填铜十斤。塑油时尽油十斤，则备铜百斤以俟之。

【译文】

铸造万斤以上的大钟与铸鼎的方法是一样的。挖掘一个一丈多深的坑，等它干燥后把它建造得如同房舍一样。内模是用石灰、细沙和黏土混合调制而成的三合土塑造的，不能有一丝的裂缝。内模干燥之后，将牛油和黄蜡涂附在上面约有几寸厚。油和蜡的比例分量是：牛油占八成，黄蜡占两成。在钟模上方搭一个高棚以防日晒雨淋。夏天无法做模，因为牛油不冻结。油蜡层用墁刀批荡平整，然后就可以在上面刻上文字和图案精雕细琢。再用舂、筛过的极细泥粉和炭末调成糊状，逐层涂铺在油蜡上约有几寸厚。等到外模的内外都干透坚固之后，就在外用慢火炙烤，熔化里面的油蜡，让油蜡从下口流干净，这样内外模之间的空腔就成了钟、鼎成型的区域了。一斤油蜡空出的位置需要填充十斤铜。塑模的时候如果用了十斤油蜡，那么就要准备一百斤铜。

中既空净，则议熔铜。凡火铜①至万钧，非手足所能驱使，四面筑炉，四面泥作槽道，其道上口承接炉中，下口斜低以就钟、鼎入铜孔，槽傍一齐红炭炽围。洪炉熔化时，决开槽梗，先泥土为梗塞住。一齐如水横流，从槽道中枧注而下，钟、鼎成矣。凡万钧铁钟与炉、釜，其法皆同，而塑法则由人省啬也。

若千斤以内者，则不须如此劳费，但多捏十数锅炉。炉形如箕，铁条作骨，附泥做就。其下先以铁片圈筒直透作两孔，以受杠穿。其炉垫于土墩之上，各炉一齐鼓鞴②熔化。化后，以两杠穿炉下，轻者两人，重者数人抬起，倾注模底孔中。甲炉既倾，乙炉疾继之，丙炉又疾继之，其中自然粘合。若相承迂缓，则先入之质欲冻，后者不粘，衅③所由生也。

凡铁钟模不重费油蜡者，先埏土作外模，剖破两边形，或为两截，以子口串合，翻刻书文于其上。内模缩小分寸，空其中体，精筭④而就。外模刻文后，以牛油滑之，使他日器无粘榄⑤。然后盖上，泥合其缝而受铸焉。巨磬⑥、云板，法皆仿此。

【注释】

①火铜：即黄铜。

②鞴（bài）：鼓风箱。

③衅：裂缝。

④筭：同“算”。

⑤榄（làn）：指粥稠而黏。此处引申为黏糊之意。

⑥巨磬：佛寺中的钵形铜铸打击乐器。

【译文】

等内外模中间的油蜡流干净，就可以开始着手熔铜。如果要熔的火铜是万斤以上的，就不能依靠人的手脚来浇注了，这时在钟模的四周修筑好多个熔炉和泥槽，槽的上端连接炉的出水口，下端倾斜降低接到模的浇口上，槽的两旁用炭火围起来。当准备好的所有熔炉的铜都已经熔化的时候，就打开出水口的塞子，事先会先用泥塞塞住。熔化的铜就像水横流那样沿着泥槽一齐注入模子内，钟或者鼎就铸造完成了。但凡是万斤以上的铁钟、香炉和大锅，方法都是这样，只是铸模过程中的细节可以由人来看情况省略而已。

至于铸造千斤以内的钟，就不用这样费事，最多造十来个炉子即可。这种炉像簸箕，用铁条做骨架，再涂上泥塑造而成。炉体下部先用铁片卷成两根圆筒作为两个孔道以便杠棒穿过。这些炉子都放置在土墩上，一齐鼓风熔铜。熔化之后，将两根杠棒穿过炉底，轻的炉两个人，重的几个人，一齐抬起炉子，把铜水倾注到模孔之中。甲炉刚刚注完，乙炉就快速接上，丙炉又迅速跟着倾注。这样连续的话，模里的铜就会自然黏合在一起。如果各炉倾注的时间承接得太慢，先注入的铜将近凝冻，就难以和后注入的互相黏合，裂缝就会出现。

铸铁钟模不会花费过多的油蜡，先用黏土做成外模，剖成左右两半或者上下两截，剖面上设置接合的子母口，把文字、图案等反刻在内壁之上。内模和外模相比要缩小一定尺寸，以使两模之间留出一定的空隙，经过精密计算确定好尺寸。外模刻好文字、图案之后，用牛油涂它使其润滑，以免后面浇铸的时候黏模。然后，把内外模组合起来，用泥糊住接口缝隙，就可以用铜浇铸了。巨磬、云板的铸造都是仿照这个方法。

## 釜[1]

凡釜，储水受火，日用司命系焉。铸用生铁或废铸铁器为质，大小无定式，常用者，径口二尺为率[2]，厚约二分。小者径口半之，厚薄不减。其模内外为两层。先塑其内，俟久日干燥，合釜形分寸于上，然后塑外层盖模。此塑匠最精，差之毫厘则无用。

模既成就干燥，然后泥捏冶炉，其中如釜，受生铁于中。其炉背透管通风，炉面捏嘴出铁。一炉所化约十釜、二十釜之料。铁化如水，以泥固纯铁柄杓从嘴受注。一杓[3]约一釜之料，倾注模底孔内，不俟冷定，即揭开盖模，看视罅绽[4]未周之处。此时，釜身尚通红未黑，有不到处，即浇少许于上补完，打湿草片按平，若无痕迹。凡生铁初铸釜，补绽者甚多，惟废破釜铁熔铸，则无复隙漏。朝鲜国俗：破釜必弃之山中，不以还炉。

凡釜既成后，试法以轻杖敲之，响声如木者佳，声有差响则铁质未熟之故，他日易为损坏。海内丛林大处[5]，铸有千僧锅者，煮糜[6]受米二石，此直痴物云。

【注释】

①釜：古代炊具，类似今天的锅。

②率（lǜ）：标准。

③杓：同“勺”。

④罅（xià）绽：裂缝。

⑤丛林大处：丛林中的大寺庙。

⑥糜（mí）：粥。

【译文】

人们用锅来烧水做饭，日常生活全靠它。铸锅多用生铁或者铸废了的铁器为原料，锅的大小没有固定的规格，常用的口径二尺，厚约二分。小的口径一尺，厚度不减。铸锅模分内、外两层。先铸造内模，等它过一段时间干燥之后，按锅的尺寸算好空隙，再塑造外模。这种铸模要求工匠的塑造功夫非常精细，尺寸只要稍有偏差，模就作废了。

模塑好后就等它干燥，然后用泥捏造熔铁炉，炉膛像个锅，把生铁装在里面。炉背接一条管通到风箱，炉面捏一个嘴出铁。一个炉子所熔化的铁水量，大约可以铸造十到二十口锅。生铁熔化成铁水之后，用涂上泥的带柄铁勺从炉嘴承接注入。一勺铁水大约可以浇铸一口锅，倾注到模内，不必等它冷却就可以揭开外模，检查是否有裂缝或不完美的地方。这时候，锅身还是通红的没有变黑，如果发现有些地方浇注不足，马上补浇少量铁水，并打湿草片把此处按压平整，使它没有修补痕迹。生铁初次铸锅，需要补浇的地方很多，只有用废铁破锅回炉重新熔铸的，才不会再生出缝隙缺漏。朝鲜的习俗是：破锅一定要丢弃在深山中，不再回炉重铸。

锅铸造成功之后，试验好坏的方法是用小木棒轻轻敲打它，如果响声像敲硬木那样沉实的就是好锅；如果有杂音，则是铁质未熟的缘故，将来容易损坏。国内有深山密林中的大寺庙铸有“千僧锅”的，可以煮两石米的粥，绝对是笨重的东西。

## 像

凡铸仙佛铜像，塑法与朝钟同。但钟、鼎不可接而像则数接为之，故写[①]时为力甚易。但接模之法，分寸最精云。

【注释】

①写：同“泻”，倾泻。

【译文】

铸造仙佛铜像，塑模方法与朝钟相同。但是，钟、鼎不能接铸，而铜像则可以分别铸造后再多次接铸起来，所以浇注比较容易省力。不过，这种接模工艺对分寸的把握却要求最为精细。

## 炮

凡铸炮，西洋、红夷、佛郎机[①]等用熟铜造，信炮[②]、短提铳等用生、熟铜兼半造，襄阳、盏口、大将军、二将军[③]等用铁造。

【注释】

①西洋、红夷、佛郎机：明代从欧洲引进的三种炮名。

②信炮：即信号炮，长一尺左右。

③襄阳、盏口、大将军、二将军：明时我国造的四种炮名。

【译文】

铸造大炮，西洋、红夷、佛郎机等是用熟铜铸造的，信炮和短提铳等是采用生、熟铜各一半铸造，襄阳、盏口、大将军、二将军等炮则是用铁铸造。

## 镜

凡铸镜，模用灰沙，铜用锡和。不用倭铅[①]。《考工记》亦云："金、锡相半谓之鉴、燧之剂[②]。"开面成光，则水银附体而成，非铜有光明如许也。唐开元[③]宫中镜，尽以白银与铜等分铸成，每口值银数两者以此故。朱砂斑点乃金银精华发现。古炉有入金于内者。我朝宣炉[④]，亦缘某库偶灾，金、银杂铜、锡化作一团，命以铸炉。真者错现金色。唐镜、宣炉，皆朝廷盛世物也。

【注释】

①倭铅：即锌。

②金、锡相半谓之鉴、燧之剂：语出《周礼·考工记》："金有六齐……金、锡半谓之鉴、燧之齐。"世界上最早的有关合金工艺的记载。

③开元：唐玄宗李隆基的年号，公元713—741年。

④宣炉：即宣德炉，明代宣德年间（1426—1435）铸造的铜制香炉。

【译文】

铸造铜镜，镜模用灰沙做成，铜则用锡来调和。不用锌。《考工记》里说道：

"铜、锡各一半，是适合于铸造镜子的合金配比。"镜面能反光，则是因为镀上了水银而造成的，并非铜本身能这样明亮。唐代开元年间宫中所用的镜子，都是用白银和铜对半铸造成的，因此每面铜镜都价值几两银子。铸件上出现朱砂一样的红色斑点，则是掺和进去的金银的精华发出来的。有些古香炉也有掺金子在内的。我朝宣德炉的铸造，也是缘于某金库偶然失火，金、银夹杂着铜、锡熔成一团，所以下令拿它来铸造香炉。真品呈现金色。唐镜和宣炉都是朝廷看重的盛世珍品。

## 钱

凡铸铜为钱，以利民用，一面刊国号通宝[①]四字，工部分司主之。凡钱通利者，以十文抵银一分值。其大钱当五、当十，其弊便于私铸，反以害民，故中外行而辄不行[②]也。

凡铸钱每十斤，红铜居六七，倭铅京中名水锡。居四三，此等分大略。倭铅每见烈火，必耗四分之一。我朝行用钱高色者，惟北京宝源局黄钱与广东高州炉青钱[③]，高州钱行盛漳、泉路。其价一文，敌南直江、浙等二文。黄钱又分二等：四火铜所铸曰金背钱，二火铜所铸曰火漆钱。

**【注释】**

①通宝：古时泛称钱币，起源于开元通宝。

②中外行而辄不行：中央和地方流通一段时间后就停止了。

③青钱：此处指颜色泛青的黄铜钱，非青铜钱。

**【译文】**

铸造铜钱是为了方便百姓使用，铜钱的一面印有"××通宝"四个字，由工部下属的一个部门主管这项工作。通行的铜钱十文抵白银一分。一个大钱的面值相当于普通铜钱的五倍或者十倍，它的弊端是很容易私下铸造，反而害了百姓，所以中央和地方发行过一段时间大钱就取消了。

每铸十斤铜钱，要用到六七斤红铜和三四斤锌，北京叫锌为水锡。这只是一个大概的比例。锌每经高温加热一次就会损耗四分之一。我朝通用的铜钱，成色好的唯有北京宝源局铸造的黄钱和广东高州炉铸造的黄钱，高州钱通行于福建漳州、泉州一带。这两种钱，一文抵得上南京操江局和浙江铸造局所铸铜钱的二文。黄钱又分为两等：四次熔炼铸成的叫作金背钱，两次熔炼铸成的叫作火漆钱。

凡铸钱熔铜之罐，以绝细土末打碎干土砖妙。和炭末为之。京炉用牛蹄甲，未详何作用。罐料十两，土居七而炭居三，以炭灰性暖，佐土使易化物也。罐长八寸，口径二寸五分。一罐约载铜、铅[①]十斤，铜先入化，然后投铅，洪沪扇合，倾入模内。

凡铸钱模，以木四条为空匡[②]，木长一尺二寸，阔一寸二分。土、炭末筛令极细，填实匡中，微撒杉木炭灰或柳木炭灰其面上，或熏模则用松香与清油。然后，以母钱百文，用锡雕成。或字或背布置其上。又用一匡，如前法填实合盖之，既合之后，已成面、背两匡。随手覆转，则母钱尽落后匡之上。又用一匡填实，合上后匡，如是转覆，只合十余匡。然后，以绳捆定。其木匡上弦原留入铜眼孔，铸工用鹰嘴钳，洪炉提出熔罐，一人以别钳扶抬罐底相助，逐一倾入孔中。冷定，解绳开匡，则磊落百丈，如花果附枝，模中原印空梗，走铜如树枝样。挟出逐一摘断，以待磨锉成钱。凡钱，先错[③]边沿，以竹木条直贯数百文受锉；后锉平面，则逐一为之。

凡钱高低，以铅多寡分。其厚重与薄削，则昭然易见。铅贱铜贵，私铸者至对半为之，以之掷阶石上，声如木石者，此低钱也。若高钱铜九铅一，则掷地作金声矣。凡将成器废铜铸钱者，每火十耗其一。盖铅质先走，其铜色渐高，胜于新铜初化者。若琉球[④]诸国银钱，其模即凿锲[⑤]铁钳头上，银化之时，入锅夹取，淬[⑥]于冷水之中，即落一钱其内。

【注释】

①铅：此处为倭铅缩写，即锌。后文均同。

②匡：同“框”。

③错：锉。

④琉球：即琉球群岛。

⑤锲（qiè）：雕刻。

⑥淬：淬火。

【译文】

铸钱时用来熔铜的坩埚，是用很细的泥粉以打碎的土砖干粉为最佳。和炭粉混合而成。北京的坩埚还加入了牛蹄甲，不知道它的具体作用是什么。坩埚的配料比例是每十两坩埚料中，泥粉占七两而炭粉占三两，因为炭粉具有比较好的保温性能，配合泥粉可以让铜更容易熔化。坩埚高八寸，口径二寸五分。一个坩埚大约可以装铜和锌十斤，先把铜放进去熔化，然后再投入锌，鼓风加火使它们熔合之后，再倾注入模子。

铸钱的模子，是用四根木条做成空框，木条皆长一尺二寸，宽一寸二分。用筛过得非常细的泥粉和炭粉混合，填满空框，再撒少量的杉木或者柳木炭灰于其上，或者用松香和菜籽油的混合烟熏过模。然后，把一百枚母钱用锡雕刻而成。按照有字的正面或者无字的背面排布在框面上。又用一个木框，用前面所述方法填实泥粉和炭粉盖上去，合上后就构成了钱的面、背两框模，随手翻转揭开前框，母钱就全部脱落在后框上面。再用另外一个木框填实了合盖在这个后框上，照样翻转，如此反复做成十几套框模。最后把它们叠合在一起用绳索捆紧。木框上部原留有浇注铜液的孔眼，铸工用鹰嘴钳从炉里把熔铜坩埚提出来。另外一个人用别的钳托着坩埚底为他助力，两人共同把熔铜逐次注入模中。等冷却之后，解开绳索打开框，可以看到一百个铜钱如花和果一般地结在树枝之上，而模中原来留的铜水通路也已经凝结成树枝状了。把它夹出来将钱逐个摘下，等待后期用磨锉加工成钱。磨锉时先锉钱的边沿，可以用竹条或者木条串几百个铜钱一起磨锉；然后，逐个锉平钱面。

铜钱成色的好坏，是以锌的含量多少来区分。它的轻重与厚薄，则是显而易见的。因为锌贱铜贵，私铸的人甚至用铜、锌各一半来铸钱，把这种钱掷在台阶上，声音就像掷木头或者石块，这就是成色差的钱。成色好的钱，铜占九分锌占一分，把它扔在地上，会发出铿锵响亮的金属声。用废铜器来铸钱，每熔化一次就损耗十分之一。这是因为锌挥发掉一些，铜的占比逐渐提高，所以胜过第一次铸的新铜。琉球群岛一带铸造银钱，模子就刻在铁钳头上，当银熔化时，把铁钳伸进坩埚里夹取，淬于冷水之中，就会落下一块银币。

## 附：铁钱

铁质贱甚，从古无铸钱。起于唐藩镇魏博诸地，铜货不通，始冶为之，盖斯须之计[①]也。皇家盛时，则冶银为豆；杂伯衰时，则铸铁为钱。并志博物者感慨。

**【注释】**

①斯须之计：权宜之计。斯须，片刻，一会儿。

**【译文】**

铁这种金属价格低贱，自古以来都不曾用来铸造钱。铁钱起源于唐朝藩镇之一的魏博镇地区，由于藩镇割据导致铜无法贩运，所以才开始用铁来铸钱，然而这只是权宜之计。皇家兴盛时，把白银铸成豆子以供玩乐；后来藩镇割据国家衰落时，则把低贱的铁铸为钱币。把它记录在这里用来表示博物者的感慨吧。

# 舟车

宋子曰：人群分而物异产，来往贸迁，以成宇宙。若各居而老死，何藉有群类哉？人有贵而必出，行畏周行；物有贱而必须，坐穷负贩[①]。四海之内，南资舟而北资[②]车。梯航[③]万国，能使帝京元气充然。何其始造舟车者，不食尸祝之报[④]也？浮海长年，视万顷波如平地，此与列子所谓御泠风者[⑤]无异。传所称奚仲之流，倘所谓神人者，非耶？

**【注释】**

①坐穷负贩：由于缺乏而担货贩卖。

②资：凭借。

③梯航：即“梯山航海”。喻指长途跋涉。

④不食尸祝之报：没有受到祭祀。

⑤列子所谓御泠（líng）风者：语出《庄子·逍遥游》：“夫列子御风而行，泠然善也。”

**【译文】**

宋子说，人类分散居住在各个地方，各地的物产也都不同，只有互相来往进行贸易、迁移才能形成一个世界。假若各自安居，彼此老死不相往来，还如何构成人类世界呢？身份高贵的人必定会出门，但是怕走远路；有些物品价格低贱却是生活所必需，当它缺乏时就需要贩运转卖。从全国来看，南方依靠船，北方凭借车。人们凭借车船翻山涉水，流转国内外的物资，从而使京师繁华昌盛起来。那么，为什么最开始创造车船的人，没有受到后人的祭祀呢？有些人驾驶船只漂洋过海，视万顷波涛为平地，这和列子所说的乘风而飞的人没有差别。如果把史书上记载的造车者奚仲等人，把他们称为神人，不也是可以的吗？

## 舟

凡舟古名百千。今名亦百千，或以形名，如海鳅、江鳊、山梭之类。或以量名，载物之数。或以质名，各色木料。不可殚述。游海滨者得见洋船，居江湄[①]者得见漕舫[②]，若局趣[③]山国之中，老死平原之地，所见者一叶扁舟、截流乱筏而已。

粗载数舟制度，其余可例推[4]云。

【注释】

①湄：岸边。

②漕舫（cáo fǎng）：古时专门运送田赋粮的船。

③局趣（jú cù）：拘束。趣，通“促”。

④例推：类推。

【译文】

船的古名有很多，今名也有很多。有的按船的形状来命名，例如海鳅、江鳊、山梭一类。有的按照船的载重量来命名，例如载物数量。有的按船的质地和材料命名，例如各种木料。无法一一详述。游荡在海滨的人可以见到远洋船，居住在江边的人可以见到漕舫，假若长期局限地待在山区或者平原，所能见到的只有独木舟和乱漂的竹筏而已。在这里粗略记录几种船的规格，那么其余的大家就可以类推了。

## 漕舫

凡京师为军民集区，万国水运以供储，漕舫所由兴也。元朝混一，以燕京[1]为大都。南方运道，由苏州刘家港、海门黄连沙开洋，直抵天津，制度用遮洋船。永乐间因之。以风涛多险，后改漕运。

【注释】

①燕京：今北京。

【译文】

京师是军民聚集的地方，全国各地都要借助水运向它供应物资储备，漕船便是由此而兴盛。元朝统一全国之后，把北京作为大都。当时南方到北京的航道，是从苏州的刘家港或者海门的黄连沙出发，沿海路直接抵达天津，用的是遮洋船。一直到明朝永乐年间依然还是这样。后来，因为海运风浪大，危险多，才改成漕运来运送。

平江伯陈某[1]，始造平底浅船，则今粮舡之制也。凡船制，底为地，枋[2]为宫墙，阴阳竹为覆瓦；伏狮，前为阀阅[3]，后为寝堂；桅[4]为弓弩弦，篷为翼；橹为车马，篙纤[5]为履鞋；绊索[6]为鹰雕筋骨；招为先锋，舵为指挥主帅；锚为扎军营寨。

【注释】

①平江伯陈某：即明代永乐年间的平江伯陈瑄。平江，即苏州。

②枋（fāng）：截面为方形的木条。

③阀阅：世家官宦大门前表彰功绩的柱子。

④桅：挂帆的桅杆。

⑤簟纤（tán qiàn）：即拉船索。

⑥綷（yù）索：系锚的缆绳。綷，长。

【译文】

当时苏州的布政使陈瑄，最先创造出平底的浅船，这就是今天的运粮船的样式。这种船，把船底当作地板，枋木当作宫墙，阴阳竹充当屋顶；船顶的大横木充当屋前的门楼柱，船尾的横木充当寝室；桅杆充当弓弩的弩身，船帆充当弓弩的翼；橹相当于拉车的马；拉船的缆索好比鞋子；系锚的粗缆和大索的作用像鹰的筋骨；船头第一把桨可视为开路先锋，船尾的舵则相当于指挥航行的大帅；锚是为安营扎寨用的。

粮舡初制：底长五丈二尺，其板厚二寸。采巨木，楠为上，栗次之。头长九尺五寸，梢长九尺五寸；底阔九尺五寸，底头阔六尺，底梢阔五尺；头伏狮阔八尺，梢伏狮阔七尺。梁头[1]一十四座。龙口梁阔一丈，深四尺；使风梁阔一丈四尺，深三尺八寸；后断水梁阔九尺，深四尺五寸；两厫[2]共阔七尺六寸。此其初制，载米可近二千石。交兑每只止足五百石。后运军造者，私增身长二丈，首尾阔二尺余，其量可受三千石。而运河闸口原阔一丈二尺[3]，差可度过。凡今官坐舡，其制尽同，第窗户之间，宽其出径，加以精工彩饰而已。

【注释】

①梁头：船的框架单元。

②两厫（kǎn）：船两边的两廊通路。

③运河闸口原阔一丈二尺：疑为二丈二尺之误。

【译文】

运粮船最开始的规格是：船底长五丈二尺，使用的木板厚二寸。要采用大木，以楠木为上品，栗木次之。船头长九尺五寸，船尾长九尺五寸；船底宽九尺五寸，船头的底宽六尺，船尾的底宽五尺；船头大横木即头伏狮子宽八尺，船尾大横木即尾伏狮子宽七尺。全船由面梁、底梁和隔舱板形成的构架共有十四个。其中，船头的龙口梁宽一丈，高出船底四尺；竖立中桅的使风梁宽一丈四尺，高出船底三尺八寸；船尾的后断水梁宽九尺，高出船底四尺五寸；船楼两旁的通道共宽七尺六寸。这些都是最开始设定的尺寸，这船可以载米将近二千石。每只船每次交付五百石粮就算足额。后来漕运军造的船，私自把船身增长二丈，船头、船尾各加宽二尺多，可载米的重量达到三千石。运河闸口原来宽二丈二尺，勉强能让这种船通过。现在的官船，规格与此全都相同，只是门窗比原来的加大一些，并精心装饰了一番而已。

凡造舡先从底起，底面傍靠樯，上承栈，下亲地面。隔位列置者曰梁。两傍峻立者曰樯。盖樯巨木曰正枋，枋上曰弦。梁前竖桅位曰锚坛，坛底横木夹桅本者曰地龙[①]。前后维曰伏狮，其下曰拏狮[②]，伏狮下封头木曰连三枋[③]。舡头面中缺一方曰水井，其下藏缆索等物。头面眉际树两木以系缆者曰将军柱。舡尾下斜上者曰草鞋底，后封头下曰短枋，枋下曰挽脚梁[④]，舡梢掌舵所居，其上者野鸡篷。使风时，一人坐篷巅，收守篷索。

【注释】

①地龙：即桅下斗，用以固定桅脚的横木。

②拏（ná）狮：牵引连接头、梢伏狮的船两旁的侧木。

③连三枋：头伏狮子下三根串联的搪浪的封头木。

④挽脚梁：靠近船尾的一根底梁。

【译文】

造船先从船底造起。船底两侧紧挨着船身，船身上面承接着铺船栈板，下面靠近船底。相隔一定距离横贯整个船身的木头叫梁。梁两头是出水栈板。盖在出水栈板上方的大方柱形木叫作正枋，正枋上面的栈板叫作弦。使风梁前头竖桅的地方叫作锚坛，锚坛底部固定桅脚的横木名为地龙。船头、船尾各有一根连接船体的大横木叫作伏狮，伏狮两端下面的一对纵向木叫作拏狮，伏狮下面由三根木串连成的搪浪板叫作连三枋。船头甲板中空开的一个方形舱口叫作水井，下面用来收藏缆索等物。船头两侧竖起两根系结缆索的木桩叫作将军柱。船尾下斜上的底板叫作草鞋底，船尾伏狮底下的一根横木叫作短枋，短枋下的梁叫挽脚梁，船尾掌舵位置上方的盖棚叫野鸡篷。风来扬帆时，一人坐在篷顶，收守船帆的绳索。

凡舟身将十丈者，立桅必两：树中桅之位，折中过前二位，头桅又前丈余。粮舡中桅，长者以八丈为率，短者缩十之一二；其本入舱内亦丈余；悬篷之位，约五六丈。头桅尺寸，则不及中桅之半，篷纵横亦不敌三分之一。苏、湖六郡运米，其舡多过石瓮桥[①]下，且无江汉之险，故桅与篷尺寸全杀[②]。若湖广、江西省舟，则过湖冲江，无端风浪，故锚、缆、篷、桅，必极尽制度，而后无患。凡风篷尺寸，其则一视全舟横身，过则有患，不及则力软。

【注释】

①石瓮桥：即石拱桥。

②杀：削减。

【译文】

船身长近十丈的船，一定要立起两根桅杆：中桅竖在船中央再朝前两个梁位的位置，头桅又要比中桅杆往前一丈多。运粮船的中桅，长的以八丈为规范，短的缩短十分之一二；桅身入舱部分长一丈多；悬挂帆的桅杆部分长五六丈。头桅的尺寸还不到中桅的一半，头桅帆的幅度也不到中桅帆的三分之一。苏州、湖州六郡的运米船，大多要从石拱桥下过，而且也没有长江、汉水那样的天险，所以桅和帆的尺寸大都缩减。而像湖南、湖北、江西等省的船，则要过湖冲江，有时候会遇到突然而起的风浪，所以锚、缆、帆和桅都必须严格符合规定才没有后患。此外，风帆的尺寸要跟船身的宽度一眼看去相当，大了会衍生危险，小了则会风力不足。

凡舡篷，其质乃析篾成片织就，夹维竹条，逐块折叠，以俟悬挂。粮舡中桅篷，合并十人力方克凑顶，头篷则两人带之有余。凡度篷索，先系空中寸圆木关捩于桅巅之上[①]，然后带索腰间，缘木而上，三股交错而度之。凡风篷之力，其末一叶，敌其本三叶。调匀和畅。顺风则绝顶张篷，行疾奔马；若风力洊至[②]，则以次减下。遇风鼓急不下，以钩搭扯。狂甚，则只带一两叶而已。

凡风从横来，名曰抢风[③]。顺水行舟，则挂篷"之""玄"游走。或一抢向东，止寸平过，甚至却退数十丈；未及岸时，捩[④]舵转篷，一抢向西。借贷水力兼带风力轧，下则顷刻十余里。或湖水平而不流者，亦可缓轧。若上水舟，则一步不可行也。

【注释】

①关捩（liè）于桅巅之上：把滑轮系在桅顶上。

②洊（jiàn）至：接连而至。

③抢风（qiāng fēng）：即逆风行船。

④捩（liè）：转。

【译文】

船的风帆，是用篾片为原料编织的，每编成一块就要夹进一根篷挡竹，以便可以逐块折叠，等待后期悬挂。运粮船的中桅帆，需要十个人合力动手才能够升到桅顶，头帆则只要两个人就足够了。穿帆索的时候，先将直径一寸的木滑轮系在桅顶上，然后腰间带着绳索，攀缘桅杆而上，把三股绳索交错地穿过滑轮。风帆受的力，顶上的一叶相当于底下的三叶。使用时要调节得当。顺风时把帆全部扬起来张开，船行驶得像奔马一样快；假若风力不断地加大，则要逐渐收起帆叶。若是遇到大风，帆叶被鼓吹得厉害，降不下来，就要搭钩拉扯。风非常大的时候，只挂一两片帆叶就行。

利用横风行船，称为抢风。顺水行舟时，可以挂帆按“之”字形或者“玄”字形的航线行驶。操纵帆、舵，把船抢向东时只能够平过对岸，有时甚至还需后退几十丈；船快接近岸边时，立刻转舵转帆，即刻把船抢向西。借助水势和风力行船，船只片刻间就可以行驶十多里。如果是在平静不流动的湖水中，也可以缓慢地逆风行船。但如果是逆风逆水，船则一步也无法走动。

凡船性随水，若草从风，故制舵障水，使不定向流。舵板一转，一泓从之。凡舵尺寸，与船腹切齐。若长一寸，则遇浅之时，舡腹已过，其梢尼舵使胶住，设风狂力劲，则寸木为难不可言；舵短一寸，则转运力怯，回头不捷。凡舵力所障水，相应及船头而止，其腹底之下，俨若一派急顺流，故船头不约而正。其机妙不可言。舵上所操柄，名曰关门棒，欲船北，则南向捩转；欲船南，则北向捩转。船身太长而风力横劲，舵力不甚应手，则急下一偏披水板，以抵其势。凡舵用直木一根粮船用者，围三尺，长丈余。为身，上截衡受棒，下截界开衔口，纳板其中，如斧形，铁钉固拴，以障水。梢后隆起处，亦名舵楼。

**【译文】**

船随着水漂流，就好像草依着风摆动一样，所以要制作舵来挡水，使水不按照原来既定的方向流动。舵板一转，就会带起一股水流。舵的尺寸要跟船底持平。舵若是长出一寸，那么当遇到浅滩的时候，船底已经通过，而它的尾舵却被卡住，假使这时风力很大，则这一寸木带来的麻烦就更加无法描述了；假如舵短一寸，运转力就会变小，船身转动、掉头就不够灵巧。舵板所挡的水，相应地流到船头就停止，这时候船底下的水，就好像一股急顺流，因此船头就能跟着舵自然而然地掉转调正方向。这其中的技巧真是妙不可言。舵上的操纵杆叫关门棒，想要船头向北，就向南推棒；想要船头向南，则向北推棒。如果船身太长而横风又太大太猛，舵力无法起作用，就要迅速放下风一侧的挡水板，以抵消风势。舵要用一根直木运粮船的舵身围三尺，长一丈多。制作舵身，在上端凿个横孔用来插进关门棒，下端锯开一个衔口，把舵板夹紧在其中，就如同斧子的形状，然后用铁钉钉牢，便能挡水了。船尾隆起的部分也称为舵楼。

凡铁锚所以沉水系舟，一粮船计用五六锚，最雄者曰看家锚，重五百斤内外，其余头用二枝，梢用二枝。凡中流遇逆风，不可去，又不可泊，或业已近岸，其下有石非沙，亦不可泊，惟打锚深处。则下锚沉水底，其所系律缠绕将军柱上，锚爪一遇泥沙，扣底抓住。十分危急，则下看家锚。系此锚者名曰本身，盖重言之也。或同行前舟阻滞，恐我舟顺势急去，有撞伤之祸，则急下梢锚提住，使不迅速流行。风息开舟，则以云车①绞缆提锚使上。

【注释】

①云车：此处指立式绞车。

【译文】

铁锚可以沉到水底把船固定住，一只粮船总计有五个或六个锚，最大的叫作看家锚，重达五百斤左右，其余的锚在船头、船尾各放有两个。船在航行的途中如果遇到逆风走不动，又无法靠岸停泊，又或许已经靠近岸边，但是水底有石头而非沙子，不能停泊，只有在水深的地方抛锚。就要抛锚沉到水底，并把系锚的缆索长长地缠绕在将军柱上，锚爪一接触到泥沙，就能陷进泥里。若是情况十分危急，则抛下看家锚。系住看家锚的缆索叫作“本身”，这是表明它至关重要的意思。有时在同一航向上的行船，如果前面的船因故受阻，担心自己的船顺势急冲向前而有撞伤的危险时，就要迅速抛梢锚拖住，让它把速度减下来不再迅速往前。等风停止，要开船时，就用绞车把锚拉上来。

凡船板合隙缝，以白麻斫絮为筋，钝凿扱入，然后筛过细石灰，和桐油舂杵成团调艌。温、台、闽、广，即用砺灰。

凡舟中带篷索，以火麻秸一名大麻。绹绞。粗成径寸以外者，即系万钧不绝。若系锚缆，则破析青篾为之。其篾线入釜煮熟，然后纠绞。拽缱篷①，亦煮熟篾线绞成，十丈以往，中作圈为接驱②，遇阻碍可以掐断。凡竹性直，篾一线千钧。三峡入川上水舟，不用纠绞簟缱，即破竹阔寸许者，整条以次接长，名曰火杖。盖沿崖石棱如刃，惧破篾易损也。

【注释】

①簟：拉船的纤索。

②驱（kōu）：环。

【译文】

船板的缝隙是这样填补弥合的：用斩断的白麻絮做筋，用钝凿把它塞到缝隙里面，然后把石灰过筛搅拌桐油，用木杵舂成油团补缝。温州、台州、福州和广州等沿海地区则是用牡蛎壳代替石灰。

船中的牵帆索是用火麻又名大麻。纤维纠绞成的。直径一寸多的粗索，即使系上一万斤重的东西也不会断。至于系锚的锚缆，则是把竹篾放入锅中煮过后纠绞成的。拉船的纤缆也是用煮过的篾条绞成的，每十丈长，就在中间做个圈用作接口，碰到障碍时就可以把它掐断。竹的特性是“直”，也就是纵向拉力强，一条竹篾可以承担很大的拉力，甚至可以说是“篾一线千钧”。由长江三峡进入四川的上水船，不用纠绞纤索，而是用一寸多宽的竹条，互相连接起来，名字叫火杖。这是因为沿岸崖石锋利如刀刃一样，恐怕破析成竹篾反而容易损坏。

凡木色，桅用端直杉木，长不足则接，其表铁箍逐寸包围。舡舱前道，皆当中空阙，以便树桅。凡树中桅，合并数巨舟承载，其末长缆系表而起。梁与枋樯用楠木、槠木[1]、樟木、榆木、槐木。樟木春夏伐者，久则粉蛀。栈板不拘何木。舵杆用榆木、榔木[2]、槠木。关门棒用稠木[3]、榔木。橹用杉木、桧木、楸木。此其大端云。

【注释】

①槠（zhū）木：即青棡。具有不易开裂的特点。

②榔木：即榔榆。

③稠木：木质厚重而坚固，耐久不蛀。

【译文】

关于船的木料，桅杆要用笔直的杉木，一根的长度不够就再接上一根，外面用铁箍一寸寸箍紧。舱楼前面正中，应空出一块地方来以方便竖桅杆。竖中桅时，要拼合几条大船来承载它的重量，靠系在桅顶的长缆索把它吊起来。梁和枋墙都要用楠木、槠木、樟木、榆木、槐木。春夏砍的樟木时间久了易被虫蛀。栈板无论什么木料都可以。舵杆要用榆木、榔木、槠木。关门棒要用稠木或榔木。橹要用杉木、桧木、楸木。以上只是大概的阐述。

## 海舟

凡海舟，元朝与国初运米者曰遮洋浅船，次者曰钻风船。即海鳅。所经道里止万里长滩、黑水洋、沙门岛等处，苦无大险。与出使琉球、日本暨商贾爪哇、笃泥等船制度，工费不及十分之一。

【译文】

海船中，元朝和明初运米的海船叫作遮洋浅船，体量小一点儿的叫作钻风船，即海鳅。这种船的航道仅限于长江口以北的万里长滩、黑水洋和沙门岛等地，一路上都没有什么大的危险。制造这种海船所花费的工本费，还不到出使琉球、日本，或到爪哇、笃泥做生意的船的十分之一。

凡遮洋运舡制，视漕舡长一丈六尺，阔二尺五寸，器具皆同，惟舵杆必用铁力木①，艌灰用鱼油和桐油，不知何义。凡外国海舶制度大同小异。闽、广闽由海澄开洋，广由香山岙。洋舡，截竹两破排栅，树于两傍以抵浪。登②、莱③制度又不然。倭国海舶两傍列橹手栏板抵水，人在其中运力。朝鲜制度又不然。至其首尾各安罗经盘④以定方向，中腰大横梁出头数尺，贯插腰舵⑤，则皆同也。腰舵非与梢舵形同，乃阔板斫成刀形，插入水中，亦不捩转，盖夹卫扶倾之义。其上仍横柄栓于梁上，而遇浅则提起，有似乎舵，故名腰舵也。

凡海舟，以竹筒贮淡水数石⑥，度供舟内人两日之需，遇岛又汲。其何国何岛合用何向，针指示昭然，恐非人力所祖⑦。舵工一群主佐，直是识力造到死生浑忘地，非鼓勇之谓也。

【注释】

①铁力木：即铁栗木。盛产于东南亚，坚硬耐用。

②登：即登州府。今山东蓬莱。

③莱：即莱州府。今山东莱州。

④罗经盘：即罗盘。

⑤腰舵：即披水板。可平衡船身防止船横向漂移。

⑥石：古代重量单位。相当于今天的一百二十斤。

⑦祖：仿效。

【译文】

遮洋浅船和漕船的规格比较起来，长了一丈六尺，宽了二尺五寸，船上的设备也相同，只是舵杆一定要用铁力木制造，填充舱板缝的灰要用鱼油加桐油拌和，不知道是何原理。外国海船的规格与遮洋浅船大同小异。福建、广东福建的远洋船由海澄开出，广东的远洋船则是由香山岙开出。把竹子破成两半编成竹栅，立在船的两旁用来抵挡海浪。登州、莱州的海船做法又不一样。日本的海船，在两旁设有带把手的栏板，由人用力摇动来挡水。朝鲜的做法又不相同。在船头、船尾都安装罗盘来辨别方向，船中腰的大横梁伸出几尺以便插进腰舵，则都是一样的。腰舵的形状与尾舵很不一样，它是用宽木板斫成刀形，插入水中，并不会转动，只对船身起平衡作用。它上面仍旧有个横柄拴在梁上，遇到浅水的时候可以把它提起来，也有点类似舵，所以叫作腰舵。

海船出海的时候，要用竹筒储备几百斤淡水，预计可以满足船上的人两天的饮食需要，遇到岛屿时，可以再次汲水补充。无论到什么国家、什么岛屿，该按照什么方向继续航行，罗盘针指示得非常明确，这恐怕并非光凭人的经验就能够掌握。一群舵手相互配合操纵海船，可以说把生死完全抛开，这并不是凭借一时的勇气就能够做到的。

## 杂舟

江、汉课舡①。身甚狭小而长，上列十余仓，每仓容止一人卧息。首尾共桨六把，小桅篷一座。风涛之中，恃有多桨挟持。不遇逆风，一昼夜顺水行四百余里，逆水亦行百余里。国朝盐课，淮扬②数颇多，故设此运银，名曰课舡。行人欲速者亦买之。其舡南自章③、贡④，西自荆⑤、襄⑥，达于瓜、仪而止。

**【注释】**

①课舡：官府用来运载税银的船。速度很快。

②淮扬：即淮扬盐场，明代所交盐税占全国的一半左右。

③章：即章水。今江西赣江之西源。

④贡：即贡水。今江西赣江东南。

⑤荆：即荆州。

⑥襄：即襄阳。

**【译文】**

长江与汉水之间用来运载税银的“课船”，船身狭长，上面有十多个舱，每个舱只有一个铺位那么大。此船首尾共有六把桨和一座小桅帆。在风浪中全依靠这六把桨划船。如果没有遇到逆风，一个昼夜就可以顺水行四百多里，逆水也能够行一百多里。本朝盐税中，淮扬盐场所交的税银很多，所以特意用这种船装运，名字叫“课舡”。追求速度的旅客也租买这种船。“课舡”的航线是从南方的章水、贡水出发，西边从荆州、襄阳出发，到达瓜洲、仪征为止。

三吴浪舡。凡浙西、平江纵横七百里内，尽是深沟小水湾环，浪舡最小者曰塘舡。以万亿计。其舟行人贵贱来往，以代马车。扉履[1]舟，即小者，必造窗牖堂房，质料多用杉木。人物载其中，不可偏重，一石偏，即欹[2]侧，故俗名天平船。此舟来往七百里内，或好逸便者径买，北达通[3]、津，只有镇江一横渡，俟风静涉过，又渡清江浦[4]，溯黄河浅水二百里，则入闸河[5]安稳路矣。至长江上流风浪，则没世避而不经也。浪舡行力在梢后，巨橹一枝，两三人推轧前走；或恃缱簟；至于风篷，则小席如掌，所不恃也。

【注释】

①扉（fèi）履：草鞋。

②欹：同“攲”。倾斜。

③通：即通州。今属北京。

④清江浦：今江苏淮安。

⑤闸河：此处指直河，在宿迁与邳州之间。

【译文】

三吴浪船。自浙江西部到江苏的苏州之间纵横七百里内，都是有深沟的弯弯小水道，浪船最小的名叫塘船。数以万计。旅客不论贵贱都乘坐这种船来往，用来代替车马或者步行。这种“草鞋”船，即使很小，也一定装有窗户和卧位，材料用的多是杉木。人和货物装载在船里不能够偏重，哪怕只有一石重的偏重，船也会倾斜，所以这种船俗名叫作天平船。这种船往来的航程有七百里，有贪图安逸方便的顾客直接乘坐这种船，往北可直达通州和天津，沿途只在镇江横渡一次长江，等到风平浪静的时候横渡过去，进入运河，再渡过清江浦，在黄河浅水中逆行二百里，就可以进入运河从此安稳航行了。长江上游水流急，风浪很大，这种浪船无法在那里航行。浪船的推动力全靠船尾的那根大橹，要两到三个人合力摇动，才能使船前进；有时依靠人上岸拉纤使船前进；至于风帆，则不过是一块巴掌大的小席子，作用并不大。

东浙西安舡。浙东自常山[1]至钱塘八百里，水径入海，不通他道，故此舟自常山、开化[2]、遂安等小河起，至钱塘而止，更无他涉。舟制：箬篷如卷瓮为上盖，缝布为帆，高可二丈许，绵索张带。初为布帆者，原因钱塘有潮涌，急时易于收下。此亦未然，其费似侈于篾席，总不可晓。

【注释】

①常山：今浙江常山。

②开化：今浙江开化。

【译文】

东浙西安船。浙江东部自常山至钱塘江的流程共有八百里，然后水径直流入海，不通往其他的航道，所以这种船从常山、开化、遂安等小河起锚，一直到钱塘江才停下来，不经其他航道。船的形制是这样的：将箬竹叶编成拱形的棚做顶盖，把帆布缝成风帆，大约两丈高，帆索也是棉的。最开始采用布帆，据说是因为钱塘江有潮涌，情况危急的时候容易收取。其实不然，布帆的造价花费比篾帆高出许多，总之不知道为什么要用它。

福建清流、梢篷舡。其舡自光泽[①]、崇安[②]两小河起，达于福州洪塘而止，其下水道皆海矣。清流舡以载货物、客商。梢篷船大，差可坐卧，官贵家属用之。其舡皆以杉木为地。滩石甚险，破损者其常。遇损则急舣[③]向岸，搬物掩塞。舡梢径不用舵，舡首列一巨招，捩头使转。每帮五只方行，经一险滩，则四舟之人皆从尾后曳缆，以缓其趋势。长年即寒冬不裹足，以便频濡[④]。风篷竟悬不用云。

【注释】

①光泽：今福建光泽。

②崇安：今福建武夷山。

③舣（yǐ）：船靠岸。

④濡：沾湿。

【译文】

福建清流、梢篷两船。这两种船航行于光泽、崇安两小河起到福州洪塘为止的一段水道，再继续航行出去就是海了。清流船用来载运货物和客商。梢篷船的规格稍微大一些，勉强可以供人坐卧，通常是达官贵人以及家属坐的。这两种船都是采用杉木来做船底。途中经过的险滩礁石不少，特别危险，被撞坏的船非常多。船被撞坏后要马上靠岸，搬卸货物并且堵塞漏洞。这种船没有装尾舵，只是在船头装一把叫“招”的大桨，使船转向。每次要凑够五只船结成一帮才可以启航，经过一处急流险滩的时候，后面四只船上的人都要从后面用缆索拉前面的那只船，以减缓它的航行速度。船工即使是寒冬腊月也不会穿鞋子，以便经常涉水。这种船的风帆竟然悬挂起来而不使用的。

四川八橹等舡。凡川水源通江、汉，然川舡达荆州而止，此下则更舟矣。逆行而上，自夷陵[①]入峡，挽缱者以巨竹破为四片或六片，麻绳约接，名曰火杖。

舟中鸣鼓若竞渡，挽人从山石中闻鼓声而咸力。中夏至中秋，川水封峡，则断绝行舟数月，过此消退，方通往来。其新滩[2]等数极险处，人与货尽盘岸行半里许，只余空舟上下。其舟制腹圆而首尾尖狭，所以辟滩浪云。

【注释】

①夷陵：今湖北宜昌。

②新滩：今湖北秭归东三十里，长江三大险滩之一。

【译文】

四川八橹等船。四川水源跟长江、汉水相通，然而四川船只开到湖北荆州就停止，如果再继续开就得换船。上水行船，从湖北宜昌到三峡，拉纤的人把大毛竹破成四片或者六片，再用麻绳绑紧连接起来当作纤缆，这叫作火杖。船上像赛龙舟那样击鼓，拉纤的人在岸上的山石中间听到鼓声就一齐用力。盛夏到中秋期间，江水涨满封峡，就停航几个月，等过了这段时间水位降下来了，方恢复通航。经过新滩等几处险滩时，人与货物都得在岸边转运半里路，只剩下空船独自在江中行驶。这种船腹圆而首尾两头尖狭，因此可以在险滩避过风浪。

黄河满篷梢。其舡自河入淮，自淮溯汴用之。质用楠木，工价颇优。大小不等，巨者载三千石，小者五百石。下水则首颈之际，横压一梁，巨橹两枝，两傍推轧而下。锚、缆、簟、帆，制与江、汉相仿云。

【译文】

黄河满篷船。从黄河到淮河，又从淮河上行进入河南的汴水，都是使用这种船。船以楠木为原料制成，所花成本比较高。船的大小尺寸不一，大的可以载三千石，小的只能载五百石。当顺水行船时，就在靠近船头的地方安装一根横梁，挂两根大橹，人在船两边摇橹使船前进。至于锚、缆、纤、帆等，规格和长江汉水船相近。

广东黑楼舡[1]、盐舡[2]。北自南雄，南达会省，下此惠、潮。通漳、泉则由海汊[3]乘海舟矣。黑楼舡为官贵所乘，盐舡以载货物。舟制：两傍可行走。风帆编蒲为之，不挂独竿桅，双柱悬帆，不若中原随转。逆流冯[4]藉缱力，则与各省直同功云。

【注释】

①黑楼舡：客船。

②盐舡：货船。

③海汊：河道的出海口。

④冯（píng）：通“凭”。凭借。

【译文】

广东黑楼船和盐船。北起南雄，南到广州，再到惠州、潮州，航行的都是这种船。由广东到福建漳州、泉州，则要在河道出海口改乘海船了。黑楼船多是达官贵人所乘坐的，盐船则只是用来运载货物。船的形制是这样的：人可以在船的两舷行走。风帆是用蒲草编制而成，不用单桅而用双桅悬帆，因此不像中原地区的船帆那样可以随意转动。逆水行船时要借助拉纤的力，这点与其他省的船是一样的。

黄河秦舡。俗名摆子舡。造作多出韩城[①]。巨者载石数万钧，顺流而下，供用淮、徐地面。舟制：首尾方阔均等，仓梁平下，不甚隆起。急流顺下，巨橹两傍夹推，来往不冯风力。归舟挽缱多至二十余人，甚有弃舟空返者。

【注释】

①韩城：今陕西渭南。

【译文】

黄河秦船。俗名摆子船。这种船多出产自韩城。大的可以承载石头几万斤，顺流而下，供淮阴、徐州一带的人使用。船的形制为：它的船头和船尾宽阔相同，舱和梁都比较平整而不怎么突出隆起。当急速顺流而下的时候，可以摇动两旁的大橹，来往都不用凭借风力。上水返航的时候，往往得有二十多人在岸上一齐拉纤才能航行，所以有时甚至有连船都丢弃了空手而归的人。

## 车

凡车利行平地。古者秦、晋、燕、齐之交，列国战争必用车，故千乘、万乘[①]之号，起自战争国。楚汉血争而后日辟。南方则水战用舟，陆战用步马；北膺胡虏，交使铁骑，战车逐无所用之。但今服马驾车，以运重载，则今日骡车，即同彼时战车之义也。

凡骡车之制，有四轮者，有双轮者，其上承载支架，皆从轴上穿斗而起。四轮者前后各横轴一根，轴上短柱起架直梁，梁上载箱。马止脱驾之时，其上平整，如居屋安稳之象。若两轮者，驾马行时，马曳其前，则箱地平正；脱马之时，则以短木从地支撑而住，不然则欹卸也。

【注释】

①乘：四匹马驾一辆车为一乘。

【译文】

车适合在平地上驾驶。战国时期，秦、晋、燕、齐各诸侯国之间交战必定用车，所以就兴起了“千乘之国”“万乘之国”的说法。经过楚汉之争的血战后，战车就逐渐减少了。南方是水战用船，陆战用步兵和骑兵；北方少数民族作战，双方都用骑兵，战车没起什么作用。现在，驭马驾车多用来运载货物，可见现在的骡马车同过去的战车结构相同。

骡马车的规制，有四轮的，也有双轮的，车上的承载支架都是从轴连接上去的，四轮骡车，前两轮和后两轮各安有一根横轴，轴上竖起的短柱上面架着纵梁，纵梁之上又承载着车厢。当停马脱驾的时候，车厢平正，就像居住在房屋里一样安稳。如果是两轮的骡车，驾马行驶的时候，马在前面拉，车厢就平稳；而停马脱驾的时候，则是用短木抵住地面来支撑，否则车厢就会向前倾倒。

凡车轮一曰辕[①]。俗名车陀。其大车中毂[②]，俗名车脑。长一尺五寸，见《小戎》朱注。所谓外受辐、中贯轴者。辐计三十片，其内插毂，其外接辅[③]。车轮之中，内集辐，外接辋[④]，圆转一圈者，是曰辅也。辋际尽头，则曰轮辕也。凡大车，脱时则诸物星散收藏；驾则先上两轴，然后以次间架。凡轼[⑤]、衡、轸[⑥]、轭，皆从轴上受基也。

凡四轮大车，量可载五十石，骡马多者或十二挂或十挂，少亦八挂。执鞭掌御者居箱之中，立足高处。前马分为两班。战车四马一班，分骖、服[⑦]。纠黄麻为长索，分系马项，后套总结收入衡内两傍。掌御者手执长鞭，鞭以麻为绳，长七尺许，竿身亦相等。察视不力者，鞭及其身。箱内用二人踹绳，须识马性与索性者为之。马行太紧，则急起踹绳，否则，翻车之祸，从此起也。凡车行时，遇前途行人应避者，则掌御者急以声呼，则群马皆止。凡马索总系透衡入箱处，皆以牛皮束缚，《诗经》所谓“胁驱”是也。凡大车饲马，不入肆舍，车上载有柳盘，解索而野食[⑧]之。乘车人上下皆缘小梯。凡遇桥梁中高边下者，则十马之中，择一最强力者系于车后。当其下坂[⑨]，则九马从前缓曳，一马从后竭力抓住，以杀其驰趋之势，不然则险道也。凡大车行程，遇河亦止，遇山亦止，遇曲径小道亦止。徐、兖、汴梁之交，或达三百里者，无水之国，所以济舟楫之穷也。

【注释】

①辕：此处指车轮的外周。

②毂（gǔ）：车轮中心装轴的圆木。
③辅：此处指内面接辐而外面顶住轮圈的内缘。
④辋（wǎng）：车轮接地的边圈。
⑤轼：车厢前面的横木。
⑥轸：车后面的横木。
⑦骖（cān）、服：驾车的两种功能的马，居中驾辕的叫服马，两旁的叫骖马。
⑧食（sì）：饲养。
⑨坂：山坡，斜路。

**【译文】**

马车的车轮叫辕。俗名叫作车陀。大车中心装轴的圆木叫作毂，俗名为车脑。周长约一尺五寸，可以参看《诗经·秦风·小戎》朱熹注。这是中穿车轴外接辐条的部件。辐条总计有三十片，它的内端连接着毂，外端连接着辅。车轮里面，朝里集合着辐条，朝外连接着辋，圆形紧顶住辋的叫作辅。辋外面是整个轮的最外周，所以叫作轮辕。大车收车的时候，一般把几个部件进行拆卸收藏；要用车的时候，先装两轴，然后依次装车架、车厢。凡是轼、衡、轸、轭等，都是承载在轴上的。

四轮的大马车，运载量为五十石，所用的骡子，多的有十二匹或者十四，少的也有八匹。驾车人站在车厢中的高处驾车。车前的马分为前后两排。战车以四匹马为一排，靠外的两匹马叫作骖马，居中的两匹马叫作服马。把黄麻拧成长绳，分别系住马的脖子，收拢成两束，并穿过车前中部横木而进入车厢内左右两边。驾车人手持用麻绳做的长鞭，大约七尺长，竿也有七尺长。如果看到有不卖力气的马，就挥鞭鞭打它的身体。车厢内分别由一个识马性和识索性的人负责踩绳。如果马跑得过快，就要立刻踩住缰绳，否则可能导致翻车。车在行进时，如果遇到前方道路上有行人而要停车让路，驾车人迅疾发出吆喝声，马就会停下来。马缰绳收拢成束并透过前横木进入车厢，都用牛皮来束缚，这就是《诗经》所说的“胁驱”。马夫在中途喂马，不必把马牵入马厩，车上载有柳条盘，解索后可以让马就地进食。乘车的人上车或者下车都要爬小梯子。当经过坡度比较大的桥梁的时候，就要在十匹马中选出最强壮的一匹马，系在车的后面。下坡时，前面九匹马缓慢地拉，后面一匹马拼命拖住车，以便减缓车速，不然就会发生危险。大车遇到河流、山岭、曲径小道都过不了。徐州、兖州和汴梁一带，方圆三百里，是河流和湖泊都很少的地方，马车正好可以用来弥补水运的不足。

凡车质，惟先择长者为轴，短者为毂，其木以槐、枣、檀、榆用榔榆[①]。为上。檀质太久劳则发烧。有慎用者，合抱枣、槐其至美也。其余轸、衡、箱、轭，则诸木可为耳。

此外，牛车以载刍粮，最盛晋地。路逢隘道，则牛颈系巨铃，名曰报君知，犹之骡车群马尽系铃声也。

又北方独辕车，人推其后，驴曳其前。行人不耐骑坐者，则雇觅之。鞠[②]席其上，以蔽风日。人必两傍对坐，否则欹倒。此车北上长安、济宁，径达帝京。不载人者，载货约重四五石而止。其驾牛为轿车者，独盛中州[③]。两傍双轮，中穿一轴，其分寸平如水。横架短衡，列轿其上，人可安坐，脱驾不欹。

其南方独轮推车，则一人之力是视，容载两石，遇坎即止，最远者止达百里而已。

其余难以枚述。但生于南方者不见大车，老于北方者不见巨舰，故粗载之。

【注释】

①楖榆：又称小叶榆。木材坚硬致密。

②鞠：弯曲。

③中州：今河南一带。

【译文】

造车的木料，应当先选长的做车轴，短的做毂，即轴承，以槐木、枣木、檀木、榆木用楖榆。为上等材料。不过檀木摩擦时间长了就会发热。有一些谨慎细心的人就选用双手才能合抱的枣木或者槐木来做，当然最好不过。轸、衡、厢、轭等其他的部件，则是所有的木质都可以做。

此外，用牛车来装载草料，最盛行的地方是山西。到了路狭窄的地方，就在牛脖子上系一个大铃铛，名字叫作“报君知”，正如那些骡马车的牲口也都系铃铛一样。

还有北方的独辕车，人在后面推，驴子在前面拉。无法长时间骑坐的旅客常常租用这种车。车上有拱形的顶棚，可以遮风蔽日。旅客一定要两边对坐，否则车子就会倾倒。这种车，北上至陕西西安和山东济宁，还可以直达北京。不载人的时候，载货最多可达四五石。还有一种用牛拉的轿车，唯独盛行于河南。两旁有双轮，中间穿过一条横轴，再架起几根短横木，轿就架在上面，人可以在上面安坐，牛停下来而脱驾时车也不会倾倒。

至于南方的独轮推车，只靠一个人推时，可以载重两石，遇到坎坷不平的道路就过不去只能停下，最远也只能走一百里。

其余的各种车子难以一一列举。只是考虑到生于南方的人没有见过大骡车，而生长在北方的人没有见过大船只，所以在这里简单介绍一下。

# 锤锻

宋子曰：金木受攻而物象曲成。世无利器[①]，即般[②]、倕[③]安所施其巧哉？五兵[④]之内，六乐[⑤]之中，微[⑥]钳[⑦]锤之奏功也，生杀之机[⑧]泯然矣！同出洪炉烈火，大小殊形：重千钧者，系巨舰于狂渊；轻一羽者，透绣纹于章服[⑨]。使冶钟铸鼎之巧，束手而让神功焉。莫邪、干将[⑩]，双龙飞跃，毋其说亦有征焉者乎？

【注释】

①利器：精良的工具。

②般：即鲁班。

③倕：一个叫作倕的能工巧匠。

④五兵：五种兵器。

⑤六乐：六种乐器，即钟、镈、錞、镯、铙和铎。

⑥微：无。

⑦钳：夹东西的工具。

⑧生杀之机：此处指乐器和兵器的功能。

⑨章服：礼服。

⑩莫邪、干将：春秋时期莫邪、干将夫妻制造的两把宝剑的名称。

【译文】

宋子说：金属和木材经过加工而成为各种各样的器物。假如没有精良的工具，即使是鲁班和倕这种巧匠，又将如何施展他们的精巧技艺呢？兵器和乐器，如果没有钳子和锤子发挥作用，它们奏乐和杀戮的功能也就泯然消失了。同样出自熔炉烈火，器物的大小形状却不一样：有重达千斤的铁锚，能在狂风巨浪中系住大船使其固定不动；也有轻如鸿毛的小针，可以在礼服上刺绣出美丽的花样。在这奇功的面前，制造钟鼎的奇淫技巧也逊色不少。莫邪、干将两把名剑，挥舞起来就像双龙飞跃，这个传说应该有它的根据吧！

## 治铁

凡治铁成器，取已炒熟铁为之。先铸铁成砧[①]，以为受锤之地。谚云："万器以钳为祖。”非无稽之说也。

凡出炉熟铁，名曰毛铁。受锻之时，十耗其三为铁华、铁落。若已成废器未锈烂者，名曰劳铁[②]，改造他器与本器，再经锤煅，十止耗去其一也。

凡炉中炽铁用炭，煤炭居十七，木炭居十三。凡山林无煤之处，锻工先择坚硬条木，烧成火墨[③]，俗名火矢，扬烧不闭穴火。其炎更烈于煤。即用煤炭，也别有铁炭一种，取其火性内攻、焰不虚腾者，与炊炭同形而有分类也。

凡铁性逐节粘合，涂上黄泥于接口之上[④]，入火挥槌，泥滓成枵而去，取其神气为媒合。胶结之后，非灼红斧斩，永不可断也。

凡熟铁、钢铁已经炉锤，水火未济，其质未坚。乘其出火时，入清水淬之，名曰健钢、健铁。言乎未健之时，为钢为铁弱性犹存也。

凡焊铁之法，西洋诸国别有奇药。中华小焊用白铜末，大焊[⑤]则竭力挥锤而强合之，历岁之久，终不可坚。故大炮西番有锻成者，中国惟事冶铸也。

【注释】

①砧：锻造时用铁铸造而成的受锤的垫具。

②劳铁：废铁。

③火墨：硬质木炭。

④凡铁性逐节粘合，涂上黄泥于接口之上：使用黄泥涂在接口主要是为了起保护作用，防止铁水表面氧化并从接口喷出来。

⑤大焊：此处指锻接，而非焊接。

【译文】

铁器是由生铁炼成的熟铁做成的。先将铁铸造成砧，作为锻打时的垫座。谚语说：“万器以钳为祖。”这并非没有根据。

刚出炉的熟铁，叫作毛铁。锻打时，一部分会变成铁花和氧化铁皮从而导致损耗三成。已成为废品但是还没有锈烂的铁器叫作劳铁，用它做成别样的或者原样的铁器，锻造时只会损耗十分之一。

熔铁炉所用的炭，其中煤炭占十分之七，木炭占十分之三。山区没有煤的地方，锻工便先选用坚硬的木条烧成坚炭，俗名叫火矢，它燃烧时不会变为碎末堵塞火路。火焰比煤更为猛烈。煤炭中有一种叫作铁炭的，烧起来时火焰不会虚腾摇晃，但是温度很高，它和烧饭用的炊炭外形相同，但是用途不相同。

把铁逐节接合好，在接口处涂上黄泥，烧红后立刻挥槌锤合，泥渣就会飞得一干二净，这是利用它的气来作为媒介。锤合好之后，除非又烧红了，用斧子砍开，否则它是永远不会断的。

熟铁或者钢铁烧红锻打之后，由于水火还没有相互产生作用，所以质地并不坚韧。趁它出炉时把它放进清水里进行淬火，才可以称之为健钢、健铁。也就是说，钢铁在淬火之前仍是保留它的软弱性的。

至于焊铁的方法，西方各国家有一些特殊的焊接材料。在我国，小焊用的是白铜粉，大焊则是尽力锻打将之强行接合，等过了一些年月后，接口就脱焊不再牢固了。所以大炮在西方有锻造成的，而我国只能依靠铸造制作大炮。

## 斤斧①

凡铁兵，薄者为刀剑，背厚而面薄者为斧斤。刀剑绝美者以百炼钢包裹其外，其中仍用无钢铁为骨。若非钢表铁里，则劲力所施，即成折断。其次寻常刀斧，止嵌钢于其面。即重价宝刀，可斩钉截凡铁者，经数千遭磨砺，则钢尽而铁现也。倭国刀，背阔不及二分许，架于手指之上不复欹倒。不知用何锤法，中国未得其传。凡健刀斧，皆嵌钢、包钢，整齐而后入水淬之。其快利则又在砺石成功也。凡匠斧与椎②，其中空管受柄处，皆先打冷铁为骨，名曰羊头，然后热铁包裹，冷者不沾，自成空隙。凡攻石椎，日久四面皆空，熔铁补满平填，再用无弊。

**【注释】**

①斤斧：即斧头。

②椎（chuí）：锤击具。

**【译文】**

铁兵器中，薄的叫作刀剑，背厚而刃薄的叫作斧头。最好的刀剑，是表面包着百炼钢，里面仍用熟铁来做骨架。假若不是钢面铁骨的话，猛一用力就会把它折断。通常的刀、斧，只是嵌钢在刃面上。即使是能够斩金截铁的贵重宝刀，历经几千次的磨砺之后，也会把钢磨光而让铁现出来。日本刀的刀背不到两分宽，架在手指上却不会倾倒。不知道是用什么方法锻打成形的，这种技术还没有传到中国来。凡是健刀健斧，都要镶嵌钢或者是包钢，修整好之后再放进水里淬火。想要它锋利，还得在磨石上下功夫才行。锻打斧头和铁椎装木柄的中空管子，先锻打一条铁模做骨，名叫羊头，然后把烧红的铁包在羊头上锻打，冷铁模不会粘住熟铁，取出后自然形成空管。打石椎用久了四面都会凹陷，用熔化的铁水补平后可以继续使用。

## 锄镈[1]

凡治地生物，用锄、镈之属，熟铁锻成，熔化生铁淋口，入水淬健，即成刚劲。每锹、锄重一斤者，淋生铁三钱为率[2]。少则不坚，多则过刚而折。

**【注释】**

①镈（bó）：除草用的阔口锄。

②率：标准。

**【译文】**

垦土、种植都会用到锄和阔口锄之类的农具，它们一开始先用熟铁锻打成形，再熔化生铁淋在锄口，放入水中经过淬火之后，就变得刚硬而坚韧了。每一把一斤重的锹、锄，以淋生铁三钱为标准。淋少了会造成锄、锹不够坚硬，生铁淋多了又会变得太硬易折断。

## 鎈[1]

凡铁鎈，纯钢为之。未健之时，钢性亦软。以已健钢錾[2]划成纵斜文理，划时斜向入，则文方成焰[3]。划后浇红，退微冷，入水健。久用乖平，入火退去健性，再用錾划。

凡鎈，开锯齿用茅叶鎈，后用快弦鎈；治铜钱用方长牵鎈；锁钥之类用方条鎈；治骨角用剑面鎈；朱注所谓鑢鐋[4]。治木末则锥成圆眼，不用纵斜文者，名曰香鎈[5]。划鎈纹时，用羊角末和盐醋先涂。

**【注释】**

①鎈（chā）：即锉，一种使东西平滑的工具。

②錾（zàn）：凿。

③焰：火苗，这里形容锉纹锋芒像火苗。

④鑢鐋（lǜ tāng）：鑢、鐋都属于锉刀这一类。

⑤香鎈：木工锉。

**【译文】**

锉刀是用纯钢打造而成的。在淬火之前，它的钢质还比较软。用淬过火之后的钢凿在锉坯上划出纵纹和斜纹，注意凿划时要从斜向进刀，纹沟才会有像火苗一样的锋芒。凿好之后将锉刀烧红，取出稍微冷却一会儿，再放入水中淬火，锉刀就铸造成功了。锉刀用久了之后纹沟会磨光变得平滑，这时要先入火使得钢质变柔软，然后再次用钢凿开凿出新的纹沟。

锉刀有很多种，各有用处：开锯齿，可以先用三角锉，再用半圆锉；修平铜钱可以选择用方长牵锉；加工锁和钥匙之类可以用方条锉；加工骨角可以用剑面锉；这就是朱熹注释《大学》所说的“鑢钖”。加工木器则用香锉，这种锉不用划纵斜纹，而是锥上许多圆眼。开凿锉纹时，先涂上羊角粉和盐、醋的混合物，然后再凿。

## 锥

凡锥，熟铁锤成，不入钢和。治书编之类用圆钻。攻皮革用扁钻。梓人[①]转索通眼、引钉合木者，用蛇头钻。其制：颖[②]上二分许，一面圆，二面剜[③]入，傍起两棱，以便转索。治铜叶用鸡心钻。其通身三棱者，名旋钻。通身四方而末锐者，名打钻。

**【注释】**

①梓人：木匠，木工。

②颖：物体的尖端，此处指钻头。

③剜：挖。

**【译文】**

锥子是用熟铁锤打而成的，其中不必夹钢调和。装订书刊之类的用圆钻。穿缝皮革用扁钻。木工转索钻孔以便引钉拼合木板时使用的是蛇头钻，它的形制为：钻头有两分长，一面为圆弧形，两面挖有空位，旁边起两个棱角，以便转动时易于钻入。钻铜片使用的是鸡心钻。钻身上有三条棱的名叫旋钻。钻身四方末端尖的叫作打钻。

## 锯

凡锯，熟铁锻成薄条，不钢，亦不淬健。出火退烧后，频加冷锤坚性，用锉开齿。两头衔木为梁，纠篾张开，促紧使直。长者刮木，短者截木，齿最细者截竹。齿钝之时，频加锉锐，而后使之。

**【译文】**

锯的做法是这样：先把熟铁锻成薄条，既不夹钢也不淬火。把薄条烧红，取出退火之后，再不断地锻打，使它变得坚韧，然后用锉刀开齿，做成锯片。锯的两端用短木作为锯把，中间衔接一条横梁，用竹篾纠扭使锯片张开绷直。长锯可以用来锯开木料，短锯可以用来截断木料，齿最细的锯用来锯断竹子。锯齿用钝了后，用锉刀锉每个齿，把它们锉锋利之后再用。

## 刨

凡刨，磨砺嵌钢寸铁，露刃秒忽，斜出木口之面，所以平木。古名曰准。巨者卧准露刃，持木抽削，名曰推刨。圆桶家使之。寻常用者，横木为两翅，手执前推。梓人为细功者，有起线刨，刃阔二分许。又刮木使极光者，名蜈蚣刨，一木之上，衔十余小刀，如蜈蚣之足。

【译文】

刨子是把宽一寸的嵌钢铁片磨锋利后，斜向装入木刨壳中，微微露出刃口，用来刨平木料。刨古时候叫作“准”。有的大刨是仰卧露出点刃口的，手持木料在它的刃上抽削，这叫作推刨。制作圆桶的木工经常会使用到它。平常用的刨，则是在刨身上穿过一条横木，像一对翅膀，手持横木往前推。制作精细的木工备有起线刨，这种刨子的刃口宽二分。还有一种能把木面刮得特别光滑的，叫蜈蚣刨，一个刨壳上有十几把小刨刀，就好像蜈蚣足。

## 凿

凡凿，熟铁锻成，嵌钢于口，其本空圆，以受木柄。先打铁骨为模，名曰羊头。杓[①]柄同用。斧从柄催，入木透眼。其末粗者阔寸许，细者三分而止。需圆眼者，则制成剜凿为之。

【注释】

①杓：同“勺”。

【译文】

凿子是用熟铁锻造而成的，凿子的刃部镶嵌有钢，上身是一截圆锥形的空管，用来装进木柄。先打一条铁骨来做模，这叫作羊头。加工铁勺柄也要用到它。用斧头敲击凿刃柄，凿刃便插入木而凿成孔眼。凿刃宽的有一寸，窄的只有三分。如果需要凿圆孔，那么就要制造弧形刃的剜凿来凿孔。

## 锚

凡舟行遇风难泊，则全身系命于锚。战舡、海舡，有重千钧者。锤法：先成四爪，以次逐节接身。其三百斤以内者，用径尺阔砧，安顿炉傍，当其两端皆红，掀去炉炭，铁包木棍，夹持上砧。若千斤内外者，则架木为棚，多人立其上，共持铁链，两接锚身，其末皆带巨铁圈链套，提起捩转，咸力锤合。合药不用黄泥，先取陈久壁土筛细，一人频撒接口之中，浑合方无微罅[①]。盖炉锤之中，此物其最巨者。

**【注释】**

①罅（xià）：缝隙。

**【译文】**

每当行船遇到风浪难以靠岸停泊的时候，它的安全就完全系之于锚了。战船和海船的锚，有重达上万斤的。锻造方法是先锤成四个铁爪，然后再将铁爪子逐一接在锚身上。三百斤以内的铁锚，可以先在炉子旁边安一块直径一尺的砧，当锻件的接口两端都烧红后，就掀去炉炭，用包着铁皮的木棍一端把它们夹到砧板上锤接。如果是一千斤左右的铁锚，就要先架一个木棚，让许多人站在棚上，一起握住铁链，铁链的另外一端系在套住锚身两端的大铁环上，把锚吊起来并按需要转动它，大家合力把锚的四个铁爪一个个地锤合上去。接铁用的合药不用黄泥，而是先取筛过的旧墙泥粉，再由一个人把它不断撒在接口上，一起与铁质锤合，这样接口才不会有缝隙。在炉锤工作中，锚算是最大的锻件了。

## 针

凡针，先锤铁为细条，用铁尺一根，锥成线眼，抽过条铁成线，逐寸剪断为针。先鎈其末成颖，用小槌敲扁其本，钢锥穿鼻[①]，复鎈其外。然后入釜，慢火炒熬。炒后，以土末入松木火矢、豆豉三物罨盖，下用火蒸。留针二三口插于其外，以试火候。其外针入手捻成粉碎，则其下针火候皆足。然后开封，入水健之。凡引线成衣与刺绣者，其质皆刚；惟马尾[②]刺工为冠者，则用柳条软针。分别之妙，在于水火健法云。

**【注释】**

①鼻：指针眼。

②马尾：镇名。在福建福州东南，以刺绣著称。

【译文】

造针的步骤是先把铁锤成细条，再取一根铁尺，在上面钻出线眼，将铁条从线眼中抽过成为铁线，再一寸一寸依次剪成针坯。先把针坯的一端锉尖，而另外一端锤扁，用硬锥钻出针鼻，再把针的周围锉平整。然后放入锅内，用慢火炒。炒过之后，就用泥粉、松木炭和豆豉三者的混合物掩盖，下面再用火蒸。留下两三根针插在混合物的外面，用来观察火候。当外面的针已经完全氧化到用手一捻就能够捻成粉末的时候，表明混合物盖住的针已经达到火候了。然后开封，淬火，便成为针。凡是缝衣服和刺绣使用的针都比较坚硬；唯独福建福州东南地区的马尾镇的工人缝帽子会用柳条软针。针有软硬之别的诀窍就在于淬火方法的不同。

## 治铜

凡红铜升黄[①]而后熔化造器。用砒升者为白铜器，工费倍难，侈者事之。凡黄铜，原从炉甘石[②]升者，不退火性受锤；从倭铅升者，出炉退火性，以受冷锤。凡响铜入锡参和，法具《五金》卷。成乐器者必圆成无焊。其余方圆用器，走焊、炙火粘合。用锡末者为小焊，用响铜末者为大焊。碎铜为末，用饭粘和打，入水洗去饭，铜末具存，不然则撒散。若焊银器，则用红铜末。

【注释】

①红铜升黄：把红铜提炼为黄铜。

②炉甘石：含锌矿石。

【译文】

红铜要先加锌提炼成为黄铜，再熔化之后才方便造各种器物。加砒霜等配料可炼成白铜，但是加工困难，所花费的成本也高，只有大户人家才用它。加炉甘石炼成的黄铜，烧红之后要趁热锻打；加锌炼成的黄铜，烧红之后要先退火，然后再加以冷锤。响铜是铜与锡的合金，制作方法见《五金》卷。乐器必须要用完整的一块响铜加工而成，而不能由几块焊接而成。至于其他的方形或者圆形器具，可以用走焊或者炙火黏合。小件焊接采用锡粉做焊料，大件焊接得用响铜做焊料。把铜打碎成粉末时，要用米饭黏合来舂打，否则铜粉容易四处飞散，最后把米饭洗掉就可得到铜粉。焊银器则要用红铜粉来做焊料。

凡锤乐器：锤钲俗名锣。不事先铸，熔团即锤；锤镯俗名铜鼓。与丁宁，则先铸成圆片，然后受锤。凡锤钲、镯，皆铺团于地面。巨者众共挥力。由小阔开，就身起弦，声俱从冷锤点发。其铜鼓中间突起隆泡，而后冷锤开声。声分雌与雄，则在分厘起伏之妙。重数锤者，其声为雄。

凡铜经锤之后，色成哑白，受鎈复现黄光。经锤折耗，铁损其十者，铜只去其一。气腥而色美，故锤工亦贵重铁工一等云。

【译文】

关于乐器的锻造：钲俗名为锣。不必经过铸造，把铜熔成一团后直接锤打就可锻成；镯俗名叫作铜鼓。和丁宁，则先要铸成圆片，然后再锤打才能造成。不论是锤铜锣还是锤铜鼓，都是把铜块或铜片铺在地上锤打。大件的需要众人齐心合力锤打才行。锤打后铜块由小逐渐扩展开，并使四周起弦边，声音都是从冷锤锤打的地方发出的。在铜鼓中央要打出一个突起的圆泡，然后再用冷锤敲定好音色。声音分为雌雄两种，关键在于圆泡的厚薄与深浅的细小差别，重打数锤为雄声，声调比较低。

铜经过锤打之后，表层会呈现出哑白色，锉过后又会呈现出有光泽的黄色。铜因锤打而损耗的只是铁的损耗量的一成。铜虽然有腥味，但是色泽美观，所以铜匠也要比铁匠高出一筹。

# 燔石

宋子曰：五行之内，土为万物之母。子之贵者，岂惟五金哉！金与水相守而流，功用谓莫尚[1]焉矣。石得燔而咸功，盖愈出而愈奇焉。水浸淫而败物，有隙必攻，所谓不遗丝发者。调和一物，以为外拒，漂海则冲洋澜，粘甃[2]则固城雉。不烦历候远涉，而至宝得焉。燔石之功，殆[3]莫之与京[4]矣！至于矾现五金色之形，硫为群石之将，皆变化于烈火。巧极丹铅炉火，方士纵焦劳唇舌，何尝肖像[5]天工之万一哉！

**【注释】**

①尚：超过。

②甃（zhòu）：修砌。

③殆：大概。

④京：大。

⑤肖像：相似，相像。

**【译文】**

宋子说：五行之内，土是产生万物的根本。从土中产生出来的众多物质中，贵重的何止金属这一类呢？金属和火之间相互作用而熔融流动，这样的功用也可以算是足够大的了。但是石头在焚烧之后也都有它自身的功用，而且越来越奇特。水会浸坏东西，只要是空隙的地方，水一定会浸入，可以说即使是一根头发大小的缝隙也都不会放过。但是，有了石灰这样可以修补缝隙的东西，用来填补船的缝隙，便使大船能够漂洋过海，用来砌墙也会使城墙更加坚固。这种宝物，甚至并不需要经年累月、长途跋涉的付出就能够得到。所以说大概没有什么东西比烧石拥有更大的作用了。至于矾能呈现出五色的形态，硫可以作为群石的将领，这都是从烈火中变化出来的。炼丹术非常巧妙，可是尽管炼丹术士唇焦舌烂地拼命吹嘘，又怎么能够比得上自然力的万分之一呢？

## 石灰

凡石灰，经火焚炼为用。成质之后，入水永劫不坏。亿万舟楫，亿万垣墙，窒隙防淫，是必由之。百里内外，土中必生可燔石。石以青色为上，黄白次之。石必掩土内二三尺[①]，堀取受燔，土面见风者不用。燔灰火料，煤炭居什九，薪炭居什一。先取煤炭，泥和做成饼，每煤饼一层，叠石一层，铺薪其底，灼火燔之。最佳者曰矿灰，最恶者曰窑滓灰。火力到后，烧酥石性。置于风中，久自吹化成粉。急用者以水沃之，亦自解散。

凡灰用以固舟缝，则桐油[②]、鱼油调厚绢、细罗，和油，杵千下，塞舱[③]；用以砌墙石，则筛去石块，水调粘合；甃墁[④]，则仍用油灰；用以垩[⑤]墙壁，则澄过，入纸筋涂墁；用以襄[⑥]墓及贮水池，则灰一分，入河沙、黄土二分，用糯米粳、羊桃藤汁和匀，轻筑坚固，永不隳坏[⑦]，名曰三和土。其余造淀、造纸，功用难以枚述。

凡温、台、闽、广海滨石不堪灰者，则天生蛎蚝以代之。

**【注释】**

①石必掩土内二三尺：这是一种不完全正确的说法。自然界中很多石灰裸露在外。

②桐油：属于干性油，主要成分为桐酸的甘油酯。

③塞舱：塞填船缝。

④甃墁：砌砖铺地面。

⑤垩：用白色涂料粉刷墙壁。

⑥襄：襄助，帮助。

⑦隳（huī）坏：破坏。

**【译文】**

石灰都是用石灰石经烈火烧炼而形成的。石灰质一旦形成之后，就算遇到水也永远不会变质。多少船只，多少墙壁，凡是填补缝隙防水，一定会用到它。方圆百里内外，土中必然有可供烧炼石灰的石头。这种石头以青色的为最佳，黄白色的稍差一些。石灰石一般都埋在地底下二三尺的地方，可以挖取出来进行烧炼，但是表面风化了的不能用。烧炼石灰所需要用的燃料，用煤的占九成，用柴炭的占一成。先把煤炭掺泥搅和在一起做成煤饼，然后一层煤饼一层石灰石相间地堆起来，最底下铺柴引燃火进行煅烧。质量最好的叫矿灰，最差的叫窑滓灰。当火候充足后，石头就会变脆。放置在空气中，久而久之自己会慢慢风化成粉。急用的时候将水洒上去，也会自动散开。

石灰的用途非常广，用来填补船缝的话，可以用桐油、鱼油搅拌，并加厚绢、细罗舂烂塞补；用来砌墙的话，则要先筛去石块，再用水调匀黏合；用来砌砖铺地面，则仍需使用油灰；用来粉刷或涂抹墙壁，则先要把石灰水澄清，再加入纸筋，然后进行涂抹；用来建造坟墓或者蓄水池，则是一份石灰加上两份河沙和黄泥的比例，再用粳糯米饭和猕猴桃汁搅拌均匀，轻轻拍打就会异常坚固，不易毁坏，这叫作三合土。此外，石灰还可以用于染色和造纸等行业，用途繁多到难以一一列举。

温州、台州、福建、广东一带，沿海的石头如果不能煅烧出石灰，用天然的牡蛎壳可以代替石头来烧制石灰。

## 蛎①灰

凡海滨石山傍水处，咸浪积压，生出蛎房，闽中曰蚝房。经年久者，长成数丈，阔则数亩，崎岖如石假山形象。蛤之类压入岩中，久则消化作肉团，名曰蛎黄，味极珍美②。

凡燔蛎灰者，执椎与凿，濡足③取来，药铺所货牡蛎，即此碎块。叠煤架火燔成，与前石灰共法。粘砌城墙、桥梁，调和桐油造舟，功皆相同。有误以蚬灰④即蛤粉。为蛎灰者，不格物⑤之故也。

【注释】

①蛎（lì）：牡蛎，即蚝，一种软体动物。

②蛤之类压入岩中，久则消化作肉团，名曰蛎黄，味极珍美：此处说法不确切，其实蛎黄并不是消化蛤肉而来。

③濡（rú）足：湿脚，此处指涉水。

④蚬灰：蚬壳烧制成的灰。

⑤格物：语出《礼记·大学》："致知在格物。"意思是知识在于探索。

【译文】

沿海一些背靠石山临近海水的地方，海浪长期冲击，生长出一种蛎房，福建一带称作蚝房。时间长了之后，这种蚝房可以长到几丈长，面积能达到几亩，外形高低不平，如同假石山的样子。一些蛤蜊一类的生物被冲入岩石似的蚝房内，时间长了被消化成肉团，即为蛎黄，味道特别鲜美。

烧蛎灰的人，拿着椎和凿，涉水将蛎房凿取下来，药店所售卖的牡蛎就是这种碎块。去掉肉之后，将牡蛎壳和煤饼堆砌在一起燃烧，方法与烧石灰的方法一样。凡是砌城墙、桥梁等工程，将蛎灰调和桐油造船，作用与石灰一样。有人误认为蚬灰即蛤粉。就是牡蛎灰，这是没有去实际考察客观事物的缘故。

## 煤炭

凡煤炭，普天皆生，以供锻炼金石之用。南方秃山无草木者，下即有煤，北方勿论。

煤有三种：有明煤、碎煤、末煤。明煤，大块如斗许，燕、齐、秦、晋生之。不用风箱鼓扇，以木炭少许引燃，熯炽①达昼夜。其傍夹带碎屑，则用洁净黄土调水作饼而烧之。碎煤有两种，多生吴、楚。炎高者曰饭炭，用以炊烹；炎平者曰铁炭，用以冶锻。入炉先用水沃湿，必用鼓鞴②后红，以次增添而用。末煤如面者，名曰自来风。泥水调成饼，入于炉内。既灼之后，与明煤相同，经昼夜不灭。半供炊爨③，半供熔铜、化石、升朱。至于燔石为灰与矾、硫，则三煤皆可用也。

**【注释】**

①熯炽（hàn chì）：燃烧旺盛。

②鞴（bài）：风箱。

③炊爨（cuàn）：烧火做饭。

**【译文】**

煤炭各处都有出产，它的作用是冶金和烧石。南方不生长草木的秃山地底下就有煤，北方却不一定是这种情况。

煤大致有三种：明煤、碎煤、末煤。明煤块大，有的像米斗那么大，产于河北、山东、陕西、山西。明煤不必使用风箱来鼓风，只需要借助少量木炭引燃，就能够夜以继日地燃烧。它的碎屑，则可以用干净的黄土调水做成煤饼来烧。碎煤有两种，多产于江苏、湖北一带。燃烧时，火焰蹿得高的叫饭炭，可以用来煮饭；火焰平平的叫铁炭，多是用来冶炼。碎煤得先用水浇湿，入炉后还得鼓风才能烧红，之后只要不断加煤，就可以继续燃烧。末煤呈粉状的叫自来风。用泥水调成饼状，放进炉子内，点燃之后，就和明煤一样，可以日夜燃烧不间断。有的末煤用来烧火做饭，有的用来炼铜、熔化矿石、炼制银朱。至于烧制石灰、矾或者硫，上面所说的三种煤都可以使用。

凡取煤经历久者，从土面能辨有无之色，然后掘挖。深至五丈许，方始得煤。初见煤端时，毒气①灼人。有将巨竹凿去中节，尖锐其末，插入炭中，其毒烟从竹中透上。人从其下施钁拾取者。或一井而下，炭纵横广有，则随其左右阔取。其上支板，以防压崩耳。

【注释】

①毒气：即瓦斯，主要成分为甲烷，此外还有一氧化碳、二氧化碳和硫化氢等。

【译文】

采煤经验积攒得多的人，从地面上的土质情况就能够判断出地下是否蕴藏煤，然后再往下挖掘。一直要挖到五丈深左右才能得到煤。煤层刚刚露头出现时，从里面冒出来的毒气能伤人。有一种方法是将大竹筒的中节都凿通，削尖竹筒末端，插入煤层中，这样毒气会沿着竹筒往上先行排出。人就可以下去用锄头来挖煤了。有时候井下的煤层向四方延伸，人们就可以选择横打巷道的方式来挖取。但是巷道需要用木板支撑起来，起保护作用，防止井矿崩塌伤人。

凡煤炭取空而后，以土填实其井，经二三十年后，其下煤复生长①，取之不尽。其底及四周石卵，土人名曰铜炭②者，取出烧皂矾③与硫黄。详后款。凡石卵单取硫黄者，其气薰甚，名曰臭煤④，燕京房山、固安，湖广荆州等处间有之。

凡煤炭经焚而后，质随火神化去，总无灰滓。盖金与土石之间，造化别现此种云。凡煤炭不生茂草盛木之乡，以见天心之妙。其炊爨功用所不及者，惟结腐一种而已。结豆腐者用煤炉则焦苦。

【注释】

①煤复生长：此处说明作者及同时代的人对煤的生成原理并不知晓。煤是由植物遗体经历一个漫长而又复杂的地质过程才形成的。

②铜炭：指煤层中或煤层顶底板中的黄铁矿结核，即俗称的硫黄蛋。

③皂矾：即青矾。

④臭煤：含硫或者硫化物特别多的铜质结核。所以燃烧时产生硫化物或者硫化氢等臭气。

【译文】

煤层挖完之后，如果用土把井填紧实，那么等二三十年之后，煤又会复生，可以说取之不尽。煤层底板或者围岩中含有一种石卵，当地人叫它铜炭，可以用来烧取皂矾和硫黄。在下文详细阐述。只能用来烧取硫黄叫铜炭，气味特别臭的，叫作臭煤。北京的房山、固安，湖广的荆州等地有时候也可以开采到。

煤炭燃烧的时候，煤质会全部烧完，不留下一点灰烬。这是自然界中介于金属与土石之间的一个特殊品种。煤不会产于草木茂盛的地方，由此可以得见自然界安排的巧妙。如果说煤在炊事方面还存在不足的地方的话，那仅仅是它不适用于做豆腐而已。用煤炉煮豆浆结成的豆腐有苦味。

## 矾石　白矾①

凡矾，燔石而成。白矾一种，亦所在有之，最盛者山西晋、南直无为②等州。值价低贱，与寒水石相仿。然煎水极沸，投矾化之，以之染物，则固结肤膜之间，外水永不入，故制糖饯与染画纸、红纸者需之。其末干撒，又能治浸淫恶水，故湿创家亦急需之也。

凡白矾，掘土取磊块石，层叠煤炭饼锻炼，如烧石灰样。火候已足，冷定入水。煎水极沸时，盘中有溅溢如物飞出，俗名蝴蝶矾者，则矾成矣。煎浓之后，入水缸内澄。其上隆结曰吊矾，洁白异常；其沉下者曰缸矾；轻虚如棉絮者曰柳絮矾。烧汁至尽，白如雪者，谓之巴石。方药家煅过用者曰枯矾③云。

【注释】

①白矾：即明矾石。

②南直无为：南直隶无为州，今安徽无为县。

③枯矾：经过锻造的明矾。

【译文】

明矾是用矾石烧成的。白矾这种东西很常见，到处都有，出产最多的要数山西晋州和安徽的无为县等地。它的价格低廉，同寒水石差不多。然而，等水煮开沸腾的时候，将明矾投入到沸水中发生化学反应，用它来染东西，它能够凝结在所染物品的表面，使外面的水分永远不渗进去，所以制造蜜饯、染画纸、染红纸都需要用到它。把干燥的明矾粉末撒在患处，还能治疗流出臭水的湿疹、疱疮之类的疾病，所以它对于皮肤科也是必需品。

烧制明矾时，先挖取矾石，然后将煤饼层层垒叠来烧炼矾石，就像烧石灰那样。等烧足火候后让它自然冷却，再放入水中。将水溶液煮到极沸，容器中有一种名叫蝴蝶矾的东西飞溅溢出来的时候，明矾就算制作成功了。水溶液煮浓之后，装入缸内澄清。上面凝结的一层叫吊矾，颜色异常洁白；沉淀在缸底的叫缸矾；质地轻如棉絮的叫柳絮矾。水溶液彻底蒸发之后，剩下的洁白如雪的物质叫作巴石。经方药家锻造之后做药用的，叫枯矾。

## 青矾　红矾　黄矾　胆矾

凡皂、红、黄矾，皆出一种而成，变化其质。

取煤炭外矿石俗名铜炭。子，每五百斤入炉，炉内用煤炭饼自来风不用鼓鞴者。千余斤，周围包裹此石。炉外砌筑土墙圈围，炉颠空一圆孔，如茶碗口大，透炎直上，孔傍以矾滓厚罨①。此滓不知起自何世，欲作新炉者，非旧滓罨盖则不成②。然后从底发火，此火度经十日方熄。其孔眼时有金色光直上。取硫，详后款。煅经十日后，冷定取出。半酥杂碎者另拣出，名曰时矾，为煎矾红用。其中精粹如矿灰形者，取入缸中，浸三个时③，漉④入釜中煎炼，每水十石，煎至一石，火候方足。煎干之后，上结者皆佳好皂矾，下者为矾滓。后炉用此盖。此皂矾染家必需用，中国煎者亦惟五六所。原石五百斤，成皂矾二百斤，其大端也。

【注释】

①罨（yǎn）：敷，掩。

②非旧滓罨盖则不成：用旧矾渣掩盖炉顶主要是为了阻止空气进入造成不必要的氧化导致皂矾无法形成。

③时：时辰。三个时辰，即六个小时。

④漉：过滤。

【译文】

皂矾、红矾、黄矾，都是由同一种物质变化形成的，性质却各不相同。

取煤炭外层的矿石子俗名铜炭。五百斤放入炉子内部，炉内用一种煤饼名为自来风，不必鼓风就能够燃烧的煤粉。一千多斤放在周围，包裹这些矿石。在炉外修筑一个土墙圈住，炉顶留一个圆孔，孔径像茶碗那么大，使火焰能往上透出，孔旁用矾渣盖实。矾渣不知道是起源于什么时候，但凡是起新炉，除非用旧渣掩盖否则就会失败。然后从炉底发火，这火大概要连续烧十天才会熄灭。烧时炉顶的孔眼不时有金色火焰往上冒出。烧取硫黄，下文详细记述。煅烧十天过后，等矾石冷却了才取出。其中半酥杂碎的另外挑出来，这部分名叫时矾，用来煎炼红矾。其中炉灰样的精华部分，将之取出放入缸中，用水浸泡六个小时，再过滤放入锅中煎炼，要把十石水煮成只有一石水，火候才算足。水快煮干时，上层结成的都是上好的皂矾，下层所结的就是矾渣了。下一炉用它来盖顶。这种皂矾是印染的人家必需用到的原料，全国制造皂矾的也只有五六家。用五百斤石料可以炼成二百斤皂矾，情况大概是这样。

其拣出时矾，俗又名鸡屎矾。每斤入黄土四两，入罐熬炼，则成矾红。圬墁及油漆家用之。

其黄矾所出又奇甚。乃即炼皂矾炉侧土墙，春夏经受火石精气，至霜降、立冬之交，冷静之时，其墙上自然爆出此种，如淮北砖墙生焰硝样。刮取下来，名曰黄矾，染家用之。金色淡者，涂炙，立成紫赤也。其黄矾自外国来，打破，中有金丝者，名曰波斯矾。别是一种。

**【译文】**

另外拣出来的时矾，俗名又叫作鸡屎矾。每斤加入黄土四两，入罐熬炼，便成了红矾。粉刷工和油漆工常常会用到它。

而黄矾的出现更加奇特。乃是炼皂矾的时候炉边的土墙，每年春夏吸附煅烧皂矾的蒸气，到了霜降、立冬相交的时节，土墙干冷，墙上的矾便会自然析出，好像淮北土墙生出火硝那样。刮取下来的，便是黄矾了，染坊经常要用它。淡金色的物件，用黄矾涂抹再烤一下，立刻变成紫红色。还有一种黄矾从外国运来，打破之后能看到中间有金丝，名叫波斯矾。这是另外的一个品种。

又山陕烧取硫黄山上，其滓弃地，二三年后，雨水浸淋，精液流入沟麓之中，自然结成皂矾。取而货用，不假煎炼。其中色佳者，人取以混石胆云。石胆一名胆矾者，亦出晋、隰等州，乃山石穴中自结成者，故绿色带宝光。烧铁器淬于胆矾水中，即成铜色也。《本草》载矾虽五种，并未分别原委。其昆仑矾状如黑泥，铁矾状如赤石脂者，皆西域产也。

**【译文】**

山西、陕西等地烧硫黄的山上，集中丢弃废渣的地方，两三年之后，经过雨水的淋洗，其中的精华流到山沟中，经过蒸发也能结成皂矾。这种皂矾，取用或者出售都不用再煎炼。其中色泽鲜艳美丽的，有人用来假充石胆。石胆又叫作胆矾，出产于晋州和山西隰县等地，乃是胆矾在山崖洞穴中自然结晶而成的，所以它的绿色带有宝石光泽。将铁器烧红淬入胆矾水中，铁器立刻呈现铜的颜色。《本草纲目》虽然记载了五种矾，但是并没有分别记述它们的来源和关系。昆仑矾形状如同黑泥，铁矾的形状如同赤石脂，都产自西域。

## 硫黄

凡硫黄，乃烧石承液而结就。著书者误以焚石为矾石，逐有矾液之说。然烧取硫黄石，半出特生白石，半出煤矿烧矾石。此矾液之说所由混也。又言中国有温泉处必有硫黄，今东海广南产硫黄处又无温泉，此因温泉水气似硫黄，故意度言之也。

凡烧硫黄石与煤矿石同形。掘取其石，用煤炭饼包裹丛架，外筑土作炉。炭与石皆载千斤于内，炉上用烧硫旧渣罨盖，中顶隆起，透一圆孔，其中火力到时，孔内透出黄焰金光。先教陶家烧一钵盂，其盂当中隆起，边弦卷成鱼袋样，覆于孔上。石精感受火神，化出黄光飞走，遇盂掩住，不能上飞，则化成汁液，靠著盂底，其液流入弦袋之中，其弦又透小眼，流入冷道灰槽小池，则凝结而成硫黄矣。

其炭煤矿石烧取皂矾者，当其黄光上走时，仍用此法掩盖，以取硫黄。得硫一斤，则减去皂矾三十余斤。其矾精华已结硫黄，则枯滓遂为弃物。

凡火药，硫为纯阳，硝为纯阴，两精逼合，成声成变，此乾坤幻出神物也。硫黄不产北狄，或产而不知炼取，亦不可知。至奇炮出于西洋与红夷，则东徂西数万里，皆产硫黄之地也。其琉球土硫黄，广南水硫黄，皆误记也。

**【译文】**

硫黄是由烧炼矿石时得到的液体冷却凝结而成。过去的著书者误以为硫黄都是烧矾石得出的，所以有矾液的叫法。然而烧取硫黄的原料一半来自当地特产的白石，一半来自煤矿烧的矾石。矾液的说法就是这样混杂来的。又有人说中国有温泉的地方就一定会有硫黄，但东海、广东南部等出产硫黄的地方却并没有温泉，这大概是因为温泉的味道像硫黄所以如此猜想而这样说的吧。

烧取硫黄的矿石与煤矿石的形状相同。挖掘矿石，用煤饼将其包裹并堆垒起来，外面修筑土墙并造炉。每炉装载的石料和煤饼都有千斤左右，炉顶上用烧硫旧渣掩盖，炉顶中间部分隆起，空出一个圆孔，燃烧到一定的程度，孔内就会有金黄色的气体冒出。事先请陶工烧制一个钵，钵的中部隆起，边缘向内卷成像鱼鳔形状的凹槽，烧硫的时候，就把钵覆盖在炉孔上。石头内部的精华成分受到火的作用，化成黄色蒸气沿着炉孔上升，被钵挡住不能外溢，便冷凝化成液体，沿着钵的内壁流入凹槽，又透过小眼沿着冷却管道流入小池，最后凝结成固体硫黄。

用含煤黄铁矿烧取皂矾，当黄色蒸气上升的时候，仍是采用这种方法掩盖来收取硫黄。取得一斤硫黄，就会减收三十多斤皂矾。矾的精华已经转化为硫黄，剩下的枯渣就成了废物。

火药的主要原料是硫黄和硝石，硫黄是纯阳，硝石是纯阴，这两者相互作用引起爆炸，产生巨大的声响，是自然界孕育出来的奇迹。北方少数民族居住的地方不出产硫黄，或许有出产但他们不会炼取也未可知。新式枪炮出现在西洋和荷兰，这说明东方到西方数万里，都是出产硫黄的地方。但是所谓琉球的土硫黄、广东南部的水硫黄，都是错误的记载。

## 砒石

凡烧砒霜质料，似土而坚，似石而碎，穴土数尺而取之。江西信郡①、河南信阳②州皆有砒井，故名信石。近则出产独盛衡阳，一厂有造至万钧者。凡砒石井中，其上常有浊绿水，先绞水尽，然后下凿。

砒有红、白两种，各因所出原石色烧成。凡烧砒，下鞠土窑，纳石其上，上砌曲突，以铁釜倒悬覆突口。其下灼炭举火，其烟气从曲突内熏贴釜上。度其已贴一层，厚结寸许，下复息火，待前烟冷定，又举次火，熏贴如前。一釜之内，数层已满，然后提下，毁釜而取砒。故今砒底有铁沙，即破釜滓也。凡白砒止此一法。红砒则分金炉内银铜恼气有闪成者。

凡烧砒时，立者必于上风十余丈外。下风所近，草木皆死。烧砒之人，经两载即改徙，否则须发尽落，此物生人食过分厘立死。然每岁千万金钱速售不滞者，以晋地菽麦必用拌种，且驱田中黄鼠害；宁绍郡③稻田必用蘸秧根，则丰收也。不然，火药与染铜需用能几何哉！

**【注释】**

①信郡：指广信郡。今江西上饶。

②信阳：今属河南。

③宁绍郡：指今浙江宁波与绍兴。

**【译文】**

烧制砒霜的原料，像是泥土但是比泥土更坚硬，像是石头但是比石头更易碎，挖几尺土就可以得到。江西广信郡、河南信阳都有砒井，因此砒石又叫信石。近来砒石产量最多的则是湖南衡阳，有的工厂年产量可达上万斤。砒井中，上方常常积有绿色的浊水，开采时要先把浊水处理干净，然后才能凿取。

砒霜分为红、白两种，分别由原来的红、白色砒石烧制而成。烧制砒霜时，在下面挖个土窑堆放砒石，在上面砌个弯曲的烟囱，然后把铁锅倒过来覆盖在烟囱口上。窑底烧炭引火焙烧，烟气就会从烟囱内上升，熏贴在锅的内壁之上。估计它累积达到大约一寸厚的时候熄火，等烟气完全冷却，再次起火燃烧。这样反复几次，一直到锅内贴满好几层砒霜为止，才把锅拿下来，打碎锅来剥取砒霜。因此靠近锅底的砒霜留有铁砂，那是锅的碎屑。白砒霜的制造方法只此一种。至于红砒霜，则还有一种是在冶炼含砷的银铜矿石时，由分金炉内析出的蒸气凝结而成。

烧制砒霜的时候，操作者必须站在上风十多丈远的地方。下风所触及的地方，草木都会死。烧制砒霜的人在两年后一定要转行，否则须发会全部脱光。砒霜含有剧毒，人只要服用些许就会死亡。然而，每年价值千百万的砒霜却十分畅销不会滞留，这是因为山西等地的乡民种植豆子和麦子都必须用它来拌种，而且还利用它来去除田鼠害；宁波、绍兴一带的乡民也必用它来蘸秧根，从而使水稻丰收。否则，如果砒霜仅仅是用于满足火药和炼白铜的需要，又能够用得了多少呢？

# 膏液

宋子曰：天道平分昼夜，而人工继晷以襄事[①]，岂好劳而恶逸哉？使织女燃薪[②]，书生映雪[③]，所济成何事也？草木之实，其中韫[④]藏膏液，而不能自流。假媒水火，冯藉木石，而后倾注而出焉。此人巧聪明，不知于何禀度[⑤]也。

人间负重致远，恃有舟车。乃车得一铢[⑥]而辖转，舟得一石而罅完，非此物之为功也不可行矣。至菹[⑦]蔬之登釜也，莫或膏之，犹啼儿之失乳焉。斯其功用一端而已哉？

**【注释】**

①继晷（guǐ）以襄事：日夜不停地工作。晷，日影。襄事，成事。

②织女燃薪：相传三国时期魏文帝时的官人薛灵芸，妙于针工，不用点灯烛也能缝衣。

③书生映雪：晋代人孙康家境贫寒，买不起灯油，常常借助雪的反光来读书。

④韫（yùn）：通“蕴”。包含。

⑤禀度：受教。

⑥铢：古代重量单位。二十四铢等于旧制一两。

⑦菹（zū）：酸菜，泡菜。

**【译文】**

宋子说：自然的运行平分了昼夜，然而人们却没日没夜地工作，难道是因为爱好劳动而厌恶安逸吗？让纺织的少女在柴火的照耀下织布，读书人借助雪反光来读书，这又怎么能成功呢？草木的果实中蕴含有油膏脂液，但是它无法自己流出来，要凭借水火、木石来加工，然后才能够倾注而出。人的这些智慧和技巧，不知道是从哪一个圣贤那里请教得到的。

人们运东西到别的远方，依靠的是船和车。车轴只要有了少量的油润滑，车轮就能够灵活转动；船身只要有一石的油灰，缝隙就可以全部填补好。没有油脂对此发挥作用，船和车就通行不了。至于酸菜和其他蔬菜的烹制，如果没有油，就好比婴儿没有奶吃而啼哭一样。如此看来，油脂的功用又何止在一个方面呢？

## 油品

凡油，供馔食用者，胡麻[①]、一名脂麻。莱菔子、黄豆、菘菜子一名白菜。为上，苏麻[②]、形似紫苏，粒大于胡麻。芸薹子江南名菜子。次之。茶[③]子其树高丈余，子如金罂子，去肉取仁。次之，苋菜[④]子次之，大麻仁粒如胡荽子，剥取其皮，为绊索用者。为下。

【注释】

①胡麻：即芝麻。

②苏麻：即白苏。

③茶：油茶。

④苋菜：苋科，又名雁来红。种子含油率 7%。

【译文】

在食用油中，以芝麻油（又名脂麻油）、萝卜籽油、黄豆油、大白菜籽油为最佳，苏麻油（苏麻子形状像紫苏，籽粒比芝麻大些）、油菜籽油（江南叫菜籽），差一些。茶籽油（茶树一丈多高，茶籽像金樱子，去肉取仁），差一些。苋菜籽油又差一些，大麻仁油（大麻种子像胡荽子，剥下来的皮可以搓制绳索）为下品。

燃灯，则桕[①]仁内水油为上，芸薹次之，亚麻[②]子陕西所种，俗名壁虱脂麻，气恶不堪食。次之，棉花子次之，胡麻次之，燃灯最易竭。桐[③]油与桕混油为下。桐油毒气熏人，桕油连皮膜则冻结不清。

造烛，则桕皮油为上，蓖麻子次之，桕混油每斤入白蜡结冻次之，白蜡结冻诸清油又次之，樟树子油又次之，其光不减，但有避香气者。冬青子油又次之，韶郡专用，嫌其油少，故列次。北土广用牛油，则为下矣。

【注释】

①桕（jiù）：乌桕。大戟科，落叶乔木。

②亚麻：分为纤维用亚麻、油用亚麻和兼用亚麻。此处指种子含油率 44% 的油用亚麻。

③桐：油桐。

【译文】

点灯以乌桕水油为上品，油菜籽油次之，亚麻籽油、陕西所种的亚麻，俗名为壁虱脂麻，气味难闻，不能食用。棉籽油、芝麻油用来点灯耗油量巨大，很容易用完。又次之，桐油和桕混油为下品。桐油毒气熏人，连皮膜榨出的桕混油则凝结不清。

制造蜡烛，则以柏皮油为上料，蓖麻籽油、加白醋凝结的柏混油其次，加白醋凝结的各种清油又其次，樟树籽油再其次，点灯时它的光度不弱，但有人不喜欢它的香气。冬青籽油更差一些，只有韶关一带才用，嫌弃它的含油量少，所以列为次等。北方地区普遍使用的牛油，则是很下等的油料了。

凡胡麻与蓖麻子、樟树子，每石得油四十斤。莱菔子每石得油二十七斤。甘美异常，益人五脏。芸薹子每石得油三十斤，其耨勤而地沃、榨法精到者，仍得四十斤。陈历一年，则空内而无油。茶子每石得油一十五斤。油味似猪脂，甚美，其枯[①]则止可种火及毒鱼用。桐子仁每石得油三十三斤。柏子分打时，皮油得二十斤、水油得十五斤，混打时共得三十三斤。此须绝净者。冬青子每石得油十二斤。黄豆每石得油九斤。吴下[②]取油食后，以其饼充豕粮。菘菜子每石得油三十斤。油出清如绿水。棉花子每百斤得油七斤。初出甚黑浊，澄半月清甚。苋菜子每石得油三十斤。味甚甘美，嫌性冷滑。亚麻、大麻仁每石得油二十余斤。

此其大端，其他未穷究试验、与夫一方已试而他方未知者，尚有待云。

【注释】

①枯：油料作物果籽榨油之后留下的渣滓。

②吴下：相当于今江苏、上海大部分和安徽、浙江的一部分。

【译文】

芝麻和蓖麻籽、樟树籽，每石可以榨四十斤油。萝卜籽每石可以榨二十七斤油。味道非常甘美，有益于人的五脏。油菜籽每石可以榨三十斤油，如果勤于锄草、土壤肥沃、榨法优良的话，甚至可以榨四十斤油。闲置一年后，籽实就会变得内空而无油。茶籽每石可以榨十五斤油。油味像猪油一样美味，但是榨后的枯饼只可以用来引火和毒杀鱼。桐子仁每石也可以榨三十三斤油。柏树籽核和皮膜分榨时，可以得皮油二十斤、水油十五斤，混榨时可以得到柏混油三十三斤。籽、皮都必须非常干净。冬青子每石可以榨油十二斤。黄豆每石可以榨油九斤。江苏南北和安徽、浙江北部一带取豆油食用，豆枯饼则用来充当猪饲料。大白菜籽每石可榨油三十斤。油清澈得如同绿水。棉花籽每百斤可以榨油七斤。刚榨出的油很黑很混浊，放置半个月之后就清了。苋菜籽每石可以榨油三十斤。味道甘甜可口，但嫌冷滑。亚麻仁、大麻仁每石可以榨油二十多斤。

这些都是大概的情况。至于其他的油料及其榨油率，因为没有做过深入彻底的考察和试验，或者已经在某个地方试验过而没有推广的，就有待以后补述了。

## 法具①

凡取油，榨法而外，有两镬②煮取法，以治蓖麻与苏麻；北京有磨法，朝鲜有舂法，以治胡麻。其余则皆从榨出也。

凡榨，木巨者围必合抱，而中空之。其木樟为上，檀与杞③次之。杞木为者妨地湿则速朽。此三木者脉理循环结长，非有纵直文，故竭力挥椎，实尖其中，而两头无璺坼之患，他木有纵文者不可为也。中土、江北少合抱木者，则取四根合并为之，铁箍裹定，横拴串合，而空其中，以受诸质，则散木有完木之用也。凡开榨，空中其量随木大小，大者受一石有余，小者受五斗不足。凡开榨，辟中，凿划平槽一条，以宛凿入中，削圆上下，下沿凿一小孔，剛④一小槽，使油出之时流入承藉器中。其平槽约长三四尺，阔三四寸，视其身而为之，无定式也。实槽尖与枋⑤，惟檀木、柞子木两者宜为之，他木无望焉。其尖过斤斧而不过刨，盖欲其涩，不欲其滑，惧报转也。撞木与受撞之尖皆以铁圈裹首，惧披散也。

【注释】

①法具：此处指榨油的器具。

②镬（huò）：锅。

③杞：杞柳。优质木材。古代常借其比喻优质人才。

④剛（xī）：削。

⑤枋：类似楔子的一种矩形木。

【译文】

制油除去榨法以外，还有两锅煮取法来制造蓖麻油和苏麻油；北京用的是磨法，朝鲜用的是舂法，用来制取芝麻油。其余的油则都是用榨法制取。

榨具要用周长有两臂围抱粗的木材来做，把木材中间挖空。用樟木做是最好的，檀木与杞木做的差一些。杞木怕潮湿，容易腐朽。这三种木材的纹理都是扭曲缠绕的，没有直纹，所以把尖楔插在其中尽力捶打时，木材两头没有裂开的风险，其他有直纹的木料则不适用。中原地区、长江以北很少有这种两臂合围的大树，可以用四根木材拼接起来，用铁箍箍紧，再用横栓拼合起来，挖空中间，以便放入待压榨的油料，这样就可以把散木当作完整的木材来用了。开始做榨具的时候，木材的中间挖空多少取决于木料的大小，大的可以装下一石多油料，小的装不了五斗。做榨具的时候，要在中空部分凿开一条平槽，用弯凿把上下削圆，再在下沿凿一个小孔，削一条小槽，使榨出的油到时能流入接收器中。平槽长三四尺，宽三四寸，大小根据榨具大小而定，没有固定统一的规格。插入槽里的尖楔和枋木都要用檀木或者柞木来制作，其他材料不适合。尖楔用刀或者斧子砍成而不用刨子，因为需要它粗糙不要它光滑，以防止它滑出。撞木和尖楔都要用铁圈箍紧头部以防止披散。

榨具已整理，则取诸麻、莱子入釜，文火慢炒，凡柏桐之类属树木生者，皆不炒而碾蒸。透出香气，然后碾碎受蒸。凡炒诸麻、莱子，宜铸平底锅，深止六寸者，投子仁于内，翻拌最勤。若釜底太深，翻拌疏慢，则火候交伤，减丧油质。炒锅亦斜安灶上，与蒸锅大异。

凡碾埋槽土内，木为者以铁片掩之。其上以木竿衔铁陀，两人对举而推之。资本广者则砌石为牛碾，一牛之力可敌十人。亦有不受碾而受磨者，则棉子之类是也。

既碾而筛，择粗者再碾，细者则入釜甑受蒸。蒸气腾足，取出，以稻秸与麦秸包裹如饼形。其饼外圈箍，或用铁打成，或破篾绞刺而成，与榨中则寸相稳合。

【译文】

当榨具已经准备就绪，就可以将麻子或者菜籽之类的油料放入锅内，用文火慢炒，凡是属于草木的柏、桐之类的籽实，都不必经过炒制，碾碎后蒸熟即可。等透出香气就取出，然后碾碎入蒸。炒蓖麻子、菜籽用六寸深的平底锅比较合适，将籽仁放入锅内不断地翻炒。如果锅底太深，翻拌次数还少，籽仁就会因为受热不均而降低油的产量和质量。炒锅是斜放在灶台上，与蒸锅大不一样。

碾槽埋在土里，木质的用铁片覆盖住它。上面用一根木杆穿过铁砣的圆心，两人相对一起向前推碾。资本雄厚的则用石块砌成牛碾，一头牛的劳动效率可以抵得上十个人。有的籽实，只能用磨而不用碾，例如棉籽一类。

碾了之后过筛，把其中粗的再碾一次，细的则放入甑中蒸。当蒸汽升腾足够多时取出，用稻秆或者麦秆包裹成大饼的形状。饼外围的箍用铁打成或者用竹篾交织而成，要与榨具中空隙的尺寸相吻合。

凡油原因气取，有生于无。出甑之时，包裹怠缓，则水火郁蒸之气游走，为此损油。能者疾倾、疾裹而疾箍之，得油之多，诀由于此，榨工有自少至老而不知者。包裹既定，装入榨中，随其量满，挥撞挤轧，而流泉出焉矣。包内油出滓存，名曰枯饼。凡胡麻、莱菔、芸薹诸饼，皆重新碾碎，筛去秸芒，再蒸、再裹而再榨之，初次得油二分，二次得油一分。若柏、桐诸物，则一榨已尽流出，不必再也。

【译文】

油原是用蒸气提取的，“有形”生于“无形”。出甑子时如果包裹动作太慢，就会使一部分闷热的蒸气游走逃散出去，出油率也就降低了。熟手能够做到快倒、快裹、快箍，得油多的秘诀全在这里。有的榨工从年轻到年老都不明白这个道理。包裹好了，就装入榨具中，等全装满后，挥动撞木把尖楔打进去挤压，油就像泉水那样喷薄而出。包裹里剩下的渣滓叫作枯饼。芝麻、萝卜籽、油菜籽等枯饼都要重新碾碎一次，筛去其中的茎秆和壳刺，再蒸、再包和再榨，第一次榨得油二分，第二次榨得油一分。如果是柏子、桐子之类，则一榨后油已经全部流出，不必继续榨了。

若水煮法，则并用两釜。将蓖麻、苏麻子碾碎，入一釜中，注水滚煎，其上浮沫即油。以杓掠取，倾于干釜内，其下慢火熬干水气，油即成矣。然得油之数毕竟减杀。

北磨麻油法，以粗麻布袋捩绞，其法再详。

【译文】

用水煮法来制油，会同时使用两个锅。将蓖麻籽或苏麻子碾碎，放入一个锅中，注入水煮沸，上浮的泡沫就是油。用勺子撇取，倒入另外一个干锅中，下面用慢火熬干水分，油就制成了。然而用这种方法得油量有所减少。

北京地区的人用研磨法制取芝麻油，把磨过的芝麻籽装在粗布布袋中扭绞，具体操作办法以后再加以详述。

## 皮油

凡皮油造烛，法起广信郡[①]，其法取洁净桕子，囫囵入釜甑蒸，蒸后倾入臼内受舂。其臼深约尺五寸。碓以石为头[②]，不用铁嘴。石取深山结而腻[③]者，轻重斫成限四十斤，上嵌衡木之上而舂之。其皮膜上油尽脱骨而纷落，挖起，筛于盘内，再蒸，包裹入榨，皆同前法。皮油已落尽，其骨为黑子。用冷腻小石磨不惧火煅者，此磨亦从信郡深山觅取。以红火矢围壅煅热，将黑子逐把灌入疾磨。磨破之时，风扇去其黑壳，则其内完全白仁，与梧桐[④]子无异。将此碾、蒸、包裹、入榨，与前法同。榨出水油，清亮无比。贮小盏之中，独根心草燃至天明，盖诸清油所不及者。入食馔即不伤人，恐有忌者，宁不用耳。

【注释】

①广信郡：今江西上饶。

②碓以石为头：碓头是石头制作的。

③腻：滑腻，细腻。

④梧桐：落叶乔木，种子含油率达39.7%，可以榨油。

【译文】

用皮油制作蜡烛的方法是由广信郡的人发明的。把洁净的桕子整个放入甑里蒸，蒸好后倒入杵臼内舂捣。杵臼大约一尺五寸深。用石头制作碓身，不用铁嘴。采取深山中坚实而细滑的石块琢制就可以了，重量限定在四十斤，上部嵌在平衡木的一端，就可以舂捣了。桕子核外皮膜上的油蜡层舂过之后全部脱落，挖出来，把它筛过后再放入盘子里蒸，然后包裹放入榨具中，方法如前文。皮油脱净之后，剩下的核即黑籽。用一座不怕火煅烧的冷滑小石磨，这种石磨也是从广信郡的深山中寻觅到的。周围堆满烧红的炭火，将黑籽逐把投入快磨。磨破之后，再以风扇扇去黑壳。则剩下的都是白仁，跟梧桐子一样。把白仁碾碎、入蒸、包裹、压榨，方法如前文。榨出的油叫作“水油”，十分清亮。装入小灯盏中，只要用一根灯芯草就可以点燃直到天亮，其他的清油都不如它。理论上可以食用，但还是有人害怕，宁可不吃。

其皮油造烛，截苦竹筒两破，水中煮涨，不然则粘带。小篾箍勒定，用鹰嘴铁杓挽油灌入，即成一枝。插心于内，顷刻冻结，捋箍开筒而取之。或削棍为模，裁纸一方，卷于其上，而成纸筒，灌入亦成一烛。此烛任置风尘中，再经寒暑，不敝坏也。

【译文】

用皮油制造蜡烛，其方法是：把苦竹筒剖成两半，放在水中煮涨，否则就会粘带皮油。用小篾箍固定，再用尖嘴铁勺装油灌入筒内，就成了一根蜡烛。插入烛芯，过一会儿蜡凝结了，顺筒捋脱篾箍，打开竹筒，取出做好的蜡烛。另外一种方法是把小木棒削成蜡烛的模型，裁一张纸，卷在模子上做成纸筒，然后将皮油灌入纸筒，也会凝结成一支蜡烛。这种蜡烛无论是经过风蚀土侵，还是经历寒冬酷暑，都不会变质。

# 杀青

宋子曰：物象精华，乾坤微妙，古传今而华达夷，使后起含生[①]，目授而心识[②]之，承载者以何物哉？君与民通，师将弟命[③]，冯藉咕咕[④]口语，其与几何？持寸符，握半卷，终事诠旨[⑤]，风行而冰释焉。覆载[⑥]之间之藉[⑦]有楮先生[⑧]也，圣顽咸嘉赖之矣。身为竹骨与木皮，杀其青而白乃见[⑨]，万卷百家，基从此起。其精在此，而其粗效于障风护物之间。事已开于上古，而使汉、晋时人擅名记者，何其陋哉！

**【注释】**

①含生：泛指有生命者。

②识（zhì）：记住。

③师将弟命：师父将手艺传给弟子。

④咕（chè）咕：喋喋不休。

⑤诠旨：解释道理。

⑥覆载：天地。

⑦藉：凭借。

⑧楮先生：纸张的别名。

⑨见：同“现”。显现。

**【译文】**

宋子说：事物的精华，天地的奥妙，从古代到现在，从中原到边疆，使后人能够瞬间一目了然，那是凭借什么东西记载下来的呢？君主与百姓来往接触，老师传授知识给学生，如果仅仅凭借喋喋不休的口头语言，又能够解决多少问题呢？但是只要持有一寸符文或者半册课本，把有关事物的道理诠释清楚，就能够使行动达到雷厉风行的效果，问题也会像冰雪消融一样解决。自从世界上有纸张之后，聪明和愚钝的人都从中获益匪浅。纸张是用竹子和树皮为原料制造而成的，除去树木外层的青皮才能造成白纸，诸子百家的万卷图书才有了书写和印刷的物质基础。精细的纸张用在这一方面，而那些粗糙的纸张则用来挡风和进行包装。造纸的技术早在上古时就已经有了，但是有人却把它说成汉、晋朝时某个人的发明，这是多么浅薄的见解啊！

## 纸料

凡纸质，用楮树一名榖树。皮与桑穰[①]、芙蓉膜等诸物者为皮纸，用竹麻者为竹纸。精者极其洁白，供书文、印文、柬启用；粗者为火纸[②]、包裹纸。

所谓杀青，以斩竹得名；汗青以煮沥得名；简即已成纸名。乃煮竹成简，后人遂疑削竹片以纪事，而又误疑韦编[③]为皮条穿竹札也。秦火未经时，书籍繁甚，削竹能藏几何？如西番用贝树造成纸叶，中华又疑以贝叶书经典，不知树叶离根即憔，与削竹同一可哂也。

【注释】

①桑穰：桑白皮。

②火纸：祭祀用的纸张。

③韦编：古代在发明纸张之前用竹简记述事情，而竹简是用皮绳编缀的，所以叫韦编。

【译文】

用楮树、一名榖树。桑树、木芙蓉等的第二层皮造的纸叫作皮纸，用竹麻造的纸叫作竹纸。精细的纸非常洁白，可以用来书写、印刷和做请帖；粗糙的纸则用来做火纸或者包装纸。

所谓“杀青”，是从斩竹去青而得到的名字；“汗青”则是煮沥而得到的名称；“简”就是已经造成的纸张。煮竹竟然能够做成“简”，后人于是猜测削竹片可以记事，进而又误以为古代书册是用皮条穿编竹简而成的。秦始皇焚书以前，已经有很多书籍，如果仅仅只用竹简，能够容纳多少文字呢？比如西域一带用贝树叶造成纸页，有的人便又猜测可以用贝树叶书写经文。他们不懂得树叶离开根就会枯的道理，这跟削竹记事的道理一样令人感到可笑。

## 造竹纸

凡造竹纸，事出南方，而闽省独专其盛。当笋生之后，看视山窝深浅，其竹以将生枝叶者为上料。节界芒种[①]，则登山砍伐。截断五七尺长，就于本山开塘一口，注水其中漂浸。恐塘水有涸[②]时，则用竹枧[③]通引，不断瀑流注入。浸至百日之外，加工槌洗，洗去粗壳与青皮，是名杀青。其中竹穰形同苎麻样。用上好石灰化汁涂浆，入楻桶[④]下煮，火以八日八夜为率[⑤]。

凡煮竹，下锅用径四尺者，锅上泥与石灰捏弦，高阔如广中[⑥]煮盐牢盆样，中可载水十余石。上盖楻桶，其围丈五尺，其径四尺余。盖定受煮，八日已足。歇火一日，揭楻取出竹麻，入清水漂塘之内洗净。其塘底面、四维皆用木板合缝砌完，以妨泥污。造粗纸者不须为此。洗净，用柴灰浆过，再入釜中，其上按平，平铺稻草灰寸许。桶内水滚沸，即取出别桶之中，仍以灰汁淋下。倘水冷，烧滚再淋。如是十余日，自然臭烂。取出入臼受舂，山国皆有水碓。舂至形同泥面，倾入槽内。

【注释】

①芒种：二十四节气之一。在阳历6月份上旬。

②涸：干枯，干涸。

③枧：引水的渡槽或者导管，一般为木制或者竹制。

④楻（huáng）桶：蒸煮所使用的大木桶。

⑤率：标准。

⑥广中：今广东中部沿海地区。

【译文】

竹纸是南方最开始制造的，而其中以福建最多。当竹笋生长出来之后，到山窝察看竹子的长势高低，将要生枝叶的嫩竹是造纸的上等材料。每年到芒种节令，便可上山伐竹。把嫩竹截成五到七尺一段，就地开一口山塘，灌水在其中进行漂浸。为了防止塘水干涸，用竹制导管引水使水流不断地流入。浸过一百天后，取出竹子，用木棒槌打，洗掉粗壳与青皮，这一工序叫作杀青。其中的竹穰就像是苎麻一样。再用优质石灰浆搅拌，放入楻桶中煮八天八夜。

煮竹麻所使用的锅，直径为四尺，用黏土调石灰加高锅的边沿，使其高度和宽度类似于广东中部沿海地区煮盐的牢盆一样，可以装下十多石水。上面盖上周长一丈五、直径四尺多的楻桶。竹料加入锅和楻桶中，煮八天就足够了。停止加热一天之后，揭开楻桶，取出竹麻，放到清水塘里漂洗干净。漂塘底部和四周都用木板合缝砌好，防止沾染泥污。制作粗纸时不需要这样做。竹麻洗干净之后，用柴灰水浆过，再放入锅中，按平，铺上一寸厚的稻草灰。桶中的水煮沸之后，就把竹麻移入另外一个桶里，依旧用草木灰水淋洗。倘若草木灰水凉了，再次煮沸淋洗。这样经过十多天，竹麻自然就会腐烂发臭。把它取出来放入臼内舂，山区都有水碓。舂成泥状后，倒入抄纸槽内。

凡抄纸槽，上合方斗，尺寸阔狭，槽视帘，帘视纸。竹麻已成，槽内清水浸浮其面三寸许，入纸药水汁于其中，形同桃竹叶，方语无定名。则水干自成洁白。

凡抄纸帘，用刮磨绝细竹丝编成。展卷张开时，下有纵横架匡[①]。两手持帘入水，荡起竹麻，入于帘内。厚薄由人手法，轻荡则薄，重荡则厚。竹料浮帘之顷，水从四际淋下槽内。然后覆帘，落纸于板上，叠积千万张。数满，则上以板压，捎绳入棍，如榨酒法，使水气净尽流干。然后，以轻细铜镊逐张揭起、焙干[②]。

凡焙纸，先以土砖砌成夹巷，下以砖盖巷地面，数块以往，即空一砖。火薪从头穴烧发，火气从砖隙透巷，外砖尽热。湿纸逐张贴上焙干，揭起成帙。

**【注释】**

①匡：同“框”。

②焙干：烘干。

**【译文】**

抄纸槽的形状像个方斗，它的尺寸大小由抄纸帘来决定，抄纸帘又由纸张来决定。竹麻做成之后，槽内放置清水浸润它，水面高出竹浆三寸左右，在其中加入纸药水汁。这种纸药植物的叶子形状很像桃竹，各地名称皆不相同。这样抄成的纸张干后自然会很洁白。

抄纸帘是用刮磨得特别细的竹丝编成的。展开时，下面有木框托住。两只手拿着抄纸帘伸入水中，荡起竹浆收入帘内。纸的厚薄由人的手法决定：轻荡纸张就薄，重荡纸张就厚。提起抄纸帘，水就会从四周的帘眼淋回抄纸槽，然后翻转帘网，让纸落到木板上，叠积成千万张。数目够了，就在纸上压上一块木板，捆上绳子，插进棍子，绞紧，用类似榨酒的方法，把水分充分榨干。然后，用小铜镊把纸张一张张揭起、烘干。

烘纸的时候，先用土砖砌成两堵墙形成夹巷，底下用砖盖火道，所盖砖块每隔几块砖就留一个空位。火在巷头的第一个炉口燃烧，热气从留空的砖缝中透出来而充满整个夹巷，夹巷外壁的砖就全部热了。把湿纸一张张逐次贴上去烘干，再揭下来放成一沓。

近世阔幅者，名大四连，一时书文贵重。其废纸，洗去朱墨污秽，浸烂，入槽再造，全省从前煮浸之力，依然成纸，耗亦不多。南方竹贱之国，不以为然。北方即寸条片角在地，随手拾取再造，名曰还魂纸。竹与皮，精与细，皆同之也。若火纸、糙纸，斩竹煮麻，灰浆水淋，皆同前法。惟脱帘之后，不用烘焙，压水去湿，日晒成干而已。盛唐时，鬼神事繁，以纸钱代焚帛。北方用切条，名曰板钱。故造此者，名曰火纸。荆楚近俗，有一焚侈至千斤者。此纸十七供冥烧，十三供日用。其最粗而厚者，名曰包裹纸，则竹麻和宿田晚稻稿所为也。若铅山诸邑所造柬纸，则全用细竹料厚质荡成，以射①重价。最上者曰官柬，富贵之家，通刺②用之，其纸敦厚而无筋膜。染红为吉柬，则先以白矾水染过，后上红花汁云。

【注释】

①射：谋取。

②刺：名片。

【译文】

最近生产一种宽幅的纸，名字叫作大四连，一时间用来书写，显得十分贵重。这种纸用过之后可以洗去朱墨、污渍，浸烂之后，入抄纸槽再次造纸，完全节省了从前的浸竹和煮竹等工序，依然成纸，损耗不多。南方竹子多，价格便宜，不用这样做。北方即使是寸条片角的纸掉在地上，人们也要随手捡起来再造，这种纸叫作还魂纸。竹纸与皮纸，精细的纸张与粗糙的纸张，都是使用以上方法制作的。至于火纸与粗纸，伐竹子、煮竹麻、用柴灰浆、用稻草灰水淋洗等工序都与前文所述相同。只是脱帘之后不必再进行烘焙，压干水分之后放在阳光下晒干即可。盛唐时期，祭拜鬼神之风盛行，祭拜的时候烧祭祀纸张代替了烧帛。北方则用切条，名为板钱。这种纸因而叫作火纸。湖南、湖北一带近来的风俗，有奢侈浪费到一次烧火纸上千斤的。这种纸七成用于祭祀焚烧，三成用来供人们日常生活使用。纸中最粗糙的厚纸叫作包裹纸，是用竹麻和隔年晚稻草制造而成的。铅山等县出产的柬纸，则全部是用细竹料加厚抄成的，可以高价售卖。其中最上等的称为官柬纸，供富贵人家制作名片使用，这种纸十分厚实而且也没有粗筋。如果把它染红用作办喜事的红纸，就要先用明矾水浸泡，再用红花汁染色。

## 造皮纸

凡楮树取皮，于春末夏初剥取。树已老者，就根伐去，以土盖之。来年再长新条，其皮更美。

凡皮纸，楮皮六十斤，仍入绝嫩竹麻四十斤，同塘漂浸，同用石灰浆涂，入釜煮糜。近法省啬者，皮、竹十七而外，或入宿田稻稿十三，用药得方，仍成洁白。凡皮料坚固纸，其纵文扯断绵丝，故曰绵纸。衡断且费力。其最上一等，供用大内糊窗格者，曰棂①纱纸。此纸自广信郡造，长过七尺，阔过四尺。五色颜料，先滴色汁，槽内和成，不由后染。其次曰连四纸②。连四中最白者曰红上纸。皮名而竹与稻稿参和而成料者，曰揭帖③呈文纸。芙蓉等皮造者，统曰小皮纸，在江西则曰中夹纸。河南所造，未详何草木为质，北供帝京，产亦甚广。又桑皮造者曰桑穰纸，极其敦厚，东浙所产，三吴④收蚕种者必用之。凡糊雨伞与油扇，皆用小皮纸。

凡造皮纸长阔者，其盛水槽甚宽，巨帘非一人手力所胜，两人对举荡成。若棂纱，则数人方胜其任。凡皮纸供用画幅，先用矾水荡过，则毛茨不起。纸以逼帘者为正面，盖料即成泥浮其上者，粗意犹存也。朝鲜白硾纸⑤，不知用何质料。倭国有造纸不用帘抄者，煮料成糜时，以巨阔青石覆于坑面，其下爇⑥火，使石发烧。然后用糊刷蘸糜，薄刷石面，居然顷刻成纸一张，一揭而起。其朝鲜用此法与否，不可得知。中国有用此法者，亦不可得知也。永嘉蠲糨纸⑦亦桑穰造。四川薛涛笺，亦芙蓉⑧皮为料煮糜，入芙蓉花末汁。或当时薛涛所指，遂留名至今。其美在色，不在质料也。

**【注释】**

①棂（líng）：窗子或者栏杆雕有花纹的木格。

②连四纸：二等皮纸。色白质细，耐用。

③揭帖：指明代时由内阁直接传达给皇帝的一种机密文件。

④三吴：今江浙地区。

⑤朝鲜白硾纸：极有可能是镜面贡笺。

⑥爇（ruò）：点燃。

⑦永嘉蠲糨（juān jiàng）纸：即温州蠲纸，极负盛名。永嘉，今浙江温州。

⑧芙蓉：木芙蓉，初开时花白色，后转淡红色，最后变成深红色。

**【译文】**

剥楮树皮都是在春末夏初时进行。树已经老了的，在接近根部的地方把它砍掉，再盖上土。第二年还会长出新的枝叶，它的皮也会更好。

制造皮纸，要用楮树皮六十斤、嫩竹麻四十斤，一起放在池塘里漂浸，然后再涂上石灰浆，放入锅中煮烂。近来出现了比较经济方便的方法，就是七成用树皮、竹麻，三成用隔年稻草来制造，如果纸药水汁的剂量和时机下得适当，纸质也会十分洁白。坚固的皮纸，扯断纵纹就像是丝绵一样，所以叫作绵纸。想要将它从横向拉断更不容易。其中最好的一种叫作棂纱纸，专供皇宫糊窗户。这种纸是广信郡制造的，长七尺多，宽四尺多。它有多种颜色，是先把色料放入抄纸槽内的，而不是等做成纸之后才染色。其次是连四纸，连四纸之中最洁白的是红上纸。还有名义上是皮纸而实际上是用竹子与稻草掺和到一起制成的纸张，叫作揭帖呈文纸。用木芙蓉等树皮造的纸，统一称为小皮纸，在江西地区则叫中夹纸。河南地区的纸不知道是使用什么草木作为原料，这种纸专供京城使用，产地也相当广。还有用桑皮造的桑穰纸，纸质特别厚实，是浙江东部所出产的，江浙一带收蚕种一定会用到它。糊纸伞或者油扇都用小皮纸。

制造又长又宽的皮纸，所用的水槽非常宽，纸帘很大，不是一个人所能够完成的，需要两个人对抄。如果是棂纱纸，则需要好几个人才行。凡是供绘画和写条幅的皮纸，要先用明矾水浸泡，浸过后才不会起毛。贴近竹帘的一面为纸张的正面，料泥都浮在上面，纸的反面比较粗。朝鲜的白硾纸，不知道用的是什么原料。日本有一些地方造纸不用帘抄，而是把纸料煮烂后，将宽大的青石放在坑上，下面烧火，使石头发热，用刷子把纸浆薄薄地刷在青石面上，竟然一下就能做出一张纸，一揭就起。朝鲜是不是也用日本的这种方法造纸，不得而知。中国有没有用过这种方法，也不清楚。温州的蠲纸也是用桑树皮制作的。四川的薛涛笺，是用木芙蓉的皮作原料，煮烂，然后加入芙蓉花的汁，做成彩色的小幅信纸。这种方法可能是当时薛涛个人提出的，所以以她的名字命名流传到今天。这种纸的优点在于纸张的颜色好看，而不在于它的质料好。

# 五金

宋子曰：人有十等，自王、公至于舆、台，缺一焉，而人纪不立矣。大地生五金，以利用天下与后世，其义亦犹是也。贵者千里一生，促亦五六百里而生。贱者舟车稍艰之国，其土必广生焉。黄金美者，其值去黑铁一万六千倍。然使釜鬵[①]斤斧[②]不呈效于日用之间，即得黄金，直高而无民耳。贸迁有无，货居《周官》泉府[③]，万物司命[④]系焉。其分别美恶而指点重轻，孰开其先，而使相须于不朽焉？

【注释】

①釜鬵（xín）：古代的炊具，与锅类似。

②斤斧：古代砍伐工具。

③《周官》泉府：在《周礼》中泉府为司徒的属官，掌管国家税收等。也指储备钱财的府库。泉，古代钱币的名称。

④司命：古星名。此处指命脉。

【译文】

宋子说：人分为十等，从王、公到舆、台，若是其中缺少一个等级，人的立身处世之道就无法建立。大地产生贵贱不同的五金，供人类以及后世子孙使用。这两者的意义其实是一样的。贵金属，大概一千里远的距离才有一处出产，就算是近的也要有五六百里才有。贱金属，即使在交通不方便的地方也大量存在。好的黄金，价值比黑铁高一万六千倍。然而，如果没有铁制的锅、刀、斧之类的工具供人们日常使用，即使有了黄金，也好比只有高官却没有百姓一样。金属铸造成钱币，作为贸易来往中的流通介质，由《周礼》中所说的泉府一类的官员掌管铸钱，用来操控一切货物的命脉。至于金属的好坏和贵贱，是谁首先区别它们，使得它们永远为人所用而又永远起作用呢？

## 黄金

凡黄金为五金之长，熔化成形之后，住世永无变更。白银入洪炉虽无折耗，但火候足时，鼓鞴[①]而金花闪烁，一现即没，再鼓则沉而不现。惟黄金则竭力鼓鞴，一扇一花，愈烈愈现，其质所以贵也。

凡中国产金之区，大约百余处，难以枚举。山石中所出，大者名马蹄金，中者名橄榄金、带胯金，小者名瓜子金。水沙中所出，大者名狗头金，小者名麸麦金、糠金。平地掘井得者，名面沙金，大者名豆粒金。皆待先淘洗后冶炼而成颗块。

【注释】

①鞴：风箱。

【译文】

黄金是五金中最贵重的，熔化成形之后，永远不会再发生变化。白银入洪炉虽然不会产生损耗，但是当火焰的温度足够高的时候，用风箱鼓风就会出现金花闪烁，只出现一次就没了，即使再鼓风也不会出现。唯有黄金，用力鼓风一次，金花就会闪烁一次，火力越是猛烈，金花就出现得越多，这是黄金贵重的原因。

中国产黄金的地方有一百多处，不能够一一列举。山石中出产的，大的叫作马蹄金，中的叫作橄榄金或者带胯金，小的叫作瓜子金。在水沙中所出产的，大的叫狗头金，小的叫作麸麦金、糠金。在平地挖井得到的叫面沙金，大的叫作豆粒金。这些都要先经过淘洗再经过冶炼才成为颗粒或者块状的金子。

金多出西南。取者穴山至十余丈，见伴金石[1]，即可见金。其石褐色，一头如火烧黑状。水金多者出云南金沙江。古名丽水。此水源出吐蕃，绕流丽江府，至于北胜州[2]，回环五百余里，出金者有数截。又川北潼川等州邑与湖广沅陵、溆浦[3]等，皆于江沙水中淘沃取金。千百中间有获狗头金一块者，名曰金母，其余皆麸麦形。入冶煎炼，初出色浅黄，再炼而后转赤也。儋、崖[4]有金田，金杂沙土之中，不必深求而得，取太频则不复产，经年淘炼，若有则限。然岭南夷獠[5]洞穴中，金初出如黑铁落，深挖数丈得之黑焦石[6]下。初得时咬之柔软，夫匠有吞窃腹中者，亦不伤人[7]。河南蔡、砚等州邑，江西乐平、新建等邑，皆平地掘深井取细沙淘炼成，但酬答人功，所获亦无几耳。大抵赤县之内，隔千里而一生。《岭表录》[8]云："居民有从鹅鸭屎中淘出片屑者，或日得一两，或空无所获。"此恐妄记也。

【注释】

①伴金石：金矿脉中常常伴有的黑褐色矿石，又名为黑焦石。

②此水源出吐蕃，绕流丽江府，至于北胜州：吐蕃，今西藏。丽江府，今云南丽江。北胜州，今云南永胜一带。

③沅陵、溆浦：湖南西部的两个县。

④儋（dān）、崖：儋州、崖州。今属海南。

⑤岭南夷獠：当时针对岭南少数民族的蔑称。

⑥黑焦石：即伴金石。

⑦初得时咬之柔软，夫匠有吞窃腹中者，亦不伤人：金子质地比较柔软，用牙齿可以咬出痕迹。食用少量对人身体伤害不大，但是吞多了会穿透肠胃致人死亡。

⑧《岭表录》：即唐刘恂著《岭表录异》。

**【译文】**

黄金多数产自西南地区。采金人开凿矿井十多丈深，只要看到伴金石，就可以找到金子了。伴金石是褐色的，一头好似被火烧黑的样子。水金大多产自云南的金沙江。古代称丽水。这条江源于西藏，绕过丽江，流到北胜州，迂回五百多里，其中好几个地方产金。还有四川北部的潼川等州和湖南的沅陵、溆浦等县，也都可以在江沙中淘得沙金。在千百次淘取中偶尔可能获得一块狗头金，这叫金母，其余的都是麦麸形状的金屑。金子在冶炼的时候，最初呈浅黄色，再炼就转化为赤色。儋州和崖州都有金矿，金子夹在沙土之中，不必深挖就可以获得。如果淘取得太过频繁，金子就不会再生产。一年到头总是挖取、淘炼，即使蕴藏很多也会变得非常有限了。岭南少数民族地区人们刚从洞穴挖出来的金很像黑色的氧化铁屑，这种金石得在挖几丈深的黑焦石下才能找到。金子刚采出来时咬起来很柔软，有的采金人偷偷地把它吞进肚子里，也不会有伤害。河南的上蔡和巩县一带，江西的乐平、新建等地，都是在平地开挖很深的矿井，取得细矿砂淘炼而得到金子的，但是劳力消耗巨大，收获却比较小。我国大概要每隔一千里才能找到一处金矿。《岭表录异》一书中说："有人从鹅、鸭屎中淘取金屑，多的一天可得一两，少的则毫无收获。"这个记载恐怕是不可信的。

凡金质至重。每铜方寸重一两者，银照依其则寸增重三钱；银方寸重一两者，金照依其则寸增重二钱。凡金性又柔可屈折如枝柳。其高下色，分七青、八黄、九紫、十赤。登试金石上，此石广信郡河中甚多，大者如斗，小者如拳，入鹅汤中一煮，光黑如漆。立见分明。凡足色金参和伪售者，惟银可入，余物无望焉。欲去银存金，则将其金打成薄片剪碎，每块以土泥裹涂，入坩埚中硼砂熔化，其银即吸入土内，让金流出，以成足色。然后入铅少许，另入坩埚内，勾出土内银，亦毫厘具在也。

【译文】

金是五金之中最重的东西。假定铜每立方寸重一两，则银每立方寸比铜要重三钱；假定银每立方寸重一两，则金每立方寸比银重二钱。金又很柔软，能像柳枝那样曲折。金的成色有高有低：大抵青色的含金七成，黄色的含金八成，紫色的含金九成，赤色的则是纯金。将金子在试金石上试金石在广信郡河里有很多，大的像斗，小的像拳头，把它放进鹅汤里面煮一下，就像漆一样又黑又亮。划出条痕后使用比色法，就可以分辨出金子的成色。纯金如果想要掺假出售，只有银可以掺入其中，其他金属都不行。如果想要除去银保留金，就要将掺杂银的金子打成薄片，剪碎，每块用泥土涂上或者包住，放进坩埚，加入硼砂熔化，其中的银被泥土吸收，金水流出就变成纯金。然后，加入少量铅到另外一个坩埚里，又可以把泥土中的银全吸出来，丝毫不会有损失。

凡色至于金，为人间华美贵重，故人工成箔而后施之。凡金箔，每金七厘造方寸金一千片，粘铺物面，可盖纵横三尺。凡造金箔，既成薄片后，包入乌金纸内，竭力挥椎打成。打金椎，短柄，约重八斤。凡乌金纸由苏杭造成。其纸用东海巨竹膜为质，用豆油点灯，闭塞周围，止留针孔通气，熏染烟光而成止纸。每纸一张，打金箔五十度，然后弃去，为药铺包朱用，尚末破损，盖人巧造成异物也。凡纸内打成箔后，先用硝熟猫皮绷急为小方板，又铺线香灰撒墁皮上。取出乌金纸内箔，覆于其上，钝刀界画成方寸。口中屏息，手执轻杖，唾湿而挑起，夹于小纸之中。以之华物，先以熟漆布地，然后粘贴。贴字者多用楮树浆。秦中造皮金者，硝扩羊皮使最薄，贴金其上，以便剪裁服饰用。皆煌煌至色存焉。凡金箔粘物，他日敝弃之时，刮削火化，其金仍藏灰内。滴清油数点，伴落聚底，淘洗入炉，毫厘无恙。

凡假借金色者，杭扇以银箔为质，红花子油刷盖，向火熏成。广南货物，以蝉蜕壳调水描画，向火一微炙而就。非真金色也。其金成器物，呈分浅淡者，以黄矾涂染，炭火作炙，即成赤宝色。然风尘逐渐淡去，见火又即还原耳。黄矾详《燔石》卷。

【译文】

金因为颜色华美艳丽而被人们所看重，因此人们会将黄金加工成为金箔用于装饰。每七厘重的黄金可以捶成一寸见方的金箔一千片，把它们粘铺在器物表面，可以覆盖三尺见方的面积。金箔的制作方法是：把金捶成薄片之后，再包上乌金纸，用力挥动铁锤捶成箔。打金椎柄短，约有八斤重。乌金纸是苏杭出产的。用东海大竹膜造成纸之后，点起豆油灯，把周围密封，只留下针眼大的小孔通气，经过烟熏就成了乌金纸。每张乌金纸供捶打金箔五十次后仍然不会破损，但也不能再使用，可以给药铺用来包朱砂用，这是凭借精妙人工制作出来的奇物。夹杂在乌金纸内的金片被打成金箔后，先把硝处理过的猫皮绷紧成为小方板，再将香灰撒满皮面。取出乌金纸内的金箔放上去，用钝刀割成一寸见方的小方块。然后屏住呼吸，拿一根轻木杖用唾液沾湿一下，粘起金箔，夹在小纸片里面。用金箔装饰物件时，先用熟漆在物件表面涂刷一遍，再把金箔粘贴上去。贴字时多用楮树浆。陕西中部地区制造的皮金，是把用硝处理过的羊皮拉得极薄，再把金箔贴上去，以供裁剪服饰使用。这些物件因为贴上金箔而显现出光辉夺目的美丽颜色。贴金箔的物件日后破旧不用的时候，可以刮削下来用火烧，金子仍旧留在灰里面。加进几滴清油，金就会积聚沉底，淘洗之后再进行熔炼，金子就可以全部回收而没有丝毫损耗。

使器物变成金色，杭州的扇子就是使用银箔做底，涂上一层红花子油，再在火上熏一下而成金色。广东南部的货物则是用蝉蜕的壳调水描画，再用火微微烤一下而成金色的。这些都不能算是真金色。由金做成的器物，因成色较低而颜色比较浅，也可以涂上黄矾，用炭火烤一下，立刻就成为赤宝色。但是，日子久了之后也会褪色。把它再用炭火烤一下，则又可以恢复赤宝色。黄矾详见《燔石》卷。

## 银

凡银，中国所出：浙江、福建旧有坑场，国初或采或闭。江西饶、信、瑞三郡[①]，有坑从未开。湖广则出辰州，贵州则出铜仁，河南则宜阳赵保山、永宁秋树坡、卢氏高嘴儿、嵩县马槽山，与四川会川密勒山、甘肃大黄山等，皆称美矿。其他难以枚举。然生气有限，每逢开采，数不足，则括派以赔偿；法不严，则窃争而酿乱，故禁戒不得不苛。燕、齐诸道，则地气寒而石骨薄，不产金银。然合八省所生，不敌云南之半，故开矿煎银，惟滇中可永行也。

**【注释】**

①饶、信、瑞三郡：即饶州、信州、瑞州。今江西鄱阳、上饶和商安一带。

**【译文】**

中国产银的情况是：浙江、福建原有的银矿坑场，到了明初，有的仍在开采，有的已经关闭。江西饶州、信州和瑞州有银坑，但是从来没有开采过。湖南的辰州，贵州铜仁，河南宜阳的赵宝山、永宁的秋树坡、卢氏的高嘴儿、嵩县的马槽山与四川的会川密勒山，以及甘肃大黄山等地方，都是产银的优良矿场。其他的地方难以一一列举。然而，这些银矿一般来说没有多大产量。每次开采，如果采银数量达不到原定的最低限额，参加开采的人就得摊派赔偿；如果法制不够严格，就容易发生偷盗争夺造成祸乱，所以禁戒律令不得不十分严苛。河北、山东一带，由于天气寒冷、石层薄，因而不出产金银。以上八省的产银总量还不及云南的一半，所以开矿炼制银，只有云南一省可以永远办下去。

凡云南银矿，楚雄、永昌、大理为最盛，曲靖、姚安次之，镇沅又次之。凡石山硐中有矿砂，其上现磊然小石，微带褐色者，分丫成径路。采者穴土十丈或二十丈，工程不可日月计。寻见土内银苗，然后得礁砂所在。凡樵砂藏深土，如枝分派别，各人随苗分径横挖而寻之。上榰[①]横板架顶，以防崩压。采工篝灯[②]逐径施镬[③]，得矿方止。凡土内银苗，或有黄色碎石，或土隙石缝有乱丝形状，此即去矿不远矣。凡成银者曰礁，至碎者曰砂，其面分丫若枝形者曰矿，其外包环石块曰“矿”。“矿”石大者如斗，小者如拳，为弃置无用物。其礁砂形如煤炭，底衬石而不甚黑。其高下有数等。商民凿穴得砂，先呈官府验辨，然后定税。出土以斗量，付与冶工，高者六七两一斗，中者三四两，最下一二两。其礁砂放光甚者，精华泄漏，得银偏少。

**【注释】**

①榰（zhī）：支撑。

②篝灯：灯笼。

③镬：大锄。

**【译文】**

云南的银矿，以楚雄、永昌、大理三个地方为最多，曲靖、姚安其次，镇沅又其次。凡是石山洞里蕴藏有银矿的，在山上面会出现一堆堆的带微褐色的小石头，分成若干支脉。采矿人要挖土一二十丈深才能找到矿脉，如此巨大的工程不是几天或者几个月就能完成的。只有找到银矿苗之后，才能够知道银矿石所在的地方。银矿石埋藏得很深，而且像树枝那样分叉，采矿的工人跟着银矿苗分成几路横挖找矿。一边挖掘一边要架横板支撑坑顶，以防止塌方。采矿的工人提着灯笼分头挖掘，一直到取得矿砂为止。土里的银矿苗，有的掺杂了黄色的碎石，有的在泥土缝隙里出现乱丝形状，这些都表明银矿就在附近。银矿石中含银较多的成块矿石叫礁，细碎的叫砂，表面分布成树枝状的矿脉叫矿，矿外包裹着的石块叫围岩。围岩大的像斗，小的像拳头，都是可以抛弃的无用之物。银矿石形状像煤炭，底下垫着石头故而显得不那么黑。银矿石分为几个品级。矿商挖到银矿石，首先要呈交官府检验等级，然后定税。出土银矿石用斗量过之后，交给冶工去炼，银矿石品阶高的每斗可以炼银六七两，中等的三四两，最差的只有一二两。那些特别光亮的银矿石，由于精华泄漏太多，得银反而偏少。

凡礁砂入炉，先行拣净淘洗。其炉，土筑巨墩，高五尺许，底铺瓷屑、炭灰。每炉受礁砂二石。用栗木炭二百斤，周遭丛架。靠炉砌砖墙一朵，高阔皆丈余。风箱安置墙背，合两三人力，带拽透管通风。用墙以抵炎热，鼓鞲之人方克安身。炭尽之时，以长铁叉添入。风火力到，礁砂熔化成团。此时，银隐铅中，尚未出脱。计礁砂二石熔出团约重百斤。冷定取出，另入分金炉一名虾蟆炉。内。用松木炭匝围，透一门以辨火色，其炉或施风箱，或使交箑[1]，火热功到，铅沉下为底子。其底已成陀僧样，别入炉炼，又成扁担铅。频以柳枝从门隙入内燃照，铅气净尽，则世宝凝然成象矣。此初出银，亦名生银，倾定无丝纹[2]，即再经一火，当中止现一点圆星，滇人名曰茶经。逮后入铜少许，重以铅力熔化，然后入槽成丝。丝必倾槽而现，以四围匡住，宝气不横溢走散。其楚雄所出又异，彼硐砂铅气甚少，向诸郡购铅佐炼。每礁百斤，先坐铅二百斤于炉内，然后煽炼成团。其再入虾蟆炉沉铅结银，则同法也。此世宝所生，更无别出。方书、本草，无端妄想妄注，可厌之甚。

**【注释】**

①箑（shà）：扇。

②丝纹：纯银表面结晶现象。

**【译文】**

银矿石入炉前，先要进行挑选、淘洗。炼银的炉子用土筑成，土墩大约五尺高，底铺瓷片、炭灰之类的东西。每个炉子可以装银矿石两石。用栗木炭二百斤，在矿石周围叠架起来。靠近炉旁的地方还要砌一道砖墙，高和宽各一丈多。风箱装在墙背，由两三个人一起拉，通过风管传送风。利用墙隔热，拉风箱的人才能有立足之地。炉里的炭烧完时，用长铁叉继续添加。火力够了，炉里的银矿石就会熔化成团。这时候，银还与铅混合尚未分离。两石银矿石熔成团后大约有一百斤。冷却之后取出来，放入分金炉又名虾蟆炉。里。用松木炭围住熔团，透过一个小门来辨别火色。炉子可以用风箱鼓风，也可以用扇子来扇。达到一定温度之后，熔团便会重新熔化，铅就沉到炉底。炉底的铅已成为氧化铅，再放入熔炉熔炼，可以得到扁担铅。频繁地把柳树枝从门缝中插进去燃烧，如果铅全部被氧化成为氧化铅，就可以提炼出纯银了。刚炼出来的银叫作生银。倒出来凝固的银如果表面没有丝纹，就要再熔炼一次，直到凝固的银锭中心出现云南人叫作“茶经”的一点圆星。接着加入一点儿铜，再重新用铅催化熔化，然后倒入槽中就会出现丝纹。丝纹一定得倒进槽里才能出现，原因是四周被围住，银气不会扩散。楚雄的银矿很不一样，那里的矿石含铅太少，所以要从其他地方采购铅来辅助炼银。每炼银矿石一百斤，就得先在炉子里垫二百斤铅，然后才扇风冶炼成团。至于再转到虾蟆炉里使铅沉下而分离出银，方法与前面一样。这就是银的开采和熔炼的方法，除此之外并没有其他的方法。讲述炼丹的书和谈医药的本草书，常常是没有根据地胡乱猜想，胡乱标注，让人极为讨厌。

大抵坤元精气，出金之所，三百里无银；出银之所，三百里无金。造物之情，亦大可见。其贱役扫刷泥尘，入水漂淘而煎者，名曰淘厘锱。一日功劳，轻者所获三分，重者倍之。其银俱日用剪、斧口中委余，或鞋底粘带布于衢市，或院宇扫屑弃于河沿。其中必有焉，非浅浮土面能生此物也。

**【译文】**

一般来说，金和银都是大地里面隐藏着的宝气的精华，所以产金的地方三百里内没有银矿，产银的地方三百里内也没有金矿。大自然的造化之情，从这里就能够看出一个大概。仆役把打扫得到的泥土放进水中进行淘洗，然后再熬炼，这就叫作淘厘锱。操劳一天，少的只能够得到三分银子，多的也不过是六分银子。这些银屑都是平日里从剪刀或者斧口上掉下来的，或者由鞋底黏带到街道地面上，或者从院子房舍洒扫出来被抛弃在河边的。泥土中必然会夹杂一些银屑，这并不是浅薄的浮土能够出产的。

凡银为世用，惟红铜与铅两物可杂入成伪。然当其合琐碎而成钣锭，去疵伪而造精纯。高炉火中，坩埚足炼。撒硝少许，而铜、铅尽滞埚底，名曰银锈。其灰池中敲落者，名曰炉底。将锈与底同入分金炉内，填火土甑之中，其铅先化，就低溢流，而铜与粘带余银，用铁条逼就分拨，井然不紊。人工、天工亦见一斑云。

**【译文】**

世上使用的银，只有红铜和铅两种金属可以掺入进去用于作假。然而将碎银铸造成为银锭之时，就要除去中间的杂质加以提纯。方法是将杂银放在坩埚里，送入高炉里以猛火熔炼。只要撒少许硝石，铜和铅就会全部凝结在锅底，这就叫银锈。吸附在灰池中的能敲下来的叫作炉底。将银锈和炉底一起放进分金炉里，用土甑装满木炭起火熔炼，铅首先熔化，从低处流出，剩下的铜和粘带的银可以用铁条分拨开来，两者就截然分开了。人工和自然的关系由此可见。

## 附：朱砂银

凡虚伪方士以炉火惑人者，惟朱砂银愚人易惑。其法以投铅、朱砂与白银等分，入罐封固，温养三七日后，砂盗银气，煎成至宝。拣出其银，形有神丧，块然枯物。入铅煎时，逐火轻折，再经数火，毫忽无存。折去砂价、炭资，愚者贪惑犹不解。并志于此。

【译文】

那些虚伪的炼丹术士利用炉火来迷惑人，只有朱砂银很容易使人上当受骗。制造朱砂银的方法是，把等量的铅、朱砂和白银装进坩埚，密封，小火加热二十一天之后，朱砂会把银气吸收，便可以制造成为“银”。从朱砂银里拣出银后，虽然表面上仍然像银，但是实际上形存神亡已经没有银了，好像是干枯的物体。加铅熔炼它时，每炼一次就损耗一部分，多炼几次之后，就完全消失，一点不剩。白白损失了朱砂和炭的本钱，愚蠢的人因为贪心被骗却依旧蒙在鼓里。我在这里记录一下。

## 铜

凡铜供世用，出山与出炉止有赤铜。以炉甘石或倭铅参和，转色为黄铜；以砒霜等药制炼为白铜；矾、硝等药制炼为青铜；广锡参和为响铜；倭铅和写为铸铜。初质则一味红铜而已。

【译文】

供世间用的铜，开采并且经过熔炼得来的仅有红铜一种。红铜加入炉甘石或者锌一起熔炼，就可以转变为黄铜；加入砒霜等药可以炼成白铜；加入明矾和硝石等药可以炼成青铜；加入广锡可以得到响铜；加入锌可以得到铸铜。其中最基本的质地还是红铜而已。

凡铜坑所在有之。《山海经》言：出铜之山四百三十七，或有所考据也。今中国供用者，西自四川、贵州为最盛，东南间自海舶来，湖广武昌、江西广信皆饶铜穴。其衡、瑞等郡，出最下品，曰蒙山铜者，或入冶铸混入，不堪升炼成坚质也。

【译文】

铜矿到处都有。《山海经》中提到全国铜矿共有四百三十七处。这或许是经过考证得出的结论吧。今天中国的铜，西部以四川、贵州两省出产为最多，东南有时从海外运来，湖北武昌和江西广信铜矿储量丰富。衡州、瑞州出产的最下品叫蒙山铜，勉强可以拿来铸造，但是无法单独炼成硬质铜。

凡出铜山夹土带石，穴凿数丈得之，仍有“矿”包其外。“矿”状如姜石而有铜星，亦名铜璞，煎炼仍有铜流出，不似银“矿”之为弃物。凡铜砂在“矿”内，形状不一，或大或小，或光或暗，或如鍮石[1]，或如姜铁[2]。淘洗去土滓，然后入炉煎炼，其熏蒸傍溢者，为自然铜，亦曰石髓铅。

【注释】

①鍮（tōu）石：黄铜。

②姜铁：外形像姜的铁块。

【译文】

产铜的山总是夹带土和石头，要挖几丈深才能得到，取得的矿石仍有围岩包在外面。这种石头的形状就好像姜石，表面有一层铜斑，也叫作铜璞。拿它去炉里冶炼，仍有一些铜液流出来，不像银“矿”石那样完全是无用之物。铜砂在“矿”里的形状不一样，有的大，有的小，有的亮，有的暗，有的像黄铜，有的像姜石。把铜砂夹杂着的土滓洗去后再放入熔炉冶炼，从炉里面溢出来的含有少量铜的炉渣，叫作自然铜，也叫作石髓铅。

凡铜质有数种：有全体皆铜，不夹铅、银者，洪炉单炼而成。有与铅同体者，其煎炼炉法，傍通高低二孔，铅质先化从上孔流出，铜质后化从下孔流出。东夷铜又有托体银矿内者，入炉炼时，银结于面，铜沉于下。商舶漂入中国，名曰日本铜，其形为方长板条。漳郡人得之，有以炉再炼取出零银，然后写成薄饼，如川铜一样货卖者。

【译文】

铜矿石有好几个品级：有的全部都是铜，没有夹杂铅和银，只要入炉一炼就成功。有的却和铅共生，冶炼方法是在炉旁打出高低二孔，先熔化的铅从上孔流出，后熔化的铜则从下孔流出。日本的铜矿也有与银矿伴生的，当入炉熔炼的时候，银会凝结在上面，铜却沉淀在下面。由商船运进中国的铜叫作日本铜，外形铸成长方形板条状的。漳州人得到之后，有的人会把它入炉再炼，取出其中零星的银，再铸造成像川铜一样的薄饼状出售。

凡红铜升黄色为锤锻用者，用自风煤炭。此煤碎如粉，泥糊作饼，不用鼓风，通红则自昼达夜。江西则产袁郡及新喻邑。百斤灼于炉内，以泥瓦罐载铜十斤，继入炉甘石六斤，坐于炉内，自然熔化。后人因炉甘石烟洪飞损，改用倭铅。每红铜六斤，入倭铅四斤，先后入罐熔化。冷定取出，即成黄铜，惟人打造。

【译文】

由红铜炼成的可供锻造的黄铜，要用自风煤炭。这种煤细碎如粉，和泥做成饼来烧，不用鼓风，炉火就会通红，从早烧到晚。产于江西宜春、新余等县。将一百斤煤炭放进炉里烧，在一个泥瓦罐里先后装入铜十斤和炉甘石六斤，放入炉内，让它自然熔化。后世因为炉甘石挥发得厉害而且损耗太大，就改用锌。每次用红铜六斤，配上锌四斤，先后放入罐里熔化。冷却后取出的即是黄铜，可供人们打造各种器物。

凡用铜造响器，用出山广锡无铅气者入内。钲今名锣。镯今名铜鼓。之类，皆红铜八斤，入广锡二斤；铙、钹，铜与锡更加精炼。

凡铸器，低者红铜、倭铅均平分两，甚至铅六铜四；高者名三火黄铜、四火熟铜，则铜七而铅三也。

凡造低伪银者，惟本色红铜可入。一受倭铅、砒、矾等气，则永不和合。然铜入银内，使白质顷成红色，洪炉再鼓，则清浊浮沉立分，至于净尽云。

【译文】

制造乐器用的响铜，要把不含铅的两广产的锡放进罐里与铜同熔。制作锣与铜鼓一类的乐器，都是用红铜八斤，掺入广锡二斤；锤制铙、钹一类乐器所用的铜、锡还须进一步精炼。

作为铸造器物的黄铜，质量差的，红铜和锌各占一半，甚至锌六成，铜四成；质量好的，用经过三次或者四次熔炼的所谓三火黄铜或者四火熟铜来制作，其中铜七成、锌三成。

制造假银，只有纯红铜可以混入其中。假使掺杂有锌、砒、矾等物质，就会导致永远不能熔合。然而，铜掺进银里，银白色立刻变成红色。假使再入炉鼓风熔炼，等它全部熔化后，清浊浮沉，立见分晓，银和铜就能够分离得干干净净。

## 附：倭铅

凡倭铅，古书本无之，乃近世所立名色。其质用炉甘石熬炼而成。繁产山西太行山一带，而荆、衡为次之。

每炉甘石十斤，装载入一泥罐内，封裹泥固，以渐砑干，勿使见火坼裂。然后，逐层用煤炭饼垫盛，其底铺薪，发火煅红，罐中炉甘石熔化成团。冷定，毁罐取出。每十耗去其二，即倭铅也。此物无铜收伏，入火即成烟飞去。以其似铅而性猛，故名之曰“倭”云。

【译文】

古书中没有记载倭铅，这是近代才出现的名字。它是由炉甘石熬炼而成的。大量出产于山西太行山一带，其次是荆州和衡州。

每次熬炼，将十斤炉甘石装入一个泥罐中，罐口涂泥封固，再将表面碾光滑，使它逐渐风干，以防遇火裂开。然后，用煤饼一层一层地把装炉甘石的泥罐垫起来，底下铺柴火，引火烧红，最终泥罐中的炉甘石就熔成一团了。等泥罐冷却之后，打烂泥罐取出里面的倭铅。每十斤炉甘石会损耗两斤。倭铅如果不和铜结合，一遇见火就会变成烟。由于它很像铅又比铅的性质更猛烈，所以称其为倭铅。

## 铁

凡铁场，所在有之。其质浅浮土面，不生深穴。繁生平阳冈埠，不生峻岭高山。质有土锭、碎砂数种。凡土锭铁，土面浮出黑块，形似秤锤，遥望宛然如铁，拈之则碎土。若起冶煎炼，浮者拾之，又乘雨湿之后牛耕起土，拾其数寸土内者。耕垦之后，其块逐日生长，愈用不穷。西北甘肃、东南泉郡，皆锭铁之薮也。燕京、遵化与山西平阳，则皆砂铁之薮也。凡砂铁，一抛土膜，即现其形，取来淘洗，入炉煎炼。熔化之后，与锭铁无二也。

【译文】

铁矿随处可见。浅藏在地面而不是埋藏在洞穴。出产得最多的，是平原和丘陵地带，而不在崇山峻岭。铁矿石有土块状的“土锭铁”和散碎的砂铁等好几种。“土锭铁”呈黑色，露在泥土上面，形状好像秤锤，从远处看像是一块铁，用手一捏却变成了碎土。如果要进行冶炼，就要把它捡起来，还可以在雨后地面潮湿时，用牛犁耕浅土，把那些埋在几寸深的浅土里的铁矿石犁出来。犁过之后，“土锭铁”还会逐渐生长，用之不竭。西北的甘肃和东南的泉州都是“土锭铁”的主要产地。北京、遵化和山西临汾都是“砂铁”的主要产地。至于“砂铁”，一挖开表土层就能找到，把它取出来后进行淘洗，再入炉冶炼。熔化之后，与“土锭铁”没什么差别。

凡铁分生、熟：出炉未炒则生，既炒则熟。生熟相和，炼成则钢。

凡铁炉，用盐做造，和泥砌成。其炉多傍山穴为之，或用巨木匡围。塑造盐泥，穷月之力，不容造次①。盐泥有罅，尽弃全功。凡铁一炉载土二千余斤，或用硬木柴，或用煤炭，或用木炭，南北各从利便。扇炉风箱必用四人、六人带拽。土化成铁之后，从炉腰孔流出。炉孔先用泥塞。每旦昼六时，一时出铁一陀。既出，即叉泥塞，鼓风再熔。

【注释】

①造次：匆忙，草率。

【译文】

铁分生铁和熟铁两种：其中已经出炉但是还没有炒过的是生铁，炒过之后便成了熟铁。把生铁和熟铁混合，熔炼之后就变成了钢。

炼铁炉是用掺盐的泥土砌成的。这种炉大多是依傍着山洞砌成的，也有些是用大根木头围成框的。用盐泥塑炉，要花费将近一个月的时间，不能轻率地只贪图快。盐泥一旦出现裂缝，那就前功尽弃了。一座炼铁炉可以装铁矿石两千多斤，燃料可以用硬木柴、煤或者木炭，南北方可以就地取材从其便。风箱要四个人或者六个人一起来推拉。铁矿石一旦化成了铁水，就会从炉腰孔里流出来。这个孔要事先用泥塞住。白天十二个钟头当中，每两个钟头就能炼出一炉子铁。出铁以后，立刻用叉拨泥把孔塞住，再鼓风熔炼。

凡造生铁为冶铸用者，就此流成长条、圆块范内取用。若造熟铁，则生铁流出时，相连数尺内，低下数寸，筑一方塘，短墙抵之。其铁流入塘内，数人执持柳木棍排立墙上。先以污潮泥晒干，舂筛细罗如面，一人疾手撒掩，众人柳棍疾搅，即时炒成熟铁。其柳棍每炒一次烧折二三寸，再用则又更之。炒过稍冷之时，或有就塘内斩划成方块者，或有提出挥椎打圆后货者。若浏阳诸冶，不知出此也。

【译文】

如果是制作供铸造使用的生铁，就要让铁水注入条状或者圆形的铸模里面。

如果铸造熟铁，就在离炉子几尺远并且低几寸的地方铸造一口方塘，四周砌上矮墙。让铁水流入塘内，几个人拿着柳木制成的棍子，站在矮墙上。事先将污潮泥晒干，舂粉，再筛成像面粉一样的细末。一个人迅速把泥粉撒在铁水上面，另外几个人则用柳木棍猛烈搅拌，这样就能够炒出熟铁了。每炒一次熟铁，柳木棍就会燃烧掉二三寸，再炒时就得换一根新的。炒过之后，稍微冷却时，有的人就在塘里划出方块，有的人则拿出来锤打成圆块，然后卖出。像浏阳那些冶铁厂却不懂得这种技术。

凡钢铁炼法，用熟铁打成薄片，如指头阔，长寸半许，以铁片束包尖紧，生铁安置其上，广南生铁名堕子生钢者妙甚。又用破草履盖其上，粘带泥土者，故不速化。泥涂其底下。洪炉鼓鞴，火力到时，生钢先化，渗淋熟铁之中，两情投合。取出加锤，再炼再锤，不一而足。俗名团钢，亦曰灌钢者是也。

【译文】

炼钢的方法是，先把熟铁打成指头宽的薄片，大约有一寸半长，然后把薄片包扎紧，将生铁放在它的上面，广东南部有一种叫作堕子生钢的生铁很适宜炼钢。再盖上破草鞋，要沾上泥土，才不会很快被烧掉。在薄片底下还要涂上泥浆。放进洪炉鼓风熔炼，达到一定火力后，生铁会先熔化而渗到熟铁中，二者相互熔合。取出后锤打，再炼再锤，如此反复进行多次。这样锤炼出来的钢，俗名为团钢，也叫作灌钢。

凡倭夷刀剑，有百炼精纯、置日光檐下则满室辉曜者，不用生熟相和炼，又名此钢为下乘云。夷人又有以地溲淬刀剑者，地溲，乃石脑油之类，不产中国。云钢可切玉，亦未之见也。

凡铁内有硬处不可打者名铁核，以香油涂之即散。凡产铁之阴，其阳出慈石，第有数处，不尽然也。

【译文】

日本有一种刀剑，用的是经过百炼的精纯的好钢，白天放在阳光下会让整个屋子都充满光辉，这种钢不是用生铁和熟铁相和炼成的，有人把它称为次品。日本人又有用地溲即石脑油之类的东西，我国不出产。来淬刀剑的，据说这种钢刀可以用来切玉石，但是没有亲眼见到。

打铁时铁中偶尔会出现坚硬的打不散的硬块，这叫作铁核，假如涂上香油再打，铁核就会消散。凡是山北坡有铁矿的，山的南坡就会有磁石，好几个地方都有这种现象，但不是全都如此。

## 锡

凡锡，中国偏出西南郡邑，东北寡生。古书名锡为“贺”者，以临贺郡[1]产锡最盛而得名也。今衣被天下者，独广西南丹、河池二州，居其十八，衡、永则次之。大理、楚雄即产锡甚盛，道远难致也。

**【注释】**

①临贺郡：今广西贺州。

**【译文】**

中国主要是西南地区产锡，而东北地区非常少。古书称锡为“贺”，是因为贺州产锡最多而得名。今天供应全国的锡，仅广西的南丹、河池两州就占了八成，衡州、永州次之。大理、楚雄虽然产锡多，但是路途远，难以供应内地。

凡锡有山锡、水锡两种。山锡中又有锡瓜、锡砂两种。锡瓜块大如小瓠[1]，锡砂如豆粒，皆穴土不甚深而得之。间或土中生脉充牣，致山土自颓，恣人拾取者。水锡，衡、永出溪中，广西则出南丹州河内。其质黑色，粉碎如重罗面。南丹河出者，居民旬前从南淘至北，旬后又从北淘至南，愈经淘取，其砂日长，百年不竭。但一日功劳，淘取煎炼，不过一斤。会计[2]炉炭资本，所获不多也。南丹山锡出山之阴，其方无水淘洗，则接连百竹为枧，从山阳枧水淘洗土滓，然后入炉。

**【注释】**

①瓠：葫芦瓜。

②会计：计算，核算。

**【译文】**

锡矿分为山锡和水锡两种。山锡又分为锡瓜和锡砂两种。锡瓜大小像小葫芦瓜，锡砂则像豆粒，两者都可以在不太深的地层里找到。偶尔也会出现这样的情况：矿脉盈满而呈条带状分布并露出地表，可以任凭人们拾取。水锡，湖南衡州和永州两地产于小溪里，广西则产于南丹河里。这种水锡是黑色的，细碎得像是筛过的面粉。南丹河出水锡，居民前十天从南淘到北，后十天又从北淘到南，边淘边出，取之不尽。但是，一天得锡不过一斤左右。核算炉炭的成本，获利实在不算多。南丹的山锡产于山的北坡，那里缺水淘洗，因此人们就把许多根竹筒接起来当导水槽，从山的南坡引水过来淘洗，把泥沙除掉，然后入炉。

凡炼煎亦用洪炉。入砂数百斤，丛架木炭亦数百斤，鼓鞲熔化。火力已到，砂不即熔，用铅少许勾引，方始沛然流注。或有用人家炒锡剩灰勾引者。其炉底炭末、瓷灰铺作平池，傍安铁管小槽道，熔时流出炉外低池。其质初出洁白，然过刚，承锤即坼裂。入铅制柔，方充造器用。售者杂铅太多，欲取净则熔化，入醋淬八九度，铅尽化灰而去。出锡惟此道。方书云马齿苋取草锡者，妄言也。谓砒为锡苗者，亦妄言也。

【译文】

熔炼也用洪炉。每炉入锡砂数百斤，添加的木炭也要数百斤，一起鼓风熔炼。当火力已足够的时候，锡砂不一定马上熔化，要掺少量的铅去催化，锡才会大量熔流出来。也有用别人的炼锡炉渣去催化的。洪炉炉底用炭末和瓷灰铺成平池，炉旁安装一条铁管小槽，炼出的锡水引流至炉外的低池内。锡刚出炉的时候洁白，但是过于硬脆，一经锤打就会裂开。要加铅使锡质变软，才能够用来制造各种器具。市面上卖的锡掺铅太多，如果要提纯，就把它熔化淬入醋中八九次，里面的铅就会形成灰渣而被除去。生产纯锡只有这一种方法。有的医书中说可以从马齿苋中提取草锡，这是乱说。还有说砒是锡矿的苗头的说法也是胡言。

## 铅

凡产铅山穴，繁于铜、锡。其质有三种：一出银矿中，包孕白银，初炼和银成团，再炼脱银沉底，曰银矿铅。此铅云南为盛。一出铜矿中，入烘炉炼化，铅先出，铜后随，曰铜山铅。此铅贵州为盛。一出单生铅穴，取者穴山石，挟油灯寻脉，曲折如采银矿。取出淘洗煎炼，名曰草节铅。此铅蜀中嘉①、利②等州为盛。其余雅州③出钓脚铅，形如皂荚子，又如蝌斗子，生山涧沙中；广信郡上饶、饶郡乐平出杂铜铅；剑州出阴平铅，难以枚举。

【注释】

①嘉：即嘉州。今四川乐山。

②利：即利州。今四川广元。

③雅州：今四川雅安。

【译文】

铅矿比铜矿和锡矿都要多。根据产区分为三种：一是银铅矿，以云南出产最多，这种矿出自银矿里，初炼时和银熔成一团，再炼的时候，脱离银而沉底。

二是铜山铅，以贵州出产最多，出自铜矿里，入洪炉冶炼时，铅比铜先熔化流出来。三是草节铅，以四川嘉州和利州出产最多，产自纯铅矿里面，开采的人凿开山石，点着油灯在山洞里寻找铅脉，其中的曲折好像采银矿一样。采出来后再加以淘洗、冶炼。此外，雅州出产钓脚铅，形状像个皂荚子，又像蝌蚪，出自山涧沙里；广信郡的上饶和饶郡的乐平等地出产杂铜铅；剑州出产阴平铅，难以一一举例。

凡银矿中铅，炼铅成底，炼底复成铅。草节铅单入洪炉煎炼，炉傍通管，注入长条土槽内。俗名扁担铅，亦曰出山铅，所以别于凡银炉内频经煎炼者。

凡铅，物值虽贱，变化殊奇：白粉、黄丹，皆其显象。操银、底于精纯，勾锡成其柔软，皆铅力也。

【译文】

银矿铅的炼造方法是，先把铅矿变成“炉底”，再把“炉底”炼成铅。草节铅则单独放入洪炉里冶炼，洪炉旁通一条管子以便其注入长条形的土槽里。这样铸成的铅俗名叫作扁担铅，也叫出山铅，用以区别从银炉里多次熔炼出来的铅。

铅的价格虽然便宜，变化却很奇特：白粉、黄丹都是由铅变化而来的。此外，使粗银的“炉底”提炼精纯，使锡变得很柔软，都是铅在起作用。

## 附：胡粉①

凡造胡粉，每铅百斤，熔化，削成薄片，卷作筒，安木甑内。甑下、甑中各安醋一瓶，外以盐泥固济，纸糊甑缝。安火四两，养之七日，期足启开，铅片皆生霜粉，扫入水缸内。未生霜者，入甑依旧再养七日，再扫，以质尽为度，其不尽者留作黄丹料。每扫下霜一斤，入豆粉二两、蛤粉四两，缸内搅匀，澄去清水，用细灰按成沟，纸隔数层，置粉于上。将干，截成瓦定形，或如磊块，待干收货。此物古因辰②、韶诸郡专造，故曰韶粉。俗误朝粉。今则各省直饶为之矣。其质入丹青，则白不减；揸妇人颊，能使本色转青。胡粉投入炭炉中，仍还熔化为铅，所谓色尽归皂者。

【注释】

①胡粉：即白粉，也叫铅粉。

②辰：即辰州。

【译文】

胡粉的制法是，把一百斤铅熔化，削成薄片，卷成筒状，安置在木甑中。木甑下面和木甑中间各放置一瓶醋，外面用盐泥封牢，并用纸糊好甑缝。用大约四两木炭的文火加热七天后，打开木甑，能看到铅片上长满霜粉，把霜粉扫进水缸里。剩下尚未生霜的铅片则再放进甑里，按照原法还是加热七天，再扫下霜粉，直到铅用完为止。剩下的残渣可以留作黄丹的原料。每扫下霜粉一斤，加入豆粉二两、蛤粉四两，放在缸里搅拌均匀，澄清之后再把水倒掉。用细灰按成沟，铺上几层纸，再把湿粉放上去。快干时把粉截成瓦当形状或者方形，等完全干透了再收起来。古代只有辰州和韶州才制作这种粉，所以叫它韶粉。俗语误叫作朝粉。现在各省都已经有制造了。这种粉用作颜料，能长期保持白色；妇女用来搽脸，搽多了脸会发青。将胡粉投入炭炉中烧，仍然会还原为表面为黑色的铅，这可谓是一切颜色都会回归黑色。

## 附：黄丹

凡炒铅丹，用铅一斤、土硫黄十两、硝石一两，熔铅成汁，下醋点之。滚沸时，下硫一块。少顷，入硝少许。沸定，再点醋。依前渐下硝、黄。待为末，则成丹矣。其胡粉残剩者，用硝石、矾石炒成丹，不复用醋也。

欲丹还铅，用葱白汁拌黄丹慢炒，金汁出时，倾出即还铅矣。

【译文】

炒铅丹的方法是用铅一斤、土硫黄十两、硝石一两配合，把铅熔化之后，加一点儿醋。沸腾时，投一块硫黄。过一会儿，再加一些硝石。沸腾停止后，再按照这个顺序加一点儿醋。接着再加硫黄和硝石。直到炉里的东西全部都变成粉末，铅丹就炒成了。若用制造胡粉时剩下的铅作原料，就可以只用硝石和矾石来炒，而不必加醋了。

如果想要把黄丹还原成铅，那么就把葱白汁拌入黄丹，用慢火炒，当有金黄色的汁流出的时候，倒出来就可以得到铅了。

# 佳兵

宋子曰：兵非圣人之得已也。虞舜在位五十载，而有苗犹弗率。明王圣帝，谁能去兵哉？“弧矢之利，以威天下①”，其来尚②矣。

为老氏者，有葛天之思焉。其词有曰：“佳兵者，不详之器”，盖言慎也。

火药机械之窍，其先凿自西番与南裔，而后乃及于中国。变幻百出，日盛月新。中国至今日，则即戎者③以为第一义。岂其然哉？虽然，生人纵有巧思，乌④能至此极也！

【注释】

①弧矢之利，以威天下：语出《周易·系辞下》。意为武器的作用在于震慑天下。

②尚：久远。

③即戎者：用兵的人。

④乌：疑问助词。哪，怎么。

【译文】

宋子说：用兵是圣人不得已才做的事情。舜帝在位五十年，可苗族却依然没有被征服。所以即使是贤明的帝王，谁能够放弃战争、不要武器和取消军队呢？“武器的作用在于威慑天下”，这句话由来已久了。

老子素来被认为怀有葛天氏“无为而治”的思想。他的书中有一句话是这样说的：“兵器是不吉祥的东西”，其实那只是告诫人们用兵要慎重而已。

制造西洋枪炮的技术，是经由西域和南方边远地区然后才传到中国来的。它很快就变化多样，日新月异。时至今日，中国用兵的人把追求兵器的发展放在首位。难道这种想法是正确的吗？不过尽管如此，人类既然有巧妙的构思，武器的发展怎么能到此就止步呢？

## 弧矢

凡造弓，以竹与牛角为正中干质，东北夷无竹，以柔木为之。桑枝木为两弰。弛则竹为内体，角护其外；张则角向内而竹居外。竹一条而角两接。桑弰则其末刻锲以受弦驱。其本则贯插接笋于竹丫，而光削一面以贴角。

凡造弓，先削竹一片，竹宜秋冬伐，春夏则朽蛀。中腰微亚小，两头差大，约长二尺许。一面粘胶靠角，一面铺置牛筋与胶而固之。牛角当中牙接，北虏无修长牛角，则以羊角四接而束之；广弓则黄牛明角亦用，不独水牛也。固以筋胶。胶外固以桦皮，名曰暖靶。

凡桦木，关外产辽阳，北土繁生遵化，西陲繁生临洮郡，闽、广、浙亦皆有之。其皮护物，手握如软绵，故弓靶所必用。即刀柄与枪干亦需用之。其最薄者则为刀剑鞘室也。

【译文】

造弓，要用竹片和牛角做正中的骨干，东北少数民族地区没有竹子，就采用柔韧的木料。在两头接上桑木。未安紧弓弦的时候，竹在弓弧的内侧，角在弓弧的外侧起保护作用；安紧弓弦的时候，角在弓弧的内侧，竹在弓弧的外侧。竹片用一整条，牛角则两端相接。弓两头的桑木末端都刻有缺口，使弦能够套紧。桑木末端与竹片互相穿插接榫，并且削光一面贴上牛角。

动手制作弓的时候，先削一根竹片，竹子最好在秋冬时砍下，因为春夏砍的容易腐朽被虫蛀。中腰略小，两头稍微大一些，长约两尺。一面用胶粘贴上牛角，一面用胶粘上牛筋，加固弓身。两段牛角之间互相咬合，北方少数民族地区没有长牛角，就用羊角分为四段相接扎紧；广东的弓，不单用水牛角，也用半透明的黄牛角。用牛筋和胶液固定，外面再用桦树皮加固，这叫作暖靶。

桦树，产自东北辽阳地区，华北以遵化地区为最多，西北以临洮为多，福建、广东和浙江等地也有出产。用桦树皮做保护层，手握起来非常柔软，所以造弓靶一定要用它。即使是刀把和枪身也要用到它。最薄的可以用来制作刀剑保护套。

凡牛脊梁每只生筋一方条，约重三十两。杀取晒干，复浸水中，析破如苎麻丝。胡虏无蚕丝，弓弦处皆纠合此物为之。中华则以之铺护弓干，与为棉花弹弓弦也。

凡胶，乃鱼脬[①]、杂肠所为，煎治多属宁国郡[②]。其东海石首鱼[③]，浙中以造白鲞[④]者，取其脬为胶，坚固过于金铁。北虏取海鱼脬煎成，坚固与中华无异，种性则别也。

天生数物，缺一而良弓不成，非偶然也。

【注释】

①鱼脬：鱼鳔。

②宁国郡：今属安徽。

③石首鱼：俗称黄花鱼。
④白鲞（xiǎng）：石首鱼干。

【译文】

牛脊梁骨内部有一条长方形的筋，重约三十两。杀掉牛之后取出晒干，再用水浸泡，然后撕成苎麻丝样的纤维。北方少数民族没有蚕丝，弓弦都是用这种牛筋缠合而成的。中原地区的人们用它铺护弓的主干，或者用来做弹棉花的弓弦。

胶是用鱼鳔、杂肠熬的，多数在宁国郡熬炼。东海有一种石首鱼，浙江人常把它晒成美味的鱼干，用它的鳔熬成的胶比铜铁还牢固。北方少数民族用其他海鱼的鳔熬成的胶，同中原的一样牢固，只是鱼的种类不同而已。

上天造就这几种东西，缺少一种就造不成良弓，看来这不是偶然的。

凡造弓，初成坯后，安置室中梁阁上，地面勿离火意。促者旬日，多者两月，透干其津液，然后取下磨光，重加筋胶与漆，则其弓良甚。货弓之家，不能俟日足者，则他日解释之患因之。

【译文】

弓坯造成之后，放在屋梁高处的地方，地面不断生火烘焙。时间短则十天，长则两个月，等到胶液干透，就拿下来磨光，再一次铺筋、涂胶和上漆，这样做出来的弓质量会更好。有的卖弓人不等烘干足够时间就出货，这样之后可能会出现脱胶的毛病。

凡弓弦，取食柘叶蚕茧，其丝更坚韧。每条用丝线二十余根作骨，然后用线横缠紧约。缠丝分三停[①]，隔七寸许则空一二分不缠，故弦不张弓时，可折叠三曲而收之。往者北边弓弦，尽以牛筋为质，故夏月雨雾，妨其解脱，不相侵犯。今则丝弦亦广有之。涂弦或用黄蜡，或不用亦无害也。凡弓两弰系驱处，或切最厚牛皮，或削柔木如小棋子，钉粘角端，名曰垫弦，义同琴轸。放弦归返时，雄力向内，得此而抗止，不然则受损也。

【注释】

①停：部分。

【译文】

用柘蚕丝制作的弓弦更加坚韧。每条弦用二十多根丝线做骨，然后用丝线横向缠紧。缠丝分为三段，每缠七寸就留空一二分不缠。这样，在弦不上弓时就可以折成三节收好。以前少数民族都用牛筋做弓弦，每遇到夏天雨季就因为弓弦吸潮而不敢贸然出兵。现在到处都有丝弦了。有人用黄蜡涂弦防潮，不用也没有关系。弓两端系弦的部位，要用最厚的牛皮或者软木做成像小棋子似的垫子，用胶粘紧钉在牛角末端，这叫作垫弦，作用跟琴弦的码子差不多。放箭时弓弦的回弹力很大，有了垫弦就可以抵消它，否则会损伤弓弦。

凡造弓，视人力强弱为轻重：上力挽一百二十斤，过此则为虎力，亦不数出；中力减十之二三；下力及其半。彀满[①]之时，皆能中的。但战阵之上，洞胸彻札[②]，功必归于挽强者。而下力倘能穿杨贯虱，则以巧胜也。

凡试弓力，以足踏弦就地，秤钩搭挂弓腰，弦满之时，推移秤锤所压，则知多少。其初造料分两，则上力挽强者，角与竹片削就时，约重七两；筋与胶、漆与缠约丝绳，约重八钱。此其大略。中力减十之一二，下力减十之二三也。

【注释】

①彀（gòu）满：张满弓弦。

②札：铠甲上用皮革或者金属做成的叶片。

【译文】

造弓还要按人的臂力大小来分轻重：上等力气的人能挽一百二十斤，超过的叫虎力，但这类人很少见；中等的能挽八九十斤；下等的只能够挽六十斤左右。这些弓箭在拉满弦时都能够射中目标。但在战场上能够射穿敌人胸膛或者铠甲的，当然是力气大的弓箭手。力气小的人如果能够射穿树叶或者射中虱子的，那是以巧取胜。

测定弓力的方法是用脚踩弦，将秤钩钩住弓的中点往上提拉，弦满之后，推移秤锤称平，就可以知道弓力的大小。弓料的分量是，上等力气的人所用的弓，角和竹片削好之后大约重七两；筋、胶、漆和缠丝大约重八钱。这是个大概的数字。中等力气的相应减少十分之一二，下等力气的减少十分之二三。

凡成弓，藏时最嫌霉湿。霉气先南后北。岭南谷雨时，江南小满，江北六月，燕齐七月。然淮扬霉气独盛。将士家或置烘厨烘箱，日以炭火置其下。春秋雾雨皆然，不但霉气。小卒无烘厨，则安顿灶突之上。稍怠不勤，立受朽解之患也。近岁命南方诸省造弓解北，纷纷驳回，不知离火即坏之故，亦无人陈说本章者。

【译文】

藏弓最怕霉湿。霉雨天气先南方后北方。开始的节气，岭南是谷雨，江南是小满，江北是六月，河北、山东一带是七月。淮扬地区霉雨天气最多。军官家里有烘厨或者烘箱，每天都用炭火烘。不仅是霉雨天，春秋下雨或者多雾的天气也都是这样干。

士兵没有烘厨或者烘箱，就把弓放在灶头烟道的凸起上。稍微照管不周到，弓就会朽坏解脱。近年来朝廷命令南方各省造弓解送北京，纷纷被退回，就是因为他们不知道弓不烘就会损坏的道理，也没有人将这件事情上奏朝廷陈述其中原因。

凡箭笴[1]，中国南方竹质，北方萑柳[2]质，北虏桦质，随方不一。竿长二尺，镞[3]长一寸，其大端也。凡竹箭，削竹四条或三条，以胶粘合，过刀光削而圆成之。漆丝缠约两头，名曰“三不齐”箭杆。浙与广南有生成箭竹不破合者。柳与桦杆，则取彼圆直枝条而为之，微费刮削而成也。凡竹箭其体自直，不用矫揉。木杆则燥时必曲。削造成时以数寸之木，刻槽一条，名曰箭端，将木杆逐寸戛[4]拖而过，其身乃直。即首尾轻重，亦由过端而均停[5]也。

【注释】

①笴（gǎn）：箭杆。

②萑（huán）柳：蒲柳。

③镞：箭头。

④戛（jiá）：刮。

⑤均停：均匀妥帖。

【译文】

箭杆的用料各地都不一样，南方用竹子，北方用蒲柳，北方少数民族则用桦树。箭杆长二尺，箭头长约一寸，这是一般的规格。做竹箭的时候，削竹三四条并且用胶粘上，再用刀削圆刮光。然后再用漆丝缠紧两头，这叫作“三不齐”箭杆。浙江和广东南部有天然的箭竹，不用破开再黏合。柳木或者桦木做的箭杆，只要选取圆直的枝条稍微刮一下就行。竹箭本身很直，不必矫正。木箭杆干燥后一定会变弯。矫正的方法是用一块几寸长的木头，上面刻一道槽，名叫箭端，将木杆嵌在槽里一寸寸地刮过，杆身就会变直。即使原来杆身头尾不均匀的，也能得到矫正。

凡箭，其本刻衔口以驾弦，其末受镞。凡镞，冶铁为之。《禹贡》砮石[1]乃方物，不适用。北虏制如桃叶枪尖，广南黎人矢镞如平面铁铲，中国则三棱锥象也。响箭则以寸木空中锥眼为窍，矢过招风而飞鸣，即《庄子》所谓“嚆矢”[2]也。

【注释】

①砮石：石制箭头。

②嚆（hāo）矢：响箭。

【译文】

箭杆的末端有一个小凹口叫作衔口，以便扣在弦上。另一端安装箭头，箭头是用铁铸造而成的。《尚书·禹贡》记载的那种石制箭头，是地方土产，不适合使用。至于箭头的形状，北方少数民族做的像桃叶枪尖，广东南部黎族人做的像是平头铁铲，中原地区做的则是三棱锥形。响箭之所以能够迎风鸣叫，原因在于小小的箭杆上锥有孔眼，这就是庄子所说的“嚆矢”。

凡箭行端斜与疾慢，窍妙皆系本端翎羽之上。箭本近衔处，剪翎直贴三条，其长三寸，鼎足安顿，粘以胶，名曰箭羽。此胶亦忌霉湿，故将卒勤者，箭亦时以火烘。羽以雕膀为上，雕似鹰而大，尾长翅短。角鹰次之，鸱鹞[1]又次之。南方造箭者，雕无望焉，即鹰鹞亦难得之货，急用塞数，即以雁翎，甚至鹅翎亦为之矣。凡雕翎箭行疾过鹰、鹞翎十余步而端正，能抗风吹。北虏羽箭多出此料。鹰、鹞翎作法精工，亦恍惚焉。若鹅、雁之质，则释放之时，手不应心，而遇风斜窜者多矣。南箭不及北，由此分也。

【注释】

①鸱鹞（chī yào）：鹞鹰。

【译文】

箭飞行得正还是偏，快还是慢，关键在于箭羽。在箭杆末端接近衔口的地方，用脬胶粘上三条三寸长的三足鼎立形的翎羽，名叫箭羽。脬胶也怕霉湿，因此勤快的士兵经常用火烘箭。所使用的羽毛，以雕的翅毛为最佳，雕酷似鹰而比鹰大，尾巴长而翅膀短。角鹰的翎羽其次，鹞鹰的翎羽再次。南方造箭的人，固然没有得到雕的羽毛的希望，就连鹰与鹞的羽毛也是很难得到的东西，急用的时候，只能够用雁羽甚至鹅羽来充数。雕翎箭飞得比鹰、鹞翎箭快十多步并且端正，能抗风吹。北方少数民族的箭羽多数用雕翎。角鹰或者鹞鹰翎箭假使精工细作，效用也与雕翎箭差不多。可是，鹅、雁翎箭射出的时候却手不应心，往往一遇到风就会偏离原来的路线。南方的箭比不上北方的箭，原因就在于此。

## 弩

凡弩为守营兵器，不利行阵。直者名身，衡者名翼[1]，弩牙发弦者名机。斫木为身，约长二尺许，身之首横拴度翼。其空缺度翼处，去面刻定一分，稍厚则弦发不应节。去背则不论分数。面上微刻直槽一条以盛箭。其翼以柔木一条为者名扁担弩，力最雄。或一木之下，加以竹片叠承，其竹一片短一片。名三撑弩，或五撑、七撑而止。身下截刻锲衔弦，其衔傍活钉牙机，上剔发弦。上弦之时，惟力是视。一人以脚踏强弩而弦者，《汉书》名曰蹶张材官②。弦送矢行，其疾无与比数。

【注释】

①翼：即弓身。

②蹶张材官：指勇健有力的武士。语出《史记·申屠嘉列传》："以材官蹶张，从高帝击项籍。"蹶，踏。

【译文】

弩是镇守营地的重要兵器，不适合冲锋陷阵。其中直的部分叫作身，横的部分叫作翼，扣弦发箭的开关叫机。砍木做弩身，长约二尺，前端横拴弩翼。拴翼的孔离弩面限定一分厚，稍微厚一点儿，弦和箭就配合不精准。与弩底的距离则不需要计较。弩面上还要刻一根直槽用来放箭。有的弩翼是用一根柔木做成的，叫作扁担弩，这种弩射程最远。一根柔木下面再用竹片依次缩短。叠撑的就相应叫作三撑弩、五撑弩或者七撑弩。弩身后端刻有一个缺口扣弦，缺口旁钉有活动扳机，将活动扳机上推就可以发射出箭。上弦时全依赖于人的体力。由一个人脚踏强弩上弦的，《汉书》称为"材官蹶张"。弩弦把箭射出，快速无比。

凡弩弦以苎麻为质，缠绕以鹅翎，涂以黄蜡。其弦上翼则紧，放下仍松，故鹅翎可扱①首尾于绳内。弩箭羽以箬叶为之。析破箭本，衔于其中而缠约之。其射猛兽药箭，则用草乌②一味，熬成浓胶，蘸染矢刃。见血一缕，则命即绝，人畜同之。

凡弓箭强者，行二百余步；弩箭最强者，五十步而止，即过咫尺，不能穿鲁缟矣。然其行疾则十倍于弓，而入物之深亦倍之。

【注释】

①扱（chā）：插。

②草乌：乌头的主根，含有剧毒 。

【译文】

弩弦乃是用苎麻绳为原料做成，还要缠上鹅翎，涂上黄蜡。弩弦装上弩翼的时候虽然拉得紧，放下来的时候仍然是松的，所以鹅翎的头尾都可以夹入麻绳内。弩箭的箭羽是用箬竹叶制造的。把箭尾破开一点儿，然后把箬竹叶夹进去并把它缠紧。射杀猛兽用的药箭，则是将草乌熬成浓胶涂在箭头上。这种箭一见血就能够使人畜丧命。

强弓可以射出两百多步远，而强弩只能够射出五十步远，再远一点儿就连薄绢都射不透。然而，弩比弓快十倍，穿透物体的深度也要深一倍。

国朝军器造神臂弩、克敌弩，皆并发二矢、三矢者。又有诸葛弩，其上刻直槽，相承函十矢，其翼取最柔木为之。另安机木，随手扳弦而上，发去一矢，槽中又落一矢，则又扳木上弦而发。机巧虽工，然其力棉甚，所及二十余步而已。此民家妨窃具，非军国器。其山人射猛兽者，名曰窝弩，安顿交迹之衢[1]，机傍引线，俟兽过带发而射之。一发所获，一兽而已。

**【注释】**

①衢：交叉路口。《尔雅·释宫》："四达谓之衢。"

**【译文】**

本朝作为军队兵器的弩有神臂弩、克敌弩，都是能够同时发出两三支箭的。还有一种诸葛弩，弩上刻有直槽可以装十支箭，弩翼要用最柔韧的木头制造而成，另外还安有木质弩机，随手扳机即可上弦。发出一箭，槽中又落下一箭，则可以再扳机发出一箭。这种弩机结构虽然精巧，但是射力很弱，射程只有二十来步远。这是民间用来防盗贼用的，而不是军队使用的兵器。山区的人用来射杀猛兽用的弩叫作窝弩，装在野兽出没的地方，拉上引线，野兽走过时一触碰到引线，箭就会自动射出。每发一箭就会射死一只野兽。

## 干

凡干[1]戈[2]，名最古，干与戈相连得名者。后世战卒、短兵驰骑者更用之。盖右手执短刀，左手执干以蔽敌矢。古者车战之上，则有专司执干并抵同人之受矢者。若双手执长戈与持戟[3]、槊[4]，则无所用之也。

凡干，长不过三尺，杞柳织成尺径圈，置于项下，上出五寸，亦锐其端，下则轻竿可执。若盾名中干，则步卒所持以蔽矢并拒槊者，俗所谓傍牌是也。

**【注释】**

①干：盾牌。

②戈：杆头装有横向短刃具有击刺、钩杀等多功能的兵器。

③戟：长杆头上装有利刃的戈、矛一体的兵器。

④槊：长矛。

【译文】

干戈的名字在兵器中是最古老的，干和戈也是连在一起而得名。后世的步兵和手拿兵器的骑兵更是经常配合使用干和戈。右手持短刀，左手持盾牌以抵挡敌箭。古时候的战车上，有人专门负责拿着盾牌，用来保护同车的人免遭敌方的冷箭。要是双手拿着长矛或者戟，那就空不出手来拿盾牌了。

盾牌的长度不会超过三尺，用杞柳枝编织成的直径一尺的上尖圆盾，盾牌上方的尖部突出五寸，它的下端有一根轻杆可以手持，放在脖子下面进行防护。另外有一种盾牌叫作中干，那是步兵用来挡箭或者长矛用的，俗称傍牌。

## 火药料

火药火器，今时妄想进身博官者，人人张目而道，著书以献，未必尽由试验。然亦粗载数叶，附于卷内。

凡火药，以消石、硫黄为主，草木灰为铺。消性至阴，硫性至阳，阴阳两神物相遇于无隙可容之中，其出也，人物膺①之，魂散惊而魄齑粉②。凡消性主直，直击者消九而硫一，硫性主横，爆击者消七而硫三。其佐使之灰，则青杨、枯杉、桦根、箬叶、蜀葵、毛竹根、茄秸之类，烧使存性，而其中箬叶为最燥也。

【注释】

①膺：受。

②齑（jī）粉：粉末，碎屑。

【译文】

关于火器和火药，现在那些妄图博取高官厚禄的人，人人都在高谈阔论，著书立说，他们说的不一定都是经过试验的。然而在这里还是要粗略写上几页，附在卷内。

火药的主要成分以硝石和硫黄为主，草木灰为辅。硝石阴性最强，硫黄阳性最强，这两种阴阳奇物在密闭没有一丝孔隙的空间内相遇就会发生爆炸，不论是人或者物经受了都要魂飞魄散、粉身碎骨。硝石的纵向爆发力大，所以用于射击的火药是硝石九成硫黄一成；硫黄横向爆发力大，所以用于爆破的火药是硝石七成硫黄三成。作为辅助的灰可以用青杨、枯杉、桦树根、箬竹叶、蜀葵、毛竹根、茄秆之类，烧制成炭，其中以箬竹叶的炭末性质最为燥烈。

凡火攻有毒火、神火、法火、烂火、喷火。毒火，以白砒、硇砂①为君，金汁[②]、银锈、人粪和制；神火，以朱砂、雄黄、雌黄[③]为君；烂火，以硼砂、磁末、牙皂、秦椒配合；飞火，以朱砂、石黄、轻粉、草乌、巴豆配合；劫营火，则用桐油、松香。此其大略。其狼粪烟昼黑夜红，迎风直上，与江豚灰能逆风而炽，皆须试见而后详之。

【注释】

①硇（náo）砂：矿物名。化学成分为氯化铵（$NH_4Cl$）。有毒。

②金汁：金黄色陈年粪清汁。

③朱砂、雄黄、雌黄：矿物名。朱砂为硫化汞（HgS）；雄黄为硫化砷（AsS）；雌黄为三硫化二砷（$As_2S_3$）。

【译文】

火攻有毒火、神火、法火、烂火、喷火等众多名目。毒火以砒霜、硇砂为主，再加上金汁、银锈、人粪混合配制；神火主要以朱砂、雄黄、雌黄为主；烂火要加硼砂、瓷屑、猪牙皂荚、花椒等物；飞火要加朱砂、雄黄、轻粉、草乌、巴豆；劫营火则要用桐油、松香。这些只是大概的配方。至于焚烧狼粪的烟白天呈现黑色，晚上呈现红色，迎风直上，以及江豚灰可以逆风燃烧的传闻，都必须得先经过试验，亲眼看见，才能够详细说明。

## 消石

凡消，华夷皆生，中国则专产西北。若东南贩者不给官引[①]，则以为私货而罪之。消质与盐同母，大地之下，潮气蒸成，现于地面。近水而土薄者成盐，近山而土厚者成消。以其入水即消溶，故名曰消。长淮以北，节过中秋，即居室之中，隔日扫地，可取少许，以供煎炼。

【注释】

①官引：官府发放的运输销售凭证。

【译文】

硝石这种物质中外都有，中国只有西北部才出产。东南地区卖硝石的人如果没有官府发放的运销凭证，就会以走私的罪名被治罪。硝石和盐都是地底生成的，随着水汽蒸发，才会出现在地面。近水而土层薄的地方生成盐，靠山而土层厚的地方生成硝。因为它入水即溶，所以叫硝。长江、淮河以北的地区，中秋节过后，即使在室内，隔天扫地也可以扫出少量的粗硝，可以用来煎炼提纯。

凡消三所最多：出蜀中者曰川消，生山西者俗呼盐消，生山东者俗呼土消。凡消刮扫取时，墙中亦或迸出。入缸内，水浸一宿，秽杂之物，浮于面上，掠取去时，然后入釜，注水煎炼。消化水干，倾于器内，经过一宿，即结成消。其上浮者曰芒消，芒长者曰马牙消，皆从方产本质幻出。其下猥杂者曰朴消。欲去杂还纯，再入水煎炼。入莱菔数枚同煮熟，倾入盆中，经宿结成白雪，则呼盆消。凡制火药，牙消、盆消功用皆同。

【译文】

国内有三个地方生产硝最多：四川产的叫川硝，山西产的叫盐硝，山东产的叫土硝。把刮扫来的硝土墙有时候也会有硝冒出来。放进缸内，用水浸泡一夜，捞去表面浮渣，然后放进锅里，加水煮沸。直到硝完全溶解并充分浓缩的时候，倒入容器，经过一晚便析出硝石的结晶。其中浮在上面的叫作芒硝，芒长的叫作马牙硝，这都是各地出产的硝再次经过提纯而得到的。而沉在下面包含杂质较多的叫朴硝。要想除去杂质把它提纯，还需要加水再煮。丢进几个萝卜煮熟之后，再倒入盆中，经过一晚就能析出雪白的结晶，这叫作盆硝。对于制造火药、牙硝和盆硝的功用相同。

凡取消制药，少者用新瓦焙，多者用土釜焙，潮气一干，即成研末。凡研消不以铁碾入石臼，相激火生，则祸不可测，凡消配定何药分两，入黄同研，木灰则从后增入。凡消既焙之后，经久潮性复生。使用巨泡，多从临期装载也。

【译文】

用硝制作火药，少量的可以放在新瓦片上焙干，多的要放在土锅中焙，焙干之后，立刻取出研成粉末。不能用铁碾在石臼里研磨硝，因为铁石摩擦一旦产生火花，造成的灾祸就不堪设想了。硝和硫按照某种火药要求的配方比例搅拌均匀一同研碎，随后才加入木炭末。硝焙干之后，时间久了又会返潮。所以大炮用的硝药，多半都是临时装载上去的。

## 硫黄　详见《燔石》卷

凡硫黄，配消而后，火药成声。北狄无黄之国，空繁消产，故中国有严禁。凡燃炮，拈消与木灰为引线，黄不入内，入黄即不透关。凡碾黄难碎，每黄一两，和消一钱同碾，则立成微尘细末也。

【译文】

硫黄和硝配比好之后，才能够做成火药使之爆炸。北方少数民族地区不产硫黄，硝石产量再多也没有用，因此中原地区严禁向北方贩卖硫黄。大炮点火，要用硝和木炭末混合搓成导火的引线，不能加入硫黄，否则导火线就会失灵。硫黄很难单独碾碎，如果每一两硫黄加入一钱硝一起碾磨，就可以碾成像尘土一样微细的粉末了。

## 火器

西洋炮是用熟铜铸就，圆形，若铜鼓。引放时，半里之内，人马受惊死。平地爇引①炮有关捩②，前行遇坎方止。点引之人，反走坠入深坑内，炮声在高头，放者方不丧命。

红夷炮。铸铁为之，身长丈许，用以守城。中藏铁弹并火药数斗，飞激二里，膺其锋者为齑粉。

凡炮爇引内灼时，先往后坐千钧力，其位须墙抵住。墙崩者其常。

【注释】

①爇（ruò）引：点燃引信。

②关捩：机关。

【译文】

西洋炮是用熟铜铸造而成的，圆形，像个铜鼓。放炮时，半里之内，人和马都会吓死 。在平地点燃引线时装上可以使炮身转动的机关，转到坑多的地方才停下来。炮手点燃引信之后立刻往回跑，并跳入深坑里，这时炮声在高处爆发，炮手才不会受伤或丧命。

红夷炮是用铸铁制造的，身长一丈多，用来守城。炮膛里面装有几斗铁丸和火药，射程二里，被击中的目标立刻会成为碎粉。

大炮引发时，首先会产生很大的后坐力，所以炮位必须用墙顶住。墙因此而崩塌也是常有的事情。

大将军，二将军。即红夷之次，在中国为巨物。佛郎机。水战舟头用。三眼铳。百子连珠炮。

【译文】

大将军，二将军。比红夷炮小一点儿，在中国却算是庞然大物了。佛郎机。

水战时装在船头使用。三眼铳。百子连珠炮。

地雷。埋伏土中，竹管通引，冲土起击，其身从其炸裂。所谓横击，用黄多者。引线用矾油，炮口覆以盆。

【译文】

地雷一般埋藏在泥土中，用竹管套上引线，起到保护作用，引爆时会炸开泥土产生杀伤作用，地雷本身也同时炸裂了 。这种所谓的“横击”，是火药配方中硫黄用得比较多的缘故。引线要涂上矾油，引线入口处要用盆覆盖。

混江龙[1]。漆固皮囊裹炮沉于水底，岸上带索引机。囊中悬吊火石、火镰，索机一动，其中自发。敌舟行过，遇之则败。然此终痴物也。

【注释】

①混江龙：一种“自动”引爆的水雷。

【译文】

混江龙是一种水雷，用皮囊包裹，再用漆密封，然后沉入水底，岸上用一条引索来控制。皮囊里面装有火石和火镰，一旦牵动引索，皮囊自然会点火引爆。敌船如果碰到它就会被炸坏。但是它毕竟是一个笨重的东西。

鸟铳。凡鸟铳长约三尺，铁管载药，嵌盛木棍之中，以便手握。凡锤鸟铳，先以铁挺[1]一条大如箸为冷骨，裹红铁锤成。先为三接，接口炽红，竭力撞合。合后以四棱钢锥如箸大者，透转其中，使极光净，则发药无阻滞。其本近身处，管亦大于末，所以容受火药。每铳约载配消一钱二分、铅铁弹子二钱。发药不用信引，岭南制度，有用引者。孔口通内处露消分厘，捶熟苎麻点火。左手握铳对敌，右手发铁机逼苎火于消上，则一发而去。鸟雀遇于三十步内者，羽肉皆粉碎，五十步外方有完形，若百步则铳力竭矣。鸟枪行远过二百步，制方仿佛鸟铳，而身长药多，亦皆倍此也。

【注释】

①铁挺：刚直的铁条。挺，通“梃”。棍棒。此指条状物。

【译文】

鸟铳大约有三尺长，装火药的铁枪管嵌在木托上，以便于手握。锤制鸟铳时，先用一根筷子一样粗的铁条作为锻模，然后将烧红的铁块包在它上面打成铁管。枪管分为三段打出，再把接口烧红尽力锤打接合。然后，再用像筷子一样粗的四棱钢锥插进枪管里来回转动，使枪管内壁比较圆滑，子弹发射时才不会有阻滞。枪管近人身的一端比较粗，用来装载火药。每支鸟铳一次大约装火药一钱二分、铅铁弹子二钱。点火时不用引信，岭南的鸟铳制法也有用引信的。而在枪管近人身的一端通到枪膛的小孔上露出一点儿硝药，用砸烂的苎麻点火。左手握鸟铳对准敌人，右手扣动扳机将苎麻火逼到硝药上，一刹那就发射出去了。鸟雀在三十步之内中弹就会粉身碎骨，五十步以外中弹才能保存原形，到了一百步，火力就不及了。鸟枪的射程超过二百步，制造方法跟鸟铳相似，但是枪管的长度和装载的火药量都要增加一倍。

万人敌。凡外郡小邑乘城却敌，有炮力不具者，即有空悬火炮而痴重难使者，则万人敌近制随宜可用，不必拘执一方也。盖消黄火力所射，千军万马立时糜烂。其法：用宿干空中泥团，上留小眼，筑实消黄火药，参入毒火、神火，由人变通增损。贯药安信而后，外以木架匡围，或有即用木桶而塑泥实其内郭者，其义亦同。若泥团必用木匡，所以妨掷投先碎也。敌攻城时，燃灼引信，抛掷城下。火力出腾，八面旋转。旋向内时，则城墙抵信，不伤我兵；旋向外时，则敌人马皆无幸。此为守城第一器。而能通火药之性、火器之方者，聪明由人。作者不上十年，守土者留心可也。

【译文】

万人敌用于边远小城的将士守城御敌，有的地方没有火炮，有的地方即使配有火炮也笨重难使，而万人敌却是一种不拘泥一方而适合近距离作战随宜可用的武器。硝石和硫黄配合产生的火力能炸得千军万马立刻血流成河。制造方法是：把晒干的中空泥团通过上边留出的小孔装满由硝和硫黄配制而成的火药，并由人灵活变通地掺入毒火、神火等药。压实并安上引信之后，再用木框框住，也有用木桶内壁糊泥并填实火药而造成的，道理是一样的。如果用泥团就一定得在泥团外面加上木框，防止抛出去还没有爆炸就破裂了。敌人攻城的时候，点燃引信，把万人敌抛掷到城下。这时，万人敌不断射出火力，而且四方八面不断地旋转。当它向内旋的时候，由于有城墙挡着，不会伤害到自己人；当它向外旋的时候，敌军兵马就会大量伤亡。这是守城最重要的武器。但凡是通晓火药性能和火器制法的人，都可以发挥自己的聪明才智。这种武器的发明制造还不到十年，负责守卫国土的将士们都应该留心使用它，密切关注它的技巧原理。

# 丹青

宋子曰：斯文[1]千古之不坠也，注玄尚白[2]，其功孰与京[3]哉！离火红而至黑孕其中，水银白而至红呈其变[4]。造化炉锤[5]，思议何所容也！五章[6]遥降，朱临墨而大号彰；万卷横披，墨得朱而天章[7]焕。文房异宝，珠玉何为？至画工肖象万物，或取本姿，或从配合，而色色咸备焉。夫亦依坎附离，而共呈五行变态，非至神[8]孰能与于斯哉？

**【注释】**

①斯文：最开始指周文王的礼乐制度，泛指文化。

②注玄尚白：白纸黑字的文字记载。注，撰写，注释。玄，黑色，这里指墨写的字。尚，加在上面。白，白色，这里指白纸。

③京：高大。

④离火红而至黑孕其中，水银白而至红呈其变：此处指炭黑和银朱的制作过程。

⑤造化炉锤：大自然造化万物。

⑥五章：指青、黄、赤、白、黑五种颜色。

⑦天章：原义为帝王的诗文辞章，这里泛指白纸黑字的好文章。

⑧至神：语出《周易·系辞上传》："易，无思也，无为也，寂然不动，感而遂通天下之故。非天下之至神，其孰能与于此？"至神，极为神奇。

**【译文】**

宋子说：历代传承的文化之所以能够流传千古而没有遗失，靠的是白纸黑字的文献记载，这种功绩是无与伦比的。火是红色的，但是其中孕育着最黑的墨烟；水银是白色的，而最红的银朱却是由它变化而来。大自然的熔炉冶炼可谓变化万千，真是不可思议！当远古五色出现时，红色和黑色就能使重大号令彰扬；书卷打开，黑色的字得到红色的圈点而使文章焕发光彩。文房有笔墨纸砚，珠玉又能起什么作用呢？至于画家描绘万物，或者用原色，或者使用配色，这样各种颜色都齐全了。颜料的制备，要依靠水火的作用，也表现在水、火、木、金、土五行的相互磨合变化中。如果不是大自然如此玄妙，而人又能够巧夺天工，怎么能达到这种境界呢？

## 朱

凡朱砂、水银、银朱，原同一物，所以异名者，由精细老嫩而分也。上好朱砂，出压辰、锦今名麻阳。与西川者，中即孕汞，然不以升炼，盖光明、箭镞、镜面等砂，其价重于水银三倍，故择出为朱砂货鬻[①]。若以升水，反降贱值。惟粗次朱砂，方以升炼水银，而水银又升银朱也。

【注释】

①货鬻（yù）：出卖。

【译文】

朱砂、水银和银朱本来是同一种东西，之所以名称不同，只是由于其中精或粗、老或嫩的差别所造成的。上等朱砂，产于辰州、锦州现在叫麻阳。和四川西部地区。朱砂虽然包含水银，但是一般不用来炼取水银，这是因为光明砂、箭镞砂、镜面砂等几种朱砂都比水银还贵三倍，所以要选出来卖。如果把它炼成水银，反而降低了价值。只有粗糙而且次等的朱砂，才用来提炼水银，又由水银炼成银朱。

凡朱砂上品者，穴土十余丈乃得之。始见其苗，磊然白石，谓之朱砂床。近床之砂，有如鸡子大者。其次砂不入药，只为研供画用与升炼水银者。其苗不必白石，其深数丈即得。外床或杂青黄石，或间沙土，土中孕满，则其外沙石多自坼裂。此种砂贵州思[①]、印[②]、铜仁等地最繁，而商州[③]、秦州出亦广也。凡次砂取来，其通坑色带白嫩者，则不以研朱，尽以升汞。若砂质即嫩而烁视欲丹者，则取来时，入巨铁辗槽中，轧碎如微尘，然后入缸，注清水澄浸。过三日夜，跌取其上浮者，倾入别缸，名曰二朱；其下沉结者，晒干，即名头朱也。

【注释】

①思：即思南。今属贵州。

②印：即印江。今属贵州。

③商州：今陕西商洛。

【译文】

高品阶的朱砂矿，要挖土十多丈深才能够找得到。发现矿苗的时候，只能看到一堆白石，叫作朱砂床。靠近床的朱砂，有的像鸡蛋那么大。次等的朱砂一般不能用来配制药品，而只是研磨成粉末供绘画或者炼水银用。这种次等的朱砂矿不一定有白石矿苗，只要挖到数丈深就可以得到。矿床外围掺杂有青黄色的石块或者沙土，由于土中含有朱砂，因此石块或者沙土会自行裂开。这种次等朱砂以贵州的思南、印江、铜仁等地最为常见，商州、秦州等地也十分常见。次等朱砂，如果整条矿都是质地松软而且颜色泛白的，就不能用来磨成粉末做朱砂，而是全部用来提炼水银。如果砂质松软但是其中有红光闪烁，使用大铁槽碾成尘粉，然后放入缸内，用清水澄浸。等到三天三夜后，把上浮的砂石倾倒其他的缸内，这是二朱；把下沉的取出晒干，就是头朱。

凡升水银，或用嫩白次砂，或用缸中跌出浮面二朱，水和搓成大盘条，每三十斤入一釜内升汞，其下炭质亦用三十斤。凡升汞，上盖一釜，釜当中留一小孔，釜傍盐泥紧固。釜上用铁打成一曲弓溜管，其管用麻绳缠通梢，仍用盐泥涂固。煅火之时，曲溜一头插入釜中通气插处一丝固密。一头以中罐注水两瓶，插曲溜尾于内，釜中之气在达于罐中之水而止。共煅五个时辰，其中砂末尽化成汞，布于满釜。冷定一日，取出扫下。此最妙玄，化全部天机也。《本草》胡乱注：凿地一孔，放碗一个盛水。

【译文】

升炼水银，用嫩白次等朱砂或者缸中倾出的浮面二朱，加水搓成盘条放进锅里。每个锅装三十斤，下面烧火用的炭也要三十斤。升炼水银的时候，锅上面倒扣另外一个锅，上锅顶留下一个小孔，两锅的衔接处用盐泥加固密封。锅顶小孔和一个弯曲的铁管连接，铁管通身用麻绳紧密缠绕，并涂上盐泥加固封存，使接口处不能有丝毫漏气。煅火的时候，曲管的一头插入锅中通气，插入处加固密封。曲管的另外一端通到装有两瓶水的罐中，使熔炼锅里的气体只能达到罐里的水为止。在锅底起火共煅烧十个钟头后，朱砂就全部熔化为水银，布满整个锅壁。冷却一天之后，再取出扫下。这里面的道理最难以捉摸，可见自然界的变化真是玄妙。《神农本草经》注释说什么煅烧水银要“凿地一孔，放一个碗盛水”等，那是乱注。

凡将水银再升朱用，故名曰银朱。其法或用磬口[①]泥罐，或用上下釜。每水银一斤，入石亭脂[②]即硫黄制造者。二斤，同研不见星，炒作青砂头，装于罐内。上用铁盏盖定，盏上压一铁尺。铁线兜底捆缚，盐泥固济口缝，下用三钉插地鼎足盛罐。打火三炷香久，频以废笔蘸水擦盏，则银自成粉，贴于罐上。其贴口者朱更鲜华。冷定揭出，刮扫即用。其石亭脂沉下罐底，可取再用也。每升水银一斤，得朱十四两、次朱三两五钱。出数藉硫质而生。

【注释】

①磬口：开口。

②石亭脂：天然硫黄。

【译文】

把水银再炼成朱砂，所以叫作银朱。提炼时用一个开口泥罐或者用上下两个锅。每升水银加石亭脂天然硫黄。两斤一起研磨，要磨到看不见水银的亮斑为止，并且炒成青黑色，装入罐中。罐口用铁盏盖好，盏上压上一根铁尺，并且用铁线兜底把罐和盏绑紧，然后用盐泥封口留存，再用三根铁棒插在地上用来托住泥罐。烧火加热需要燃完三炷香的时间，在此期间要不断用废毛笔蘸水擦铁盏面，那么水银就会变成银朱粉凝结在罐壁上。贴近罐口的银朱色泽更鲜红。冷却之后揭开铁盏封口，把银朱刮取下来。剩下的石亭脂沉在罐底，可以取出来再用。每斤水银，可以炼得上等朱砂十四两、次等朱砂三两半。其中多出来的重量是凭借石亭脂的硫质而产生的。

凡升朱与研朱，功用亦相仿。若皇家贵家画彩，则即同辰锦丹砂研成者，不用此朱也。凡朱，文房胶成条块，石砚则显，若磨于锡砚之上，则立成皂汁。即漆工以鲜物彩，惟入桐油调则显，入漆亦晦也。

凡水银与朱，更无他出。其汞海、草汞之说，无端狂妄，耳食者信之。若水银已升朱，则不可复还为汞，所谓造化之巧已尽也。

【译文】

升炼成的朱砂与天然的研磨成的朱砂功用效果其实差不多。皇家贵族绘画用的是辰州、锦州出产的丹砂研磨成的粉，而不是升炼成的银朱粉。书房用的朱砂通常胶合成条块状，在石砚上磨就显出本来的鲜红色，如果在锡砚上磨，就会立刻变成灰黑色。漆工用朱砂调制红油彩来粉饰器物时，只有用桐油调合色彩才鲜明，和天然漆调合色彩就会变晦暗。

水银和朱砂没有其他的制作来源。关于水银海和水银草的说法都是毫无根据的，只有那些容易轻信的人才会相信。水银升炼为朱砂之后，不能再还原成水银，可以说大自然创造哺育万物的工巧到此也就结束了。

## 墨

凡墨，烧烟凝质而为之。取桐油、清油、猪油烟为者，居十之一；取松烟为者，居十之九。

凡造贵重墨者，国朝推重徽郡人。或以载油之艰，遣人僦居[①]荆襄、辰沅，就其贱值桐油点烟而归。其墨他日登于纸上，日影横射，有红光者，则以紫草[②]汁浸浍灯心而燃炷者也。

【注释】

①僦（jiù）居：租房子住。

②紫草：紫草科，多年生草本。根富含紫色物质。

【译文】

墨是由烟和胶二者结合而成的。其中，用桐油、清油或者猪油烧成的烟做墨，占据一成；用松烟做的墨，占九成。

制造贵重的墨，本朝最推崇徽州人。他们有时由于油料运输困难，便派人到湖北的荆州、襄阳以及湖南的辰溪、沅陵等地租房子居住，购买当地便宜的桐油就地点烟，把燃成的烟灰带回去制墨。还有一种墨，写在纸上后在阳光的斜照下能泛出红光，那是用紫草汁浸染灯芯点油灯所得的烟做成的。

凡爇油取烟，每油一斤，得上烟一两余。手力捷疾者，一人供事灯盏二百付。若刮取怠缓则烟老，火燃、质料并丧也。

其余寻常用墨，则先将松树流去胶香，然后伐木。凡松香有一毛未净尽，其烟造墨，终有滓结不解之病。凡松树流去香，木根凿一小孔，炷灯缓炙，则通身膏液，就暖倾流而出也。

【译文】

烧油取烟，每斤油可以得到上等烟一两多。一个手脚麻利的人可以照管二百盏这样专门用于收集烟的灯盏。如果刮取烟灰不及时，烟就会过火而质量下降，粒粗色哑，造成油料和时间两者的浪费。

其余的一般用墨，都是用松烟制造而成的。先使松树中的松脂流掉，然后进行砍伐。松脂哪怕有一点点没流干净，用这种松烟做成的墨就总是存在渣滓，难以书写。过滤掉松脂的方法是，在树干靠近根部的地方凿一个小孔，点灯慢慢炙烤，这样整棵树的松脂都会朝着这个温暖的小孔流出来。

凡烧松烟，伐松，斩成尺寸，鞠篾为圆屋，如舟中雨篷式，接连十余丈。内外与接口皆以纸及席糊固完成。隔位数节，小孔出烟，其下掩土砌砖先为通烟道路。燃薪数日，歇冷入中扫刮。凡烧松烟，放火通烟，自头彻尾。靠尾一二节者为清烟，取入佳墨为料。中节者为混烟，取为时墨料。若近头一二节，只刮取为烟子，货卖刷印书文家，仍取研细用之。其余则供漆工垩工之涂玄者。

凡松烟造墨，入水久浸，以浮沉分清悫。其和胶之后，以捶敲多寡分脆坚。其增入珍料与漱金、衔麝，则松烟、油烟增减听人。

其余，《墨经》《墨谱》，博物者自详，此不过粗纪质料原因而已。

**【译文】**

烧松木取烟，先把松木砍成一定的尺寸，并且在地上用竹篾搭成一个圆拱棚，就像是小船篷那样，再一节节连接成十多丈长。它的内外和接口都要用纸和草席糊固密封。每隔几节，就开出一个出烟的小孔，竹篷和地面接触处盖上泥土，篷内砌成一条事先设计好的通烟火路。让松木在棚里面一连烧上好几天，冷歇之后，人们就可以进去刮取了。烧松烟的时候，烟从篷头弥漫到篷尾。从靠尾一二节取的烟叫清烟，可以做优质墨料。从中节取的烟叫混烟，只能做普通墨料。从靠近头一二节取的烟叫作烟子，只能够卖给印书的店主，但仍然要磨细之后才能使用。剩下的就给漆工、粉刷工做黑色颜料用。

造墨用的松烟，放入水中长时间浸泡，其中精细而清纯的就会浮在上面，粗糙而稠厚的就沉在下面。在和胶调合凝固之后，用锤子敲打它，根据敲出的多少来区别墨的坚脆。至于在松烟或者油烟中加入金箔或者麝香之类的珍贵材料，这其中的分量可以随意增减。

其他有关墨的知识，《墨经》《墨谱》等书中也有所记述，想知道得更详细的人，可以自己去认真仔细阅读，这里只是概述一下制造墨的原料和方法而已。

## 附

胡粉。至白色。详《五金》卷。

黄丹。红黄色。详《五金》卷。

淀花。至蓝色。详《彰施》卷。

紫粉。缡红色。贵重者用胡粉、银朱对和，粗者用染家红花滓汁为之。

大青。至青色。详《珠玉》卷。

铜绿。至绿色。黄铜打成板片，醋涂其上，裹藏糠内，微借暖火气，逐日刮取。

石绿。详《珠玉》卷。

代赭石。殷红色。处处山中有之，以代郡者为最佳。

石黄。中黄色，外紫色，石皮内黄，一名石中黄子。

**【译文】**

**胡粉**。色最白。详见《五金》卷。

**黄丹**。红黄色。详见《五金》卷。

**淀花**。纯蓝色。详见《彰施》卷。

**紫粉**。粉红色。贵重的采用胡粉和银朱相互调和，普通的则用染坊的红花滓汁。

**大青**。深蓝色。详见《珠玉》卷。

**铜绿**。深绿色。制造方法是把黄铜打成片，涂上醋，包裹起来藏在糠里，稍微借助其中的温暖火气，每天从铜板上刮取。

**石绿**。详见《珠玉》卷。

**代赭石**。深红色。各地山中都有，以代郡一带出产的质量为最好。

**石黄石**。中间黄色，皮紫色，石皮内黄色，又叫石中黄子。

# 曲蘖

宋子曰：狱讼日繁，酒流生祸[1]，其源则何辜？祀天追远，沉吟《商颂》《周雅》[2]之间。若作酒醴之资曲蘖也，殆圣作而明述矣。惟是五谷菁华变幻，得水而凝，感风而化。供用岐黄[3]者神其名，而坚固食羞者丹其色。君臣自古配合日新，眉寿介而宿痼怯[4]，其功不可殚述。自非炎黄作祖、末流聪明，乌能竟其方术哉？

【注释】

①酒流生祸：因酗酒而闯出祸端。

②《商颂》《周雅》：前者是商朝及周朝时宋国的诗歌，后者指《诗经》的《大雅》《小雅》。

③岐黄：岐伯和黄帝，相传为医学的创始人，所以后以“岐黄”代指医药。

④眉寿介而宿痼（gù）怯：意为酒能助人长寿，疗治顽疾。眉寿，长寿。介，祈求。

【译文】

宋子说：因酗酒而惹祸的事情与日俱增，这就是酗酒的危害。然而作为酒的源头的酒母本身又有什么罪过呢？在祭天祭祖、吟诗欢宴时都需要有酒。造酒就得依靠酒母。关于这一点，古代圣人已经清楚说明了。酒母原就是五谷的精华，通过蒸煮、掺水和通风变化而成。供作医药用的曲叫作神曲，而用来保持食物美味的曲则是红曲。自古以来，曲蘖的调制配方不断被改进，既能够益寿延年又能医治疾病，功用很多不能一一叙述。如果没有祖先的创造发明和后人的聪明才智，怎么能够使酿酒的技巧达到这样完善呢？

## 酒母

凡酿酒，必资曲药成信。无曲，即佳米珍黍，空造不成。古来曲造酒，蘖造醴，后世厌醴味薄，遂至失传，则并蘖法亦亡。

凡曲，麦、米、面随方土造，南北不同，其义则一。

凡麦曲，大、小麦皆可用。造者将麦连皮，井水淘净，晒干，时宜盛暑天。

磨碎，即以淘麦水和，作块，用楮叶包扎，悬风处，或用稻秸罨黄[1]，经四十九日取用。

【注释】

①罨黄：用稻秆覆盖保温。

【译文】

酿酒必须用酒曲做酒引。没有酒曲，即使有好米好黍也酿不成酒。自古以来，用曲来酿黄酒，用蘖来酿甜酒，后来的人嫌甜酒的酒味太淡薄，便只用曲来酿酒。结果使酿甜酒和制蘖的方法都失传了。

酒曲可以因地制宜地选用麦、面或者米粉做原料，南方和北方的制作方法虽然不同，但是原理是一样的。

做麦曲，大麦、小麦都可以选用。制曲最好选在炎热的夏天，把麦粒连皮用井水洗干净，晒干，磨碎，直接用淘麦水搅拌做成块状，再用楮叶包扎起来，悬挂在通风的地方；或者用稻草覆盖使它变黄。这样经过四十九天就可以使用了。

造面曲，用白面五斤、黄豆五升，以蓼[1]汁煮烂，再用辣蓼末五两、杏仁泥十两，和踏成饼、楮叶包悬与稻秸罨黄，法亦同前。其用糯米粉与自然蓼汁溲和成饼，生黄收用者，罨法与时日，亦无不同也。其入诸般君臣草药，少者数味，多者百味，则各土各法，亦不可殚述。

近代燕京，则以薏苡仁为君，入曲造薏酒。浙中宁、绍，则以绿豆为君，入曲造豆酒。二酒颇擅天下佳雄。别载《酒经》。

【注释】

①蓼（liǎo）：蓼科草本植物。有辣蓼等。

【译文】

做面曲，是用白面五斤、黄豆五升，加入蓼汁一起煮烂，再加上辣蓼末五两、杏仁泥十两，混合后踏压成饼状，用楮叶包裹悬挂或者用稻草掩黄的方法，方法跟麦曲一样。用糯米粉加蓼汁搅拌做饼，覆盖掩黄让它长出黄绒毛之后取用，掩黄的方法和时间也和前面的一样。酒曲中加入主料、配料和草药，少的几种，多的上百种，各地的做法都不同，难以详细地一一阐述。

近代北京以薏米为主料，先制曲再酿造薏酒。浙江的宁波和绍兴等地，则用绿豆为料，制曲再酿造豆酒。这两种酒都被列为名酒。记载在《北山酒经》中。

凡造酒母家，生黄未足，视候不勤，盥[1]拭不洁，则疵[2]药数丸，动辄败人石米。故市曲之家，必信著名闻，而后不负酿者。

凡燕、齐黄酒曲药，多从淮郡造成，载于舟车北市。南方曲酒，酿出即成红色者，用曲与淮郡所造相同，统名大曲，但淮郡市者打成砖片，而南方则用饼团。

其曲一味，蓼身为气脉，而米、麦为质料，但必用已成曲酒糟为媒合。此糟不知相承起自何代，犹之烧矾之必用旧矾滓云。

【注释】

①盥（guàn）：洗。

②疵（cī）：病。

【译文】

造酒曲的时候，如果生黄不足，看管不勤，洗抹不干净，就会出现坏曲，从而导致几粒坏曲轻易就败坏了人们成石的米粮。所以卖酒曲的人必须讲信用、重视自己名声，才不会失信于酿酒人。

河北、山东一带酿造黄酒用的酒曲，大部分是在淮郡造好后由车船运去卖的。南方酿造红酒所采用的酒曲与淮郡酿造的相同，都叫作大曲，但是淮郡卖的酒曲打成砖块形状，南方的酒曲则都做成饼团状。

做酒曲，要加入辣蓼粉以便于通气透气，用米或者麦做基本原料，还必须加入已经成曲的酒糟作为媒介。这种酒糟不清楚具体是从哪一个朝代流传下来的，就像是烧青矾必须用旧矾滓掩盖住炉口一样。

## 神曲

凡造神曲所以入药，乃医家别于酒母者。法起唐时。其曲不通酿用也。造者专用白面，每百斤入青蒿自然汁、马蓼、苍耳自然汁，相和作饼，麻叶或楮叶包罨，如造酱黄法。待生黄衣，即晒收之。其用他药配合，则听好医者增入，苦无定方也。

【译文】

制作神曲是为了入药使用的，之所以称它神曲是医家为了把它同酒曲区分开来。神曲的制作方法起源于唐代，这种曲不能用来酿酒。造曲的时候只用白面为原料，每一百斤，加入青蒿、马蓼和苍耳三者的原汁，掺杂拌匀做成饼状，再用麻叶或者楮叶包裹，像制作黄豆酱一样。等到颜色变黄，就把它晒干收藏起来。至于是否还要用其他的药材配合，则由爱好医药的人根据经验视情况加以酌定，没有什么固定的配方。

## 丹曲

凡丹曲一种，法出近代。其义臭腐神奇，其法气精变化。世间鱼肉最朽腐物，而此物薄施涂抹，能固其质于炎暑之中，经历旬日，蛆蝇不敢近，色味不离初，盖奇药也。

【译文】

红曲的制作方法是近代才开始出现的。它的意义在于“化腐朽为神奇”，它的巧妙之处在于利用白米饭在空气中的变化。鱼和肉可以说是世界上最容易腐烂的东西，但是如果用红曲薄薄地涂抹一层，即使在炎热的夏天搁置十多天也能保持原样，苍蝇也不会靠近，也不会生蛆，色泽和味道也不会改变，真是奇药啊！

凡造法，用籼稻米，不拘早晚。舂杵极其精细，水浸一七日，其气臭恶不可闻，则取入长流河水漂净。必用山河流水，大江者不可用。漂后恶臭犹不可解，入甑蒸饭则转成香气，其香芬甚。凡蒸此米成饭，初一蒸半生即止，不及其熟，出离釜中，以冷水一沃，气冷再蒸，则令极熟矣。熟后，数石共积一堆，拌信。

【译文】

制作红曲要用籼稻米，早稻、晚稻都可以。米要舂得极其精细，用水浸泡七天，直到浸到臭不可闻，然后把米放到流动的河水中漂洗干净。必须用山间流动的河水，不能够用大江水。米漂洗之后臭味还不能完全去除，把它放入甑中蒸成饭，就会变成香气四溢了。蒸饭的时候，先蒸到半生半熟，就从锅里取出，用冷水淋浇一下，摊凉后再蒸到熟透。等蒸熟了几石米饭之后，再堆放在一起拌进曲种。

凡曲信，必用绝佳红酒糟为料。每糟一斗，入马蓼自然汁三升，明矾水和化。每曲饭一石，入信二斤，乘饭热时，数人捷手拌匀，初热拌至冷。候视曲信入饭，久复微温，则信至矣。凡饭拌信后，倾入箩内，过矾水一次，然后分散入篾盘，登架乘风。后此，风力为政，水火无功。

【译文】

曲种一定要用最好的红酒糟为原料。每一斗酒糟加入马蓼汁三升，再加上明矾水搅拌均匀。每石曲饭加入曲种二斤，趁饭热的时候，几个人迅速搅拌均匀，由热饭搅拌到冷饭。然后注意观察曲种与曲饭之间的情况。经过一段时间，曲饭的温度已经有点回升，这说明曲种已经开始起作用了。曲饭拌入曲种之后，倒入箩筐里，用明矾水淋一次，再分别放入篾盘中，搁置到架子上通风。此后，做好通风工作是关键，而水火却起不到什么作用了。

凡曲饭入盘，每盘约载五升。其屋室宜高大，妨瓦上暑气侵逼。室面宜向南，防西晒。一个时中翻拌约三次。候视者七日之中，即坐卧盘架之下，眠不敢安，中宵数起。其初时雪白色，经一二日成至黑色，黑转褐，褐转代赭，赭转红，红极复转微黄。目击风中变幻，名曰“生黄曲”。则其价与入物之力，皆倍于凡曲也。凡黑色转褐，褐转红，皆过水一度。红则不复入水。

凡造此物，曲工盥手与洗净盘簟，皆令极洁。一毫滓秽，则败乃事也。

**【译文】**

曲饭放入篾盘之中，每盘大概可以装载五升。曲房最好要高大宽敞，以防屋顶瓦面上的暑气侵入。屋向最好朝南，以防止太阳西晒。每两小时要翻拌三次。观察曲饭的人，必须连续七天夜以继日地守在盘架的下面，不能熟睡，半夜里也要起来几次。曲饭最初颜色雪白，经过一两天之后就会变成黑色。接着，由黑色转为褐色，褐色转为赭色，赭色转为红色，到最红的时候又转回微黄色。上述观察到的曲饭在通风情况下这一系列的颜色变化，叫作“生黄曲”。这样制成的红曲，价值和功用都比一般的曲高几倍。当黑色转为褐色，褐色转为红色的时候，都要淋一次水，转为红色之后就不必再加水了。

制作红曲的时候，做曲的人必须把手和篾盘等工具洗刷得非常干净。假使有一点点不干净，都会导致制曲失败。

# 珠玉

宋子曰：玉韫山辉，珠涵水媚[①]。此理诚然乎哉，抑意逆[②]之说也？大凡天地生物，光明者昏浊之反，滋润者枯涩之仇，贵在此则贱在彼矣。合浦、于阗[③]，行程相去二万里，珠雄于此，玉峙于彼，无胫而来[④]，以宠爱人寰之中，而辉煌廊庙[⑤]之上，使中华无端[⑥]宝藏折节而推上坐焉。岂中国辉山媚水者，萃在人身，而天地菁华止有此数哉？

【注释】

①玉韫山辉，珠涵水媚：语出西晋陆机《文赋》：“石韫玉而山辉，水怀珠而川媚。”

②意逆：主观臆测。

③合浦、于阗：广西合浦以产珍珠著名，新疆和田以产玉而著名。

④无胫而来：比喻良才不招而自己踏入爱才者的门第。

⑤廊庙：朝廷。

⑥无端：无尽。

【译文】

宋子说：蕴藏玉石的山璀璨夺目，涵养珍珠的水媚秀可爱。这个道理是本来就天生如此呢，还是人们的主观臆测呢？一般来说，大自然化生的事物中，总是光明与混浊相反，滋润与枯涩对立，在此处稀罕尊贵，在彼处则平常低贱。合浦和和田，相距不过两万里，珍珠在这里雄霸，玉石在那里傲立，很快就聚合起来。两者都备受人们的宠爱，在朝廷上焕发异彩。这就使全国各地无尽的宝藏都降低了身价，而把珠玉推上首位。难道全国能使山辉水媚的宝物全都聚集在人的身上了，而大自然的精华就只有珠玉这两种吗？

## 珠

凡珍珠必产蚌腹，映月成胎，经年最久，乃为至宝。其云蛇蝮、龙颔[①]、鲛[②]皮有珠者，妄也。凡中国珠必产雷、廉二池。三代以前，淮扬亦南国地，得珠稍近《禹贡》“淮夷玭珠”，或后互市之便，非必责其土产也。金采蒲与路，元采杨村直沽口，皆传记相承妄，何尝得珠？至云忽吕古江出珠，则夷地，非中国也。

【注释】

①龙颔：骊龙的下巴，传说其下有珠。

②鲛：鲨鱼。

【译文】

珍珠必定产自蚌里面，映照着月光逐渐孕育形成，其中年限最为长久的，才成为至宝。至于说蛇腹、龙颔、鲨鱼皮中有珍珠，那都是不可信的妄言。中国的珍珠必定出产在雷州和廉州这两个“珍珠池”中。在夏、商、周三个朝代以前，淮安、扬州一带属于南方诸侯国的领地，得到的珠比较接近《尚书·禹贡》里记载的蚌珠，但或许也只是从互市交换得来的，不一定是当地的土产。宋代金人采自黑龙江克东县乌裕尔河一带，元代采自杨村到天津大沽口一带的说法，都是误传，这些地方何曾采过珍珠呢？至于说忽吕古江产珠，那是少数民族地区，而不是中原地区。

凡蚌孕珠，乃无质而生质。他物形小而居水族者，吞噬弘多，寿以不永。蚌则环包坚甲，无隙可投，即吞腹，囫囵不能消化，故独得百年千年，成就无价之宝也。凡蚌孕珠，即千仞水底，一逢圆月中天，即开甲仰照，取月精以成其魄。中秋月明，则老蚌犹喜甚。若彻晓无云，则随月东升西没，转侧其身而映照之。他海滨无珠者，潮汐震撼，蚌无安身静存之地也。

【译文】

蚌孕育珍珠，乃是从无到有。其他形体小的水生动物，因为天敌很多而被吞噬掉了，所以往往寿命不长。蚌因为有坚硬的外壳包裹，天敌无隙可乘，即使被吞进肚子中，也因是整个囫囵吞下不能被消化，所以蚌的寿命很长，能够生成无价之宝。蚌在很深的水底下孕育珍珠，每逢圆月当空的时候就开壳仰照，吸取月光的精华，化为珍珠的形魄。尤其中秋月圆夜，老蚌会分外高兴。如果通宵没有云彩，它就会随着月亮东升西落不断转身吸取月光。有一些海滨不产珍珠，是因为潮汐涨落震撼得太厉害，蚌无处藏身和静养的缘故。

凡廉州池，自乌泥、独揽沙至于青莺，可百八十里。雷州池，自对乐岛斜望石城界，可百五十里。疍户[①]采珠，每岁必以三月，时牲杀祭海神，极其虔敬。疍户生啖海腥，入水能视水色，知蛟龙所在，则不敢侵犯。

【注释】

①疍户：水上居民。

【译文】

廉州（广西合浦）的珠池从乌泥池、独揽沙池到青莺池，大约有一百八十里。雷州珠池从乐岛到石城界（合浦与廉江边界），大约有一百五十里。这些地方的水上居民采集珍珠，每年必定在三月间，那时还会宰杀牲畜来祭拜海神，非常虔诚。他们能生吃海鲜，下水就能够看透水色，知道蛟龙藏在哪里，就不去侵犯那里。

凡采珠舶，其制视他舟横阔而圆，多载草荐于上。经过水漩，则掷荐投之，舟乃无恙。舟中以长绳系没人腰，携篮投水。凡没人，以锡造弯环空管，其本缺处，对掩没人口鼻，令舒透呼吸于中，别以熟皮包络耳项之际。极深者至四五百尺，拾蚌篮中。气逼则撼绳，其上急提引上。无命者或葬鱼腹。凡没人出水，煮热毳急覆之，缓则寒慄死。宋朝李招讨设法以铁为耙，最后木柱扳口，两角坠石，用麻绳作兜如囊状，绳系舶两傍，乘风扬帆而兜取之。然亦有漂、溺之患。今疍户两法并用之。

【译文】

采珠船与其他船相比要宽和圆一些，并且船上载有很多的草垫。当遇到漩涡的时候，把草垫扔下去，船就能安全地行驶过去。采珠人在船上先用一条长绳绑住腰部，然后提着篮子潜入水中。潜水前还要用锡做的弯环空管罩住口鼻，并把罩子的软皮带缠在耳项之间，以便呼吸。有的人最深能够潜到四五百尺，把蚌捡到篮子里。呼吸困难的时候就摇绳子，船上的人会赶紧将他拉上来。有些运气不好的人就会葬身鱼腹了。潜水者在上船之后要盖上煮熟了的毛皮，慢了就会被冻死。宋朝有位姓李的招讨使发明设计了一种采珠网兜：前面装有铁耙，两边装有木棍，两角坠石头作为沉子，四周围上麻绳网兜，拉网时用木棍封住网口，牵绳绑在船的两侧，乘风破浪，兜取珠贝。但这种采珠方法也有漂失和沉溺的危险。现在，海上居民还是使用这两种方法采珠。

凡珠在蚌，如玉在璞[①]，初不识其贵贱，剖取而识之。自五分至一寸五分经者为大品。小平似覆釜，一边光彩微似镀金者，此名珰珠[②]，其值一颗千金矣。古来“明月”“夜光”，即此便是。白昼晴明，檐下看有光一线闪烁不定。“夜光”乃其美号，非真有昏夜放光之珠也。次则走珠，置平底盘中，圆转无定歇，价亦与珰珠相仿。化者之身受含一粒则不复朽坏，故帝王之家重价购此。次则滑珠，色光而形不甚圆。次则螺蚵珠，次官雨珠，次税珠，次葱符珠。幼珠如粱粟，常珠如豌豆。玭而碎者曰玑。自夜光至于碎玑，譬均一人身而王公至于氓隶也。

【注释】

①璞：未加工的玉石。

②珰珠：可以作女子耳旁装饰的珠子。

【译文】

珍珠生长在蚌中，就像是玉生在璞中，刚开始的时候分不出贵贱，等到剖取之后才能够分辨。周长在五分到一寸五分的是大珍珠。其中有一种大珍珠，不是很圆，就像是个倒放的锅，一边光彩夺目略微像镀金似的，名字叫作珰珠，每一颗都价值千金。这就是过去人们所说的“明月”珠、“夜光”珠。白天天气晴朗的时候，在屋檐下面就能够看见它闪烁的光芒。“夜光”不过是它的美称，并不是真有能在黑夜放光的珍珠。其次就是走珠，放在平底盘中，它会不停地滚动，价值与珰珠差不多。死人嘴里放一颗，尸体就不会腐烂。所以帝王家会高价购买。再次的是滑珠，色泽光亮，但形状不是很圆。从次是螺蚵珠、官雨珠、税珠、葱符珠等。体积小的珍珠像是小米，一般的珍珠像豌豆。低劣破碎的珠叫作玑。从夜光珠到碎玑，就像是同样是人却分成由王公大臣到奴隶几个贵贱不同的等级一样。

凡珠生止有此数，采取太频，则其生不继。经数十年不采，则蚌乃安其身，繁其子孙而广孕宝质。所谓“珠徙珠还”，此煞定死谱，非真有清官感召也。我朝，弘治中一采得二万八千两；万历中一采止得三千两，不偿所费。

【译文】

珍珠的自然产量是有限度的，如果采珠过于频繁，那么珍珠的生长和产量也就跟不上。如果几十年不采，那么蚌就可以安心繁殖，孕育的珍珠也就会增多。所谓“珠徙珠还”，其实是取决于珍珠自身固有的消长规律，而不是真的有什么清官感召的神迹。我朝从弘治年间，某年采一次得珠二万八千两；万历年间，有一年采一次只得三千两，还抵不上采珠所花的费用。

## 宝

凡宝石皆出井中。西番诸域最盛，中国惟出云南金齿卫与丽江两处。

凡宝石，自大至小，皆有石床包其外，如玉之有璞。金银必积土其上，韫结乃成。而宝则不然，从井底直透上空，取日精月华之气而就，故生质有光明。如玉产峻湍，珠孕水底。其义一也。

【译文】

宝石都产自矿井。产地以西部边疆为最多，中原地区只有云南金齿卫与丽江两处出产。

宝石无论大小，都有石床包在外面，就像是玉被璞石包着一样。金银都是在土层底下经过恒久的变化而形成的。宝石却不是这样，它是从井底直透天空，吸取日月精华而成，因此能够闪烁光彩。这与玉产在湍急的河流中、珠孕育在深渊水底的道理一样。

凡产宝之井，即极深无水，此乾坤派设机关。但其中宝气如雾，氤氲井中，人久食其气多致死。故采宝之人，或结十数为群，入井者得其半，而井上众人共得其半也。下井人以长绳系腰，腰带叉口袋两条，及泉近宝石，随手疾拾入袋。宝井内不容蛇虫。腰带一巨铃，宝气逼不得过，则急摇其铃，井上人引緪提上。其人即无恙，然已昏瞢。止与白滚汤入口解散，三日之内不得进食粮，然后调理平复。其袋内石，大者如碗，中者如拳，小者如豆，总不晓其中何等色。付与琢工鑢错解开，然后知其为何等色也。

【译文】

出产宝石的矿井即使很深也没有水，这是大自然的刻意安排。但是井水中有宝气像是雾一样弥漫着，人吸久了这些气体多数会死亡。因此，采宝石的人往往是十几个人合伙。下井的人分得一半宝石，井上的人分得另外一半宝石。下井的人用绳子绑住腰，腰间系上两个叉口袋，到井底一靠近宝石就随手把宝石赶快装入袋子。宝石井内不会藏有蛇、虫。腰间系上一个大铃铛，当宝气逼得人承受不了时，便急忙摇铃，井上的人就会立即拉粗绳把他提上来。这时，人即使没有生命危险，也已经昏迷不醒了。只能给他嘴里灌一些白开水解救，三天内不能进食，然后再加以调理康复。袋子内的宝石，大的像碗，中等的像拳头，小的像豆子，但从外表看不到里面是什么颜色。要等到交给琢工锉开之后，才知道是什么是宝石。

属红、黄种类者，为猫精、靺羯芽、星汉砂、琥珀、木难、酒黄、喇子。猫精黄而微带红。琥珀最贵者名曰瑿。音“依”，此值黄金五倍价。红而微带黑，然昼见则黑，灯光下则红甚也。木难纯黄色。喇子纯红。前代何妄人，于松树注茯苓，又注琥珀，可笑也。属青、绿种类者，为瑟瑟珠、珇琈绿、鸦鹘石、空青之类。空青既取内质，其膜升打为曾青。至玫瑰一种，如黄豆、绿豆大者，则红、碧、青、黄数色皆具。宝石有玫瑰，如珠之有玑也。星汉砂以上，犹有煮海金丹。此等皆西番产，亦间气出，滇中井所无。

时人伪造者，惟琥珀易假，高者煮化硫黄，低者以殷红汁料煮入牛羊明角，映照红赤隐然，今亦最易辨认。琥珀磨之有浆。至引草，原惑人之说。凡物借人气能引拾轻芥也。自来《本草》陋妄，删去毋使灾木。

【译文】

属于红色和黄色的宝石有：猫精、靺羯芽、星汉砂、琥珀、木难、酒黄、喇子等。猫精石黄而稍带红色。最贵的琥珀叫瑿。音“依”，价值为黄金的五倍。红而微带黑，但在白天看起来是黑色的，在灯光下看起来却很红。木难纯黄色。喇子纯红色。从前不知道哪一个无知妄为的人，在“松树”条目下加注茯苓，又注释为琥珀，简直可笑。属于蓝色和绿色的宝石有：瑟瑟珠、祖母绿、鸦鹘石、空青等等。空青在内层，曾青在外层。至于玫瑰宝石，则像黄豆或者绿豆大小，红、绿、蓝、黄，各色都有。宝石中有玫瑰，就像是珠中有玑一样。比星汉砂高一级的，还有一种名叫煮海金丹的。这些宝石都出产在我国的西部地区，有的是偶然因宝气形成的，云南中部的宝井并不出产这类宝石。

现在人们伪造宝石，只有琥珀最容易仿造，高手用煮化的硫黄，低手用红中带黑的色汁煮牛、羊角胶，映照之下隐约可以看见红光，但是也容易识别。琥珀研磨之后有浆。至于说琥珀能吸引小草那是欺骗人的说法。物体只有借助人气才能够吸引轻微的东西。《神农本草经》里的荒诞错误之处很多，这些都应当删去，以免浪费印刷的木料纸张。

## 玉

凡玉入中国贵重用者，尽出于阗汉时西国号，后代或名别失八里，或统服赤斤蒙古，定名未详。葱岭。所谓蓝田，即葱岭出玉别地名，而后世误以为西安之蓝田也。其岭水发源名阿耨山，至葱岭分界两河：一曰白玉河，一曰绿玉河。晋人张匡邺作《西域行程记》，载有乌玉河，此节则妄也。

【译文】

贩运到中原的玉，贵重的都出自新疆和田地区汉代时西域的一个地名，后代叫别失八里，或属于赤斤蒙古，具体名称未详。和葱岭。所谓蓝田，是出产玉的葱岭的另一地名，而后世误以为是西安附近的蓝田。葱岭的河水发源于阿耨山，流到葱岭后分为两条河：一条叫白玉河，一条叫绿玉河。后晋人张匡邺作《西域行程记》记载的乌玉河，这段记载是错误的。

玉璞不藏深土，源泉峻急激映而生。然取者不于所生处，以急湍无著手。俟其夏月水涨，璞随湍流徙，或百里，或二三百里，取之河中。凡玉映月精光而生，故国人沿河取玉者，多于秋间明月夜，望河候视。玉璞堆聚处，其月色倍明亮。凡璞随水流，仍错杂乱石浅流之中，提出辨认而后知也。

【译文】

含玉的石头不藏于深土，而是在靠近山间河源处的急流冲击之下并被月光映照而生成的。但采玉的人并不去原产地采，因为河水湍急而无从下手。等到夏天涨水的时候，含玉之石随湍流被冲至一百里或二三百里处，这时再在河中采玉。玉是感受月之精光而生，所以当地人沿河取玉石多是在秋天明月之夜，守在河边观察。含玉之石堆聚的地方，月光就显得格外明亮。含玉的璞石随河水而流，免不了要夹杂些浅滩上的乱石，只有采出来经过辨认而后才知哪些是玉，哪些是石头。

白玉河流向东南，绿玉河流向西北。亦力把力地，其地有名望野者，河水多聚玉。其俗以女人赤身没水而取者，云阴气相召，则玉留不逝，易于捞取。此或夷人之愚也。夷中不贵此物，更流数百里，途远莫货，则弃而不用。

【译文】

白玉河流向东南，绿玉河流向西北。伊犁河流域地区有个地方叫望野，附近的河水中积聚了很多玉石。当地的风俗是由妇女赤身下水取玉石，据说是由于受妇女的阴气相召，玉石就会停止而不再流走，易于捞取。这或许可说明当地人的无知与愚蠢。当地人并不看重此物，玉石如果沿河再被冲出数百里，路途远又卖不出去，便放弃它而不去取了。

凡玉，惟白与绿两色。绿者，中国名菜玉。其赤玉、黄玉之说，皆奇石琅玕之类，价即不下于玉，然非玉也。凡玉璞根系山石流水，未推出位时，璞中玉软如棉絮，推出位时则已硬，入尘见风则愈硬。谓世间琢磨有软玉，则又非也。

凡璞藏玉，其外者曰玉皮，取为砚托之类，其值无几。璞中之玉，有纵横尺余无瑕玷者，古者帝王取以为玺。所谓连城之璧，亦不易得。其纵横五六寸无瑕者，治以为杯斝，此已当世重宝也。此外，惟西洋琐里有异玉，平时白色，晴日下看映出红色，阴雨时又为青色，此可谓之玉妖，尚方有之。朝鲜西北太尉山，有千年璞，中藏羊脂玉，与葱岭美者无殊异。其他虽有载志，闻见则未经也。

凡玉，由彼地缠头回，其俗人首一岁裹布一层，老则臃肿之甚，故名缠头回子。或溯河舟，或驾橐驼，经庄浪入嘉峪，而至于甘州与肃州。中国贩玉者，至此互市而得之，东入中华，卸萃燕京。玉工辨璞高下，定价，而后琢之。良玉虽集京师，工巧则推苏郡。

【译文】

玉有白和绿两种颜色。绿玉在我国叫菜玉。所谓红玉、黄玉，其实都是琅玕之类的奇石，即使价钱不比玉低，但终究不是玉。含玉之石产于山石、流水中，在未被剖取出来时，璞中的玉软如棉絮，剖取出来时就已变硬，见了风尘就变得更硬了。说世上有琢磨软玉的，那又错了。

璞包藏着玉，其外皮叫玉皮，用来制作砚台和托座等物，值不了多少钱。璞中的玉，有一尺多见方又没有瑕疵的，古代帝王用来做印玺。所谓价值连城的玉璧，也不容易得到。五六寸见方而无瑕的玉，用来加工做酒器，这已是当世重宝了。此外，爪哇一带的琐里产有异玉，平时是白色，晴天在阳光照射下显出红色，阴雨天又变成青色，这可以称为玉妖，一般宫廷内才有这种玉。朝鲜西北的太尉山有一种千年璞，中间藏有羊脂玉，与葱岭所出产的美玉没有什么不同。其余各种玉虽然书中有记载，但笔者未曾见过听过。

玉由葱岭缠头的回族人，那里的风俗是男子每人每年在头部裹一层布，老了就显得非常臃肿，所以叫缠头回人。或者是沿河乘船，或者是骑骆驼，经庄浪进入嘉峪关，一直运到甘州、肃州。内地贩玉的商贩来到这里从互市中买到玉后，再向东运，一直运到北京才卸货。玉工辨别玉石等级，定价之后才开始琢磨。好的玉虽然集中于北京，但琢玉的能工巧匠、技术技艺则首推苏杭。

凡玉初剖时，冶铁为圆盘，以盆水盛砂，足踏圆盘使转，添砂剖玉，逐忽划断。中国解玉砂，出顺天玉田与真定邢台两邑。其砂非出河中，有泉流出，精粹如面，藉以攻玉，永无耗折。既解之后，别施精巧工夫，得镔铁刀者，则为利器也。镔铁亦出西番哈密卫砺石中，剖之乃得。凡玉器琢余碎，取入钿花用；又碎不堪者，碾筛和灰涂琴瑟，琴有玉音，以此故也。凡镂刻绝细处，难施锥刃者，以蟾酥填画而后锲之。物理制服，殆不可晓。凡假玉以砆碔充者，如锡之于银，昭然易辨。近则捣舂上料白瓷器，细过微尘，以白蔹诸汁调成为器，干燥，玉色烨然，此伪最巧云。

凡珠玉、金银，胎性相反。金银受日精，必沉埋深土结成。珠玉、宝石受月华，不受土寸掩盖。宝石在井，上透碧空；珠在重渊，玉在峻滩，但受空明水色盖上。珠有螺城，螺母居中，龙神守护，人不敢犯。数应入世用者，螺母推出人取。玉初孕处，亦不可得。玉神推徙入河，然后恣取。与珠宫同神异云。

【译文】

剖开玉石时，用铁做个铁圆盘，将水和沙放入盆内，一边脚踏圆盘转动，一边添沙剖玉，一点儿一点儿地切割玉。我国剖玉用的沙，出产在北京附近的玉田和河北的邢台两县。这种沙不是产在河里的，而是从泉眼里流出来的精细得像面粉，用来磨玉永远不会耗损。玉石解剖后，再施以精工巧艺，这时有把镔铁刀，就是很好的工具了。镔铁也出产于新疆哈密卫的类似磨刀石的岩石中，剖开就可炼得。琢磨玉器剩下的碎玉，可以用来镶嵌钿花等装饰品。那些零零碎碎无法再用的，经过碾筛后调灰来涂琴瑟，琴瑟就可发出玉器的声音。雕刻刀难以施展的微细地方，就用蟾酥汁填画在上面，再用刀刻。这种一物克一物的道理，真难以全部知晓。用砆碱来冒充玉，就好像用锡来冒充银一样，很容易辨别。近来有些人把上等白瓷器捣成极细的尘粉，再用白蔹等汁调和制成器物，干燥后发出玉器的光泽，这种伪造方法是最巧妙的。

珠玉与金银的成因相反。金银受的是日精，必定埋在深土里才能结成。而珠宝玉石受的是月华，不用一点泥土掩盖。宝石在井中直透天空，珠在深水底，玉在险滩里，但都受着明亮的月光或是被清水覆盖着。珠有螺城，螺母住在中间，外有龙神守护，人就不敢去侵犯珠。只有那些按气数注定应用于世间让人们享用的珠，才由螺母推出来供人们采取。在最初孕育玉的激流中，人也取不到玉。只有等玉神把它推入平缓的河流中，才可以任人采取。这跟珠宫一样神异。

## 附：玛瑙　水晶　琉璃

凡玛瑙，非石非玉。中国产处颇多，种类以十余计。得者多为簪箧、钔音扣。结之类，或为棋子，最大者为屏风及桌面。上品者产宁夏外徼羌地砂碛中，然中国即广有，商贩者亦不远涉也。今京师货者，多是大同、蔚州九空山、宣府四角山所产，有夹胎玛瑙、截子玛瑙、锦红玛瑙，是不一类。而神木、府谷出浆水玛瑙、锦缠玛瑙，随方货鬻。此其大端云。试法，以砑木不热者为真。伪者虽易为，然真者值原不甚贵，故不乐售其技也。

凡中国产水晶，视玛瑙少杀。今南方用者多福建漳浦产，山名铜山。北方用者多宣府黄尖山产，中土用者多河南信阳州黑色者最美。与湖广兴国州潘家山。产。黑色者产北不产南。其他山穴本有之而采识未到，与已经采识而官司厉禁封闭如广信惧中官开采之类。者尚多也。凡水晶出深山穴内瀑流石罅之中。其水经晶流出，昼夜不断，流出洞门半里许，其面尚如油珠滚沸。凡水晶未离穴时如棉软，见风方坚硬。琢工得宜者，就山穴成粗坯，然后持归加功，省力十倍云。

凡琉璃石，与中国水精、占城火齐，其类相同，同一精光明透之义，然不产中国，产于西域。其石五色皆具，中华人艳之，遂竭人巧以肖之。于是烧瓴甋转釉成黄、绿色者，曰琉璃瓦；煎化羊角为盛油与笼烛者，为琉璃碗；合化硝铅写珠铜线穿合者，为琉璃灯；捏片为琉璃瓶、袋。硝用煎炼上结马牙者。各色颜料汁，任从点染。凡为灯、珠，皆淮北齐地人，以其地产硝之故。

凡硝见火还空，其质本无，而黑铅为重质之物。两物假火为媒。硝欲引铅还空，铅欲留硝住世，和同一釜之中，透出光明形象。此乾坤造化，隐现于容易地面。《天工》卷末，著而出之。

**【译文】**

玛瑙既不是石头也不算是玉器，中国出产玛瑙的地方很多，大约有十几个种类。人们多用玛瑙来制作簪子和衣扣等，或者用来制作棋子，最大的玛瑙还可以用来制作屏风和桌面。质量最好的玛瑙出产在宁夏边境羌族地区的沙漠之中，但内地若有很多玛瑙出产，商贩也就用不着跑那么远去买卖了。现在北京所卖的玛瑙，大多是山西大同、河北蔚州九空山及河北宣化四角山出产的，其中有夹胎玛瑙、截子玛瑙、锦红玛瑙等好几个品种。而陕西神木和府谷所出产的是浆水玛瑙、锦缠玛瑙，作为土产就地买卖。关于玛瑙的情形大致就是这样。辨别玛瑙的方法是将它放在木头上摩擦，如果不发热的是真货。假的玛瑙虽然很容易做出来，但是因为真正的玛瑙价钱原来就不算贵，所以人们也就不愿意去多费手脚了。

中国出产的水晶相对玛瑙而言则少些。现在南方使用的大多数是福建漳浦的铜山山名。出产的。北方使用的大多数是河北宣化黄尖山出产的，中原地区使用的大多是河南信阳、其中尤其以黑色的为最美。湖广兴国州潘家山。出产的。黑色的水晶只出产于北方而不产于南方。其他地方的山洞中本来也有水晶，但是可能未被发现，或者已经被发现后又被官方封禁如江西省广信府害怕宦官开采。的都有很多。水晶产于深山洞穴内有瀑布的石缝之中，瀑布昼夜不停地流过水晶，流出洞口半里多，水面还像煮滚的油珠一样翻花。水晶在没有离开洞穴之前，像棉花一样软，遇到风后才变得坚硬。有些琢工为了方便省事，就在山洞先制成粗坯子，然后带回去再加工，据说这样可以省力十倍。

琉璃石与中国水晶、越南火齐类别相同，同样都是透明的，但是它不产于我国中原地区，而是产在我国西部少数民族地区。这类石头五种颜色都很齐全，中国人很喜爱它，便竭尽人的技巧来进行仿造。于是，有的将砖瓦加上釉料来烧成黄、绿色，叫作琉璃瓦；也有的把羊角煮化，做成油罐和烛罩，叫作琉璃碗；还有的把硝与铅一起熔化做成珠子，并用铜线串起来做成琉璃灯；有的用上述原料烧炼之后将其捏成薄片，制成琉璃瓶和琉璃袋。所用的硝石取自粗硝煎炼时结在上面的马牙硝。这种种颜色，都可以任由人用颜料汁任意涂染。琉璃灯与琉璃珠，都是淮河以北的山东人制作的，因为当地出产硝石。

硝遇到火就化气升腾到空中而消失了，而黑铅则是较重的物体。这两种东西以火为媒介，硝要引铅到空中，铅要拉硝留在地面，把它们放在一个容器中会化合，就能透出光明的形象。这是大自然创造孕育万物的功能在地面上极其平常的体现。已到《天工开物》全书的结尾，因此我在这里把它写出来。

**图书在版编目(CIP)数据**

天工开物 / (明) 宋应星著 ; 李经邦译注. -- 哈尔滨 : 北方文艺出版社, 2023.3

ISBN 978-7-5317-5810-5

Ⅰ. ①天… Ⅱ. ①宋… ②李… Ⅲ. ①农业史－中国－古代②手工业史－中国－古代③《天工开物》－译文④《天工开物》－注释 Ⅳ. ①N092

中国国家版本馆CIP数据核字(2023)第022486号

**天工开物**

TIANGONGKAIWU

作　　者 / [明]宋应星　　译　　注 / 李经邦

责任编辑 / 富翔强　宋雪微　　装帧设计 / 卷帙设计

出版发行 / 北方文艺出版社　　邮　　编 / 150008

发行电话 / (0451) 86825533　　经　　销 / 新华书店

地　　址 / 哈尔滨市南岗区宣庆小区 1 号楼　　网　　址 / www.bfwy.com

印　　刷 / 北京永顺兴望印刷厂　　开　　本 / 880×1230　1/32

字　　数 / 270 千　　印　　张 / 7.5

版　　次 / 2023年3月第1版　　印　　次 / 2023年3月第1次印刷

书　　号 / ISBN 978-7-5317-5810-5　　定　　价 / 39.80元